Automotive Primary Practice

자동차 기초 실습

공구사용법

구민사

◈ 저자 소개

•손병래 現 호남대학교 미래자동차공학부 교수
•황보승 現 호남대학교 미래자동차공학부 교수
•윤상진 現 남부대학교 자동차기계공학과 교수
•이영환 現 전남과학대학교 자동차과 교수

자동차 기초 실습 – 공구사용법

초판 인쇄 | 2024년 2월 23일
초판 발행 | 2024년 2월 28일

저 자 | 손병래 · 황보승 · 윤상진 · 이영환
발행인 | 조규백
발행처 | 도서출판 구민사
(07293) 서울특별시 영등포구 문래북로 116, 604호(문래동3가 46, 트리플렉스)
전화 | (02) 701-7421
팩스 | (02) 3273-9642
홈페이지 | www.kuhminsa.co.kr
신고번호 | 제2012-000055호 (1980년 2월 4일)
ISBN : 979-11-6875-362-4 (93550)

정가 : 25,000원

머 • 리 • 말

자동차 산업이 날로 발전함에 따라 자동차에 적용되는 공구 및 부품이 과거의 단순함에서 작업의 편리성 및 첨단화 되어가고 있는 추세이다. 그러면, 우리는 자동차 첨단 산업이 요구하는 필요한 지식을 배워야 한다.

그렇다면 처음으로 자동차 정비를 공부하려는 사람이라면 어떤 것부터 공부를 해야 할까 ?

처음으로 자동차 정비를 배우려는 사람이라면 일단 요즘 사용하는 공구에 대한 지식과 자동차의 기본 부품 명칭을 숙지하여야 한다. 공구의 명칭과 사용법 및 자동차에 대한 기본적인 지식이 필요하기 때문에 여러분들의 이러한 의도를 충분히 이해하고 본 교재를 참고로 하여 자동차 정비 초보자 및 자동차 전공하는 학생들에게 도움이 되고자 다음의 몇 가지 사항에 중점을 두고 이 책을 집필하였다.

01. 공구 및 장비사용법(수공구, 작업용 기구 및 장비, 일반 계측기, 공구 및 테스터기, 판금 · 도장)

02. 자동차 기초(자동차 엔진, 전기 섀시에 대한 기초 지식)

03. 친환경 자동차(하이브리드 전기자동차, 전기자동차)

끝으로 미비한 점은 독자 여러분의 아낌없는 조언을 바라며 이 책이 자동차 정비 초보자들에 충실한 지침서가 될 수 있도록 수정 및 보완을 약속드리며, 이 책의 출판을 위해 도와주신 도서출판 구민사 가족들에게 진심으로 감사드리며, 독자 여러분의 건투를 기원하는 바이다.

저자 일동

CONTENTS

차 례

PART I 공구 및 장비 사용법

CHAPTER 01 수공구

CHAPTER 02 작업용 기구 및 장비

CHAPTER 04 공구 및 테스터기(판금 · 도장)

PART III 자동차 기초

CHAPTER 01 자동차 엔진

CHAPTER 02 자동차 전기

CHAPTER 03 자동차 섀시

PART I

공구 및 장비 사용법

- 수공구
- 작업용 기구 및 장비
- 일반계측기
- 공구 및 테스터기(판금, 도장)

Automotive Primary Practice

CHAPTER 01 수공구

1. 스크루 드라이버(Screw Driver)

스크루 드라이버는 각종 나사를 죄고 푸는 데 사용되는 공구로, 강철제(鋼鐵製) 몸체에 나무 또는 플라스틱의 손잡이가 붙어 있다. 드라이버의 끝 모양에 따라 끝이 일직선으로 되어 있는 ⊖자형 및 끝이 십자형으로 되어 있는 ⊕자형이 있고, 생크와 손잡이의 결합방법에 따라 보통형과 관통형으로 구별된다.

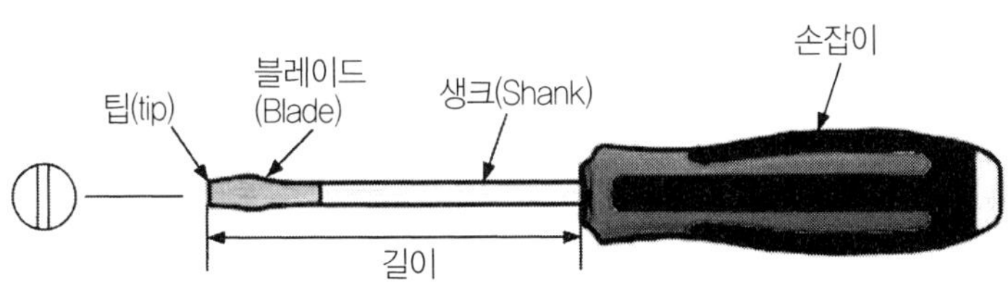

(a) ⊖자형 드라이버

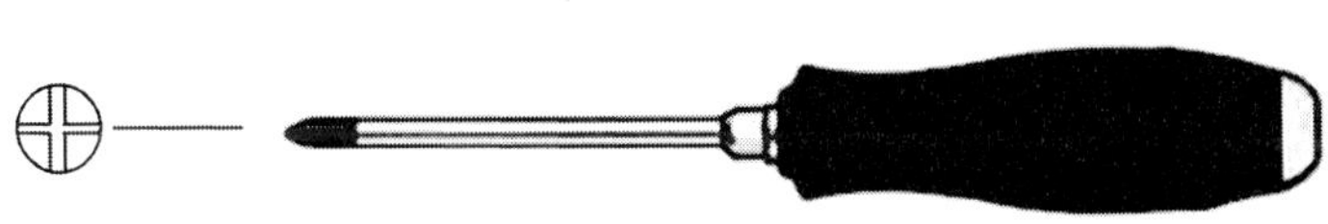

(b) ⊕자형 드라이버

그림 1-1. 스크루 드라이버

1.1. 스크루 드라이버 사용방법

① 스크루 드라이버를 작업하기에 알맞은 것을 사용한다.

② 팁의 폭과 스크루 홈의 깊이가 같고 또 팁의 두께가 스크루 홈에 꼭 끼도록 충분히 두꺼운 것을 선택한다.

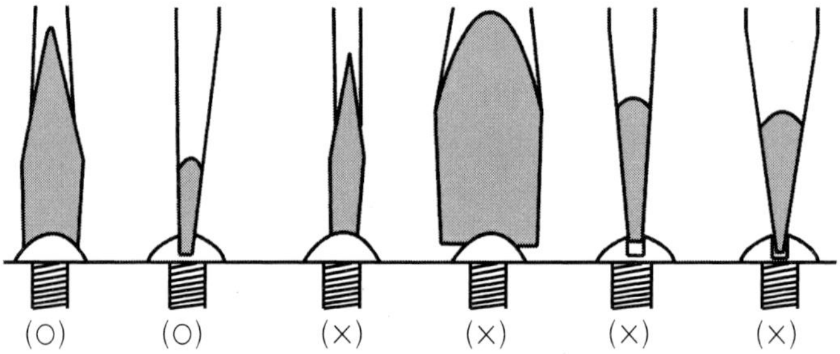

그림 1-2. 스크루 드라이버 사용하기

③ 손잡이 위 끝을 손바닥에 대고 엄지손가락과 인지손가락으로 손잡이를 꼭 잡는다.

④ 팁을 스크루 홈에 끼우고 스크루 드라이버 축과 스크루 축을 일치시킨다.

⑤ 다른 한 손으로는 스크루 드라이버가 홈에 들어 가있도록 한다.

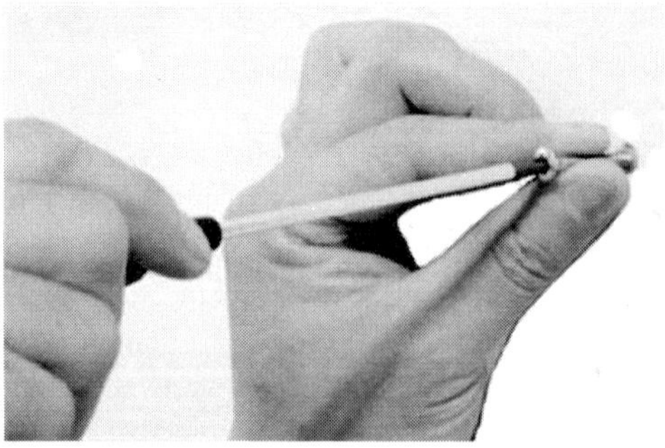

그림 1-3. 드라이버 잡기

⑥ 스크루를 조일 때는 스크루 드라이버를 손바닥으로 누르며 오른쪽방향으로 돌린다.

⑦ 스크루를 풀 때는 스크루 드라이버를 손바닥으로 누르며 왼쪽방향으로 돌린다.

⑧ 손잡이를 다시 잡을 때에 한 손으로 스크루 드라이버를 계속 눌러 스크루 홈에 끼운 채로 하였다가 쉬었던 손으로 다시 잡는다.

⑨ 스크루를 풀 때 스크루가 잘 빠지지 않으면 다시 조였다가 다시 반대로 푼다. 완전히 뽑을 때까지 계속해서 조였다 풀었다하여 빼낸다.

1.2. 스크루 드라이버의 종류

1.2.1. 표준 스크루 드라이버(Standard Screw Driver)

일반적인 드라이버로 손잡이 부분이 약간 볼록하게 나온 드라이버이며 일자와 십자로 나뉜다.

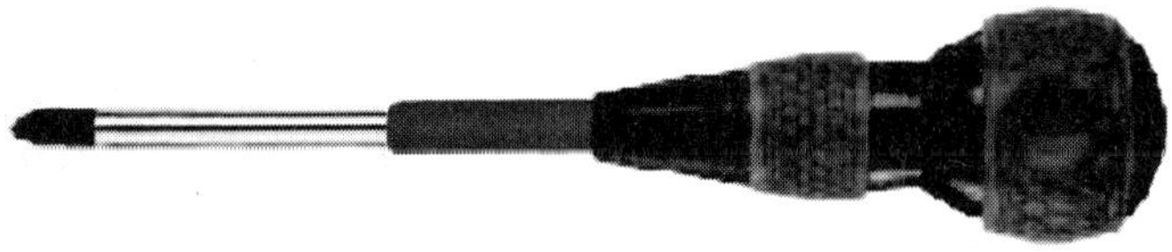

그림 1-4. 표준 스크루 드라이버

1.2.2. 양용 스크루 드라이버(Insert Changeable Screw Driver)

일자와 십자를 겸용으로 사용할 수 있는 드라이버이다.

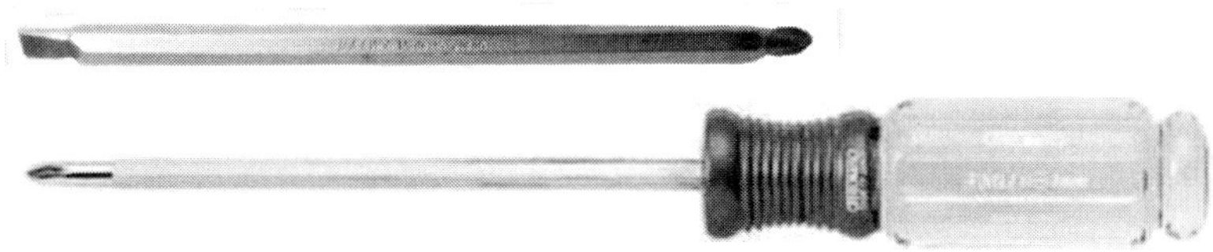

그림 1-5. 양용 스크루 드라이버

1.2.3. 해머 스크루 드라이버(Hammer Screw Driver)

나사에 녹이 나서 빠지지 않을 때 해머 드라이버와 해머를 사용하여 고정된 나사에 충격을 가하면서 나사를 뺄 때 사용하며 드라이버 손잡이부분(머리)에 강철이 있어서 해머로 타격을 가할 수 있는 드라이버로 전기 작업을 하면 감전의 위험이 있다.

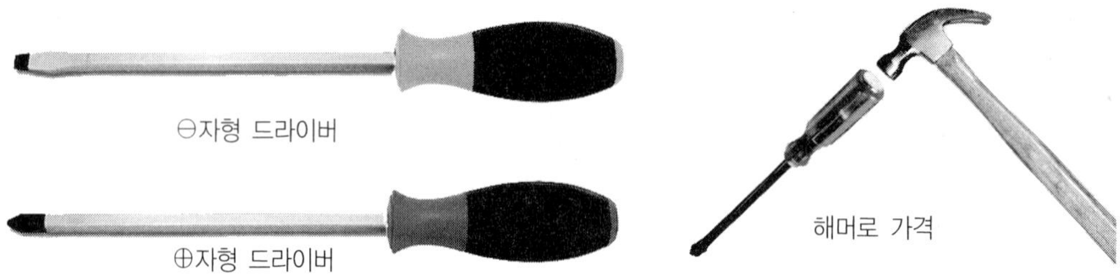

그림 1-6. 해머 스크루 드라이버

1.2.4. 정밀 스크루 드라이버(Precision Screw Driver)

주로 정밀한 키 판 작업이나 시계 등의 정밀한 드라이버를 사용해야 하는 경우에 많이 사용하는 것으로 시계 드라이버라고도 한다. 1~3.0mm 등 굵기가 3.0mm 이하의 드라이버이다.

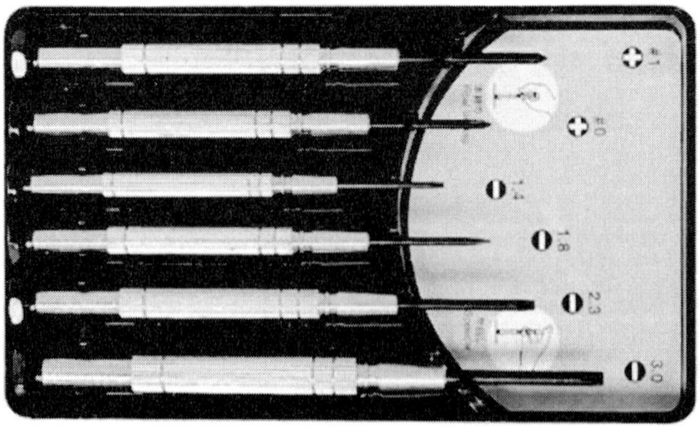

그림 1-7. 정밀 스크루 드라이버

1.2.5. 볼 스크루 드라이버(Ball Screw Driver)

볼 드라이버는 끝이 볼의 모양으로 되어있다.

그림 1-8. 볼 스크루 드라이버

1.2.6. 별 스크루 드라이버(Torx Screw Driver)

볼 드라이버처럼 끝이 별모양으로 되어 있다.

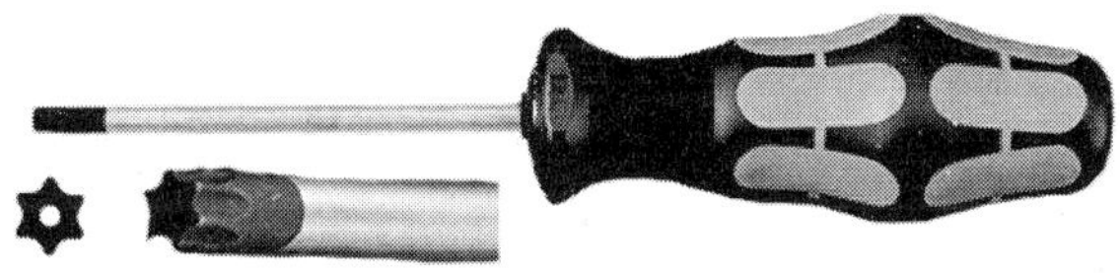

그림 1-9. 별 스크루 드라이버

1.2.7. 미니(주먹) 스크루 드라이버(Stubby Screw Driver)

크기가 주먹크기와 비슷해서 붙여진 이름이다. 주로 협소한 공간에서의 작업에 사용한다.

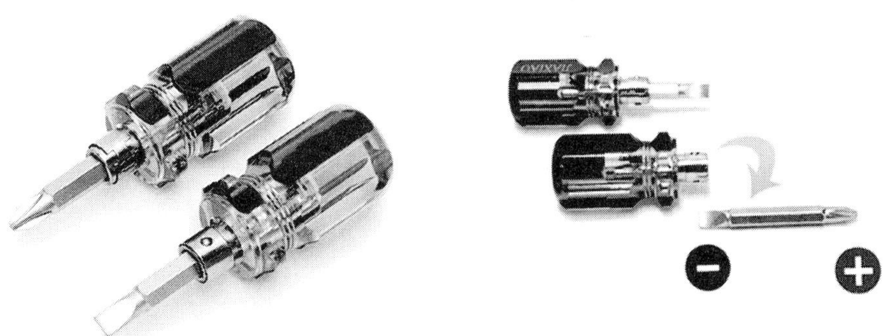

그림 1-10. 미니(주먹) 스크루 드라이버

1.2.8. 자동 스크루 드라이버(Automatic Screw Driver)

자동 드라이버는 박음과 빼기가 자동으로 되며 핸들의 조정장치의 선택에 따라 왼쪽 또는 오른쪽으로 돌게 하거나 보통 드라이버처럼 고정시켜 사용할 수 있다.

그림 1-11. 자동 스크루 드라이버

1.2.9. 토크 드라이버(Torque Driver)

조이려고 하는 스크루 토크를 토크 드라이버에 있는 마이크로미터 눈금으로 맞추고 조이면 조정 값에 이르러 "딱" 하고 소리가 나면서 더 이상 조임이 안 된다.

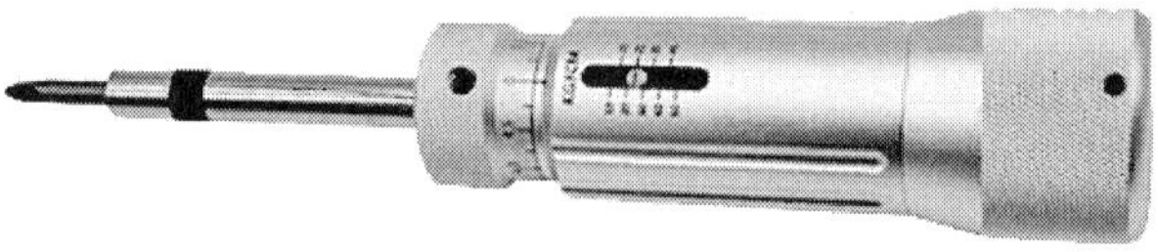

그림 1-12. 토크 드라이버

1.2.10. 휘어지는 정밀 스크루 드라이버(Professional Screw Driver)

깊고 협소한 공간에서 편리하게 작업을 하고 앞으로 뒤로 옆으로 휘어지는 드라이버로 손잡이 뒤편에는 L(Left)로 돌리면 왼쪽방향으로 만 돌고, R(Right)로 돌리면 드라이버가 오른쪽방향으로 돌게 된다.

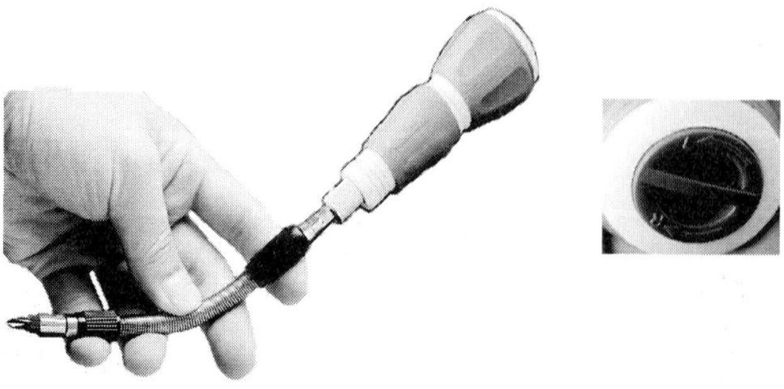

그림 1-13. 휘어지는 정밀 스크루 드라이버

1.2.11. 전동 스크루 드라이버(Electric Screw Driver)

전원에 코드를 꽂아 직접 연결하여 사용하는 것과 충전을 하여 무선으로 사용할 수 있는 충전방식이 있으며 전동 드라이버는 전동기의 힘을 이용하여 나사를 조이거나 풀 때 쉽고 빠르게 작업할 수 있고 토크 조정도 가능하다.

그림 1-14. 충전식 스크루 드라이버

1.2.12. 에어 스크루 드라이버(Air Screw Driver)

이 공기식 스크루 드라이버는 중량이 가볍고 적은 용적으로 최대의 토크를 낼 수 있고 과부하로 인한 고장이 없어 전동공구와 비교하여 소형으로 고속회전을 얻을 수 있고 회전방향을 좌우로 조정하는 조정기와 공기량을 조정하는 노브가 있다.

(a) 에어 임팩 드라이버 (b) 에어 스크루 드라이버

그림 1-15. 에어 스크루 드라이버

1.2.13. 임팩 드라이버(Impact Driver)

부식되고 찌들어서 빠지지 않는 ⊕, ⊖자 볼트를 망치 등으로 타격하여 풀어낸다.

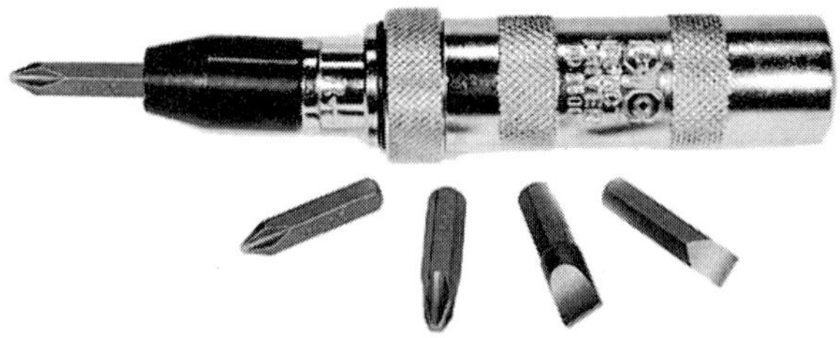

그림 1-16. 임팩 드라이버

2. 플라이어(Plier)

플라이어는 레버의 원리를 이용해서 악력(握力)을 배가시키는 작업용 공구로 작은 부품이나 금속편을 잡고, 구부리고, 잡아당기고 선재(線材)를 절단할 때 사용하는 공구이다.

2.1. 플라이어의 종류

2.1.1. 조합 플라이어(Combination Plier)

조합 플라이어는 일반적으로 플라이어라고 부르며, 가장 사용횟수가 많은 플라이어로 물체의 크기에 알맞게 조우의 폭을 변화시킬 수 있도록 지지점의 구멍이 2단으로 되어 있기 때문에 큰 것과 작은 것 모두 잡을 수 있다.

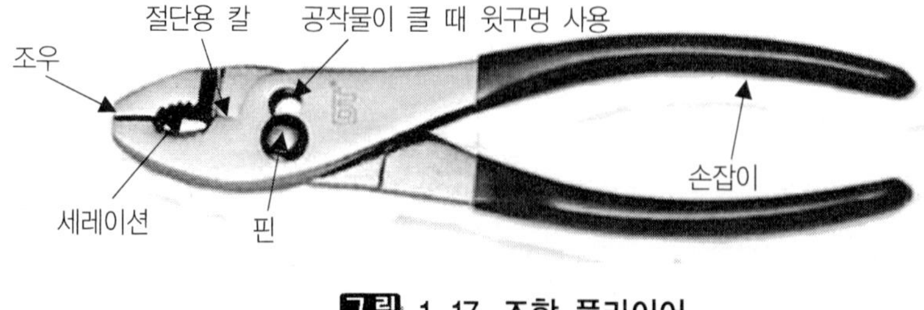

그림 1-17. 조합 플라이어

조우(jaw)에는 세레이션이 있기 때문에 미끄러지지 않으며, 지지점 부근의 안쪽에는 철사를 자를 수 있도록 되어 있다.

2.1.2. 롱 노즈 플라이어(Long Nose Plier)

끝이 가늘게 길게 되어 있으며 조합 플라이어로 잡을 수 없는 구멍 속 또는 좁은 곳의 작업에 용이하며 철사나 전선을 구부리거나 집거나 절단하는데 사용한다.

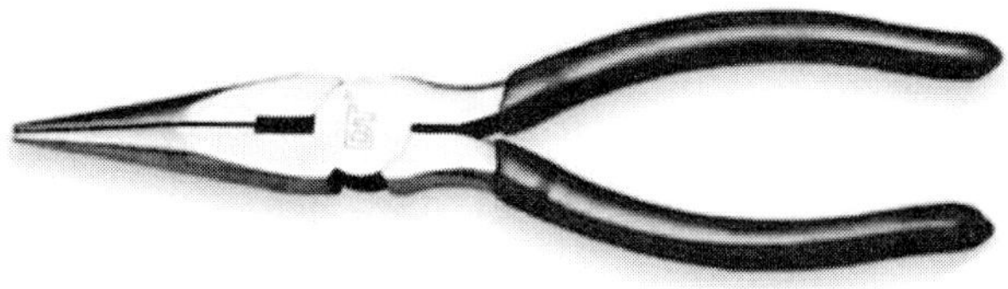

그림 1-18. 롱 노즈 플라이어

2.1.3. 다이고널 컷팅 플라이어(Diagonal Cutting Plier, Cutting Nippers)

이 플라이어는 동선류나 철선류의 절단 및 전선류의 절단이나 피복을 벗기는데 사용하며 록 핀, 분할 핀의 절단에 사용하며 일명 니퍼라고도 한다.

2.1.4. 엔드 니퍼 플라이어(End Cutting Nipper & Plier)

와이어 끝부분이나 작은 물체를 뽑아내거나 다듬기에 사용된다.

그림 1-19. 다이고널 컷팅 플라이어(니퍼)

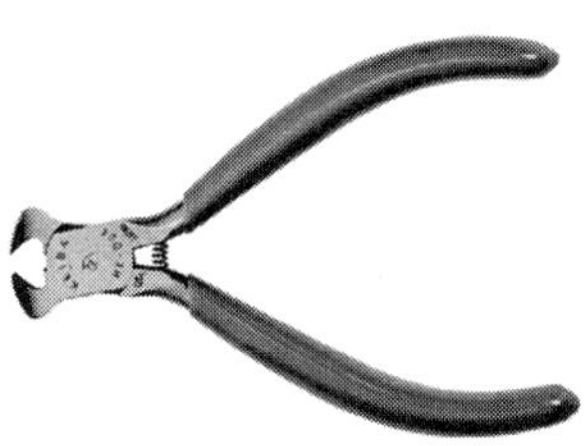

그림 1-20. 엔드 니퍼 플라이어

2.1.5. 전공 플라이어(Side Cutting Plier, Pincers)

주로 구리선이나 철선류를 굽히거나 절단하고 물체를 잡는데 사용한다.

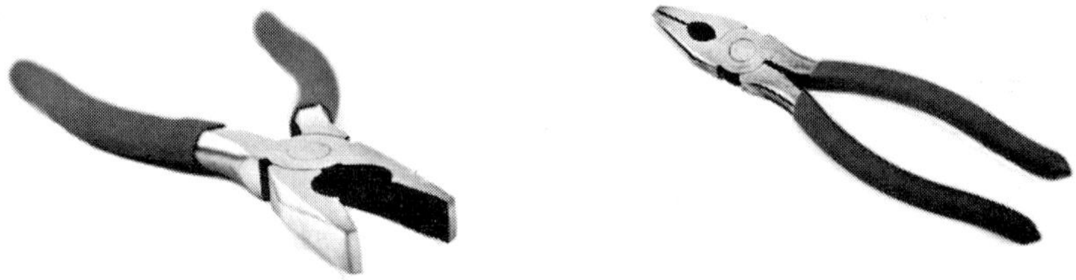

그림 1-21. 전공 플라이어

2.1.6. 워터펌프 플라이어(Water Pump Plier)

잡는 물체의 크기에 대하여 입의 크기를 크게 변화시킬 수 있으며 물펌프 패킹을 떼어 내거나 설치하는데 사용하며 배관작업에 많이 사용한다.

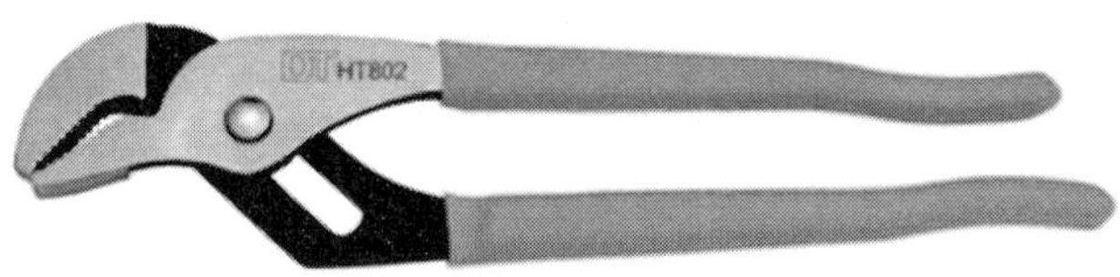

그림 1-22. 워터펌프 플라이어

2.1.7. 바이스 그립 플라이어(Vise-Grip Plier)

플라이어와 손 바이스를 합친 기능이 있으며 압착간격 조정이 용이하고 2중 레버로 되어 있어 집는 힘이 강하여 스패너, 파이프렌치 등으로 사용이 가능하고 고착된 볼트를 풀 때 유용하다. 잠김 기능이 있어 대상 물체를 고정시킨 후 두 손을 자유로이 사용하여 작업이 가능하다.

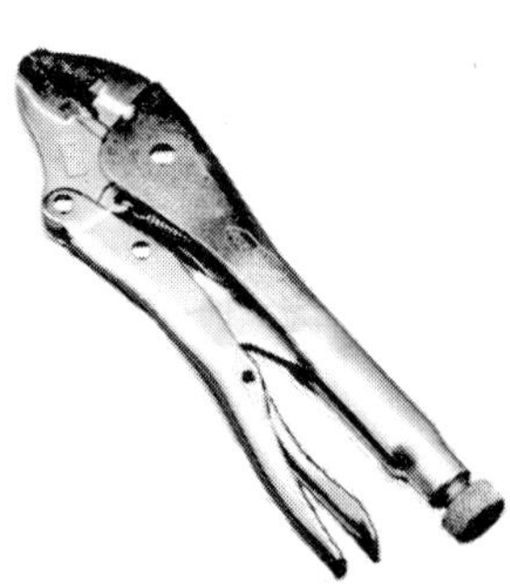

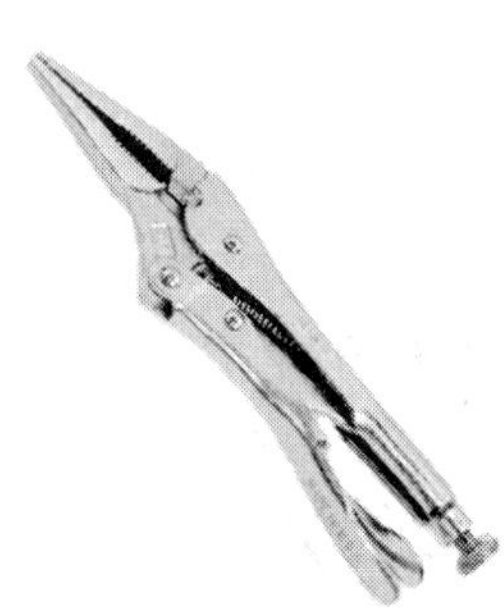

롱 노즈 바이스 그립 플라이어

그림 1-23. 바이스 그립 플라이어

2.1.8. 스냅 링 플라이어(Snap Ring Plier)

축 외부에 설치된 스냅 링을 빼내거나 끼우는 축용과 축 내부 스냅 링을 빼내거나 끼우는 구멍형이 있으며 오므리거나 벌릴 때 사용하는 것과 겸용으로 사용하는 것이 있다.

스냅 링 플라이어 사용 예

그림 1-24. 스냅 링 플라이어

2.1.9. 호스 반도 플라이어(Hose Clamp Plier)

플라이어 이빨이 호스 클립이 미끄러지지 않게 하며 좁은 곳에서도 사용할 수 있는 스프링식 호스 클립의 탈착작업 전용이다.

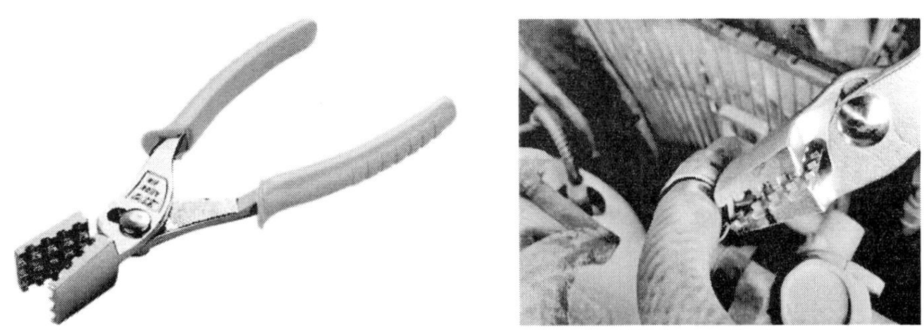

호스 반도 플라이어 사용 예

그림 1-25. 호스 반도 플라이어

2.1.10. 피스톤 링 플라이어(Piston Ring Plier)

피스톤링을 확장하여 빼내거나 장착하는데 사용한다.

피스톤 링 플라이어 사용 예

그림 1-26. 피스톤 링 플라이어

2.1.11. 머플러 탈거 플라이어(Muffler Remover Plier)

차량의 머플러교환 시 머플러 고무 및 정비 시 손쉽게 탈착하는데 사용한다.

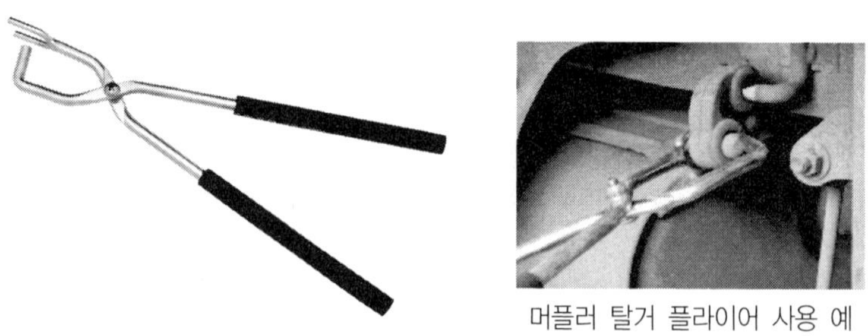

머플러 탈거 플라이어 사용 예

그림 1-27. 머플러 탈거 플라이어

2.1.12. 도어 판넬 플라이어(Door Panels Plier)

차량의 도어 판넬 탈거 시 차량에 손상 없이 손쉽게 작업할 수 있다.

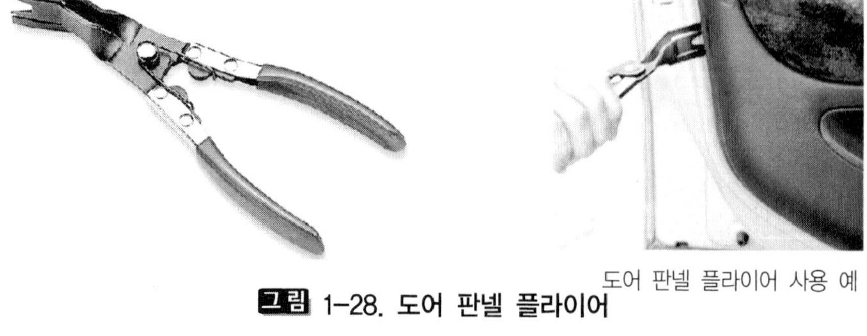

도어 판넬 플라이어 사용 예

그림 1-28. 도어 판넬 플라이어

2.1.13. 브레이크 스프링 플라이어(Break Spring Plier)

드럼 브레이크에서 브레이크슈 리턴 스프링을 탈착과 설치하는데 사용한다.

브레이크 스프링 플라이어 사용 예

(a) (b) (c)

그림 1-29. 브레이크 스프링 플라이어

2.1.14. 와이어 스트리퍼 플라이어(Wire Stripper Plier)

와이어를 끊거나 피복을 벗기는데 사용한다.

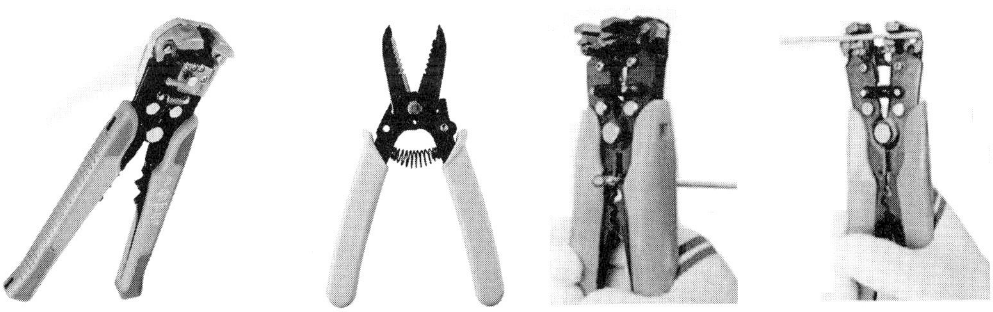

와이어 스트리퍼 플라이어 사용 예

(a) (b) (c)

그림 1-30. 와이어 스트리퍼 플라이어

3. 렌치(Wrench)

렌치는 스패너(spanner)라고도 하며 볼트, 너트, 나사 등을 조이거나 풀 때 사용한다.

3.1. 렌치의 종류

3.1.1. 오픈 엔드 렌치(Open End Wrench)

양구 스패너, 양쪽에 물림입이 달린 스패너로 양쪽 끝이 열려있다. 복스렌치보다는 큰 힘을 줄 수는 없지만 복스렌치나 소켓렌치를 사용할 수 없는 곳이나 작은 힘으로 볼트 너트를 풀 수 있으며 복스렌치나 소켓렌치보다 빠르게 볼트, 너트를 조이거나 풀 수 있으며 연료파이프 라인의 피팅(연결부)을 풀고 조일 때 사용한다. 이 렌치는 볼트 너트의 6각 가운데서 2각만 입 부분에 걸리게 되므로 복스렌치나 소켓렌치보다 볼트 너트에 상처를 내기 쉽고 렌치의 일부분도 마멸되기 쉽다.

[1] 사용법

① 볼트 너트에 맞는 오픈렌치를 볼트 너트에 정확히 맞춘다.

② 몸 쪽으로 잡아당겨서 조이거나 푼다.

③ 회전 작동이 끝나면 렌치를 뒤집어 사용한다.

(a)

(b)

그림 1-31. 오픈엔드렌치 및 사용 예

3.1.2. 복스렌치(Box Wrench)

복스렌치는 강제 막대의 한 대의 한끝을 둥글게 하고 그 안쪽에 6각 또는 8각 12각 렌치 홈을 판 것으로 볼트나 너트 주위를 완전히 감싸게 되어 있어 고른 힘이 분산되어 사용도중 미끄러지지 않고 큰 힘으로 풀거나 조일 수 있다. 일명 더블 옵셋렌치(Double Off Set Wrench)이나 일반적으로 복스렌치라 한다.

(a)

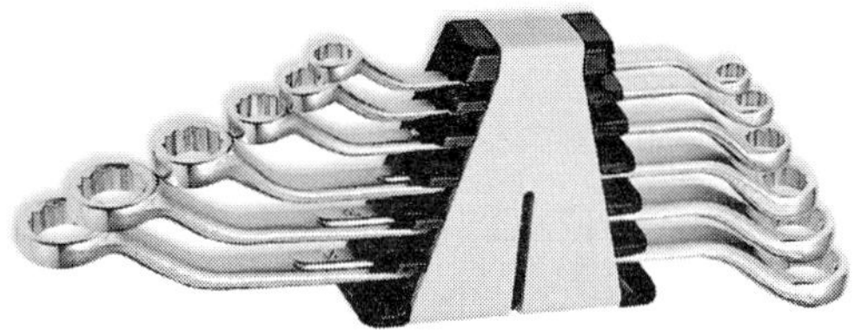

(b)

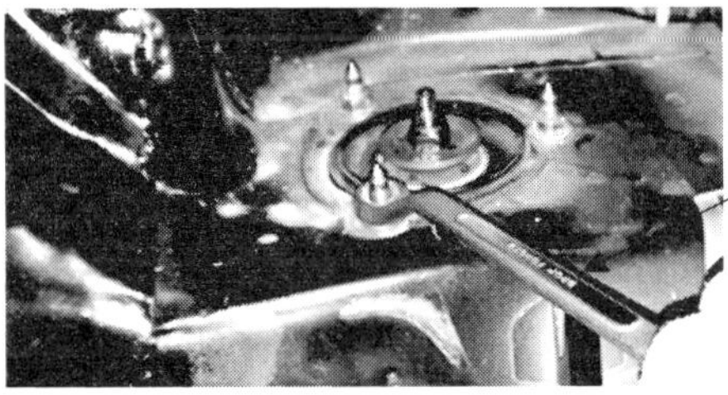

(c)

그림 1-32. 복스렌치 및 사용 예

3.1.3. 조합렌치(Combination Wrench)

조합렌치는 한쪽은 오픈 엔드렌치로 하고 다른 쪽은 복스렌치로 되어 있어서 오픈 엔드렌치의 장점과 복스렌치의 장점을 하나로 만든 렌치이다. 가조임은 스패너 쪽으로 본 조임은 옵셋쪽으로 사용하여 하나로 두 가지의 기능을 한다.

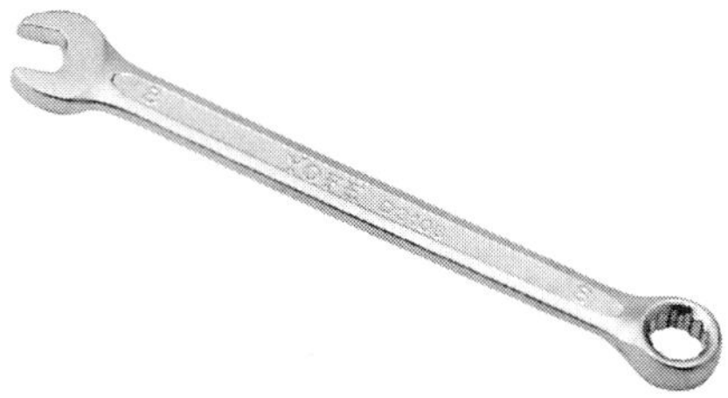

(a)

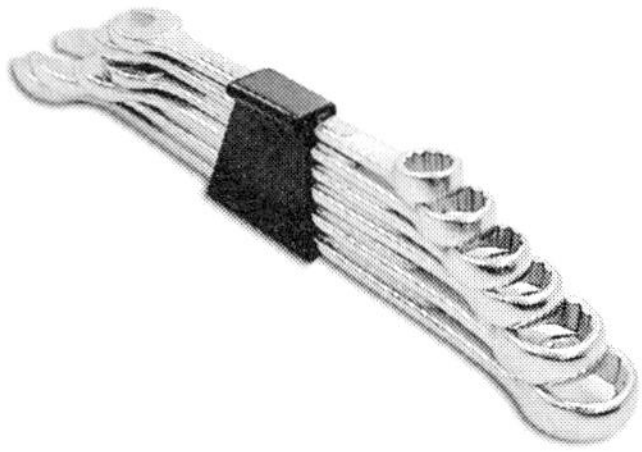

(b)

그림 1-33. 조합렌치

3.1.4. 라쳇 복스렌치(Rachet Box Wrench)

소켓과 라쳇 핸들이 일체화된 렌치로 회전부분에 라쳇(rachet)이라는 기어장치가 있고 구멍은 6각 또는 12각의 것이 있다.

[1] 기어렌치(Gear Wrench)

소켓 라쳇 핸들과 같이 자동으로 반대방향으로 돌아가게 할 수 없으나 렌치를 뒤집어 사용하면 조이기와 풀기, 양 작업을 할 수 있다. 예를 들면 시동전동기 탈착작업 등에서 렌치를 빼고 끼울 필요 없이 끝날 때까지 연속적으로 사용가능하다.

(a) 기어렌치

(b) 더블 기어렌치

그림 1-34. 기어 렌치

[2] 플렉시블 기어 렌치(Flexible Gear Wrench)

굴절형 기어렌치로 헤드부분에 힌지가 있어 헤드부분이 180° 회전이 가능하여 각도 조절하면서 작업할 수 있다.

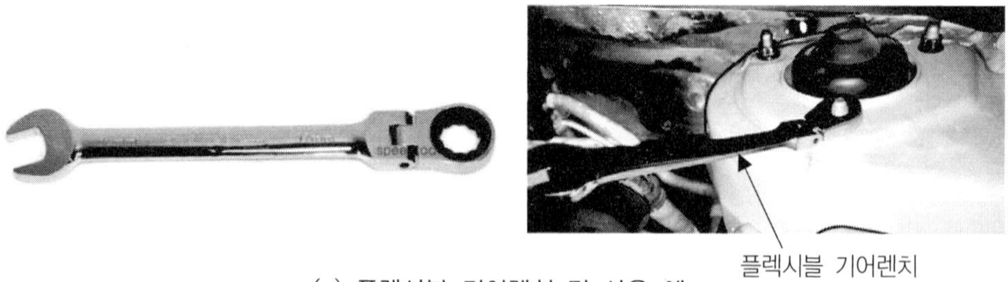

(a) 플렉시블 기어렌치 및 사용 예

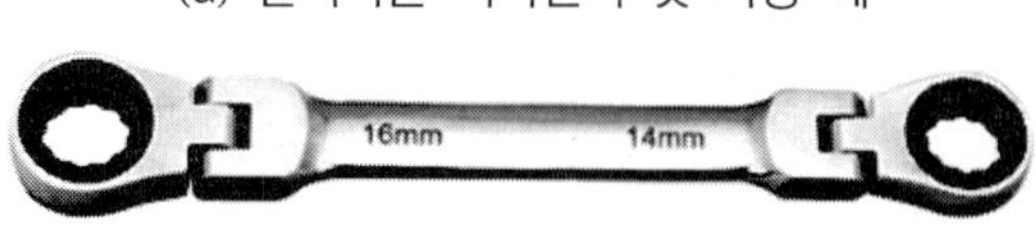

(b) 더블 플렉시블 기어렌치

그림 1-35. 플렉시블 기어렌치

[3] 슈퍼 라쳇 렌치(Super Rachet Wrench)

양쪽의 치수가 틀리며(예, 17mm, 19mm) 조이기와 풀기방향으로 조절할 수 있어 엔진 오일교환 작업 시 드레인 플러그를 풀거나 조일 때 많이 사용한다.

그림 1-36. 슈퍼 라쳇 렌치

3.1.5. 너트렌치(Nut Wrench)

복스렌치를 둘로 나눈 형식의 것과 플레어 너트에 쓰이는 동관 치수에 입의 벌어짐을 맞추고 벌어진 입을 통해서 너트에 끼우는 것이 있다. 주로 브레이크나 연료파이프를 풀거나 조일 때 많이 사용한다.

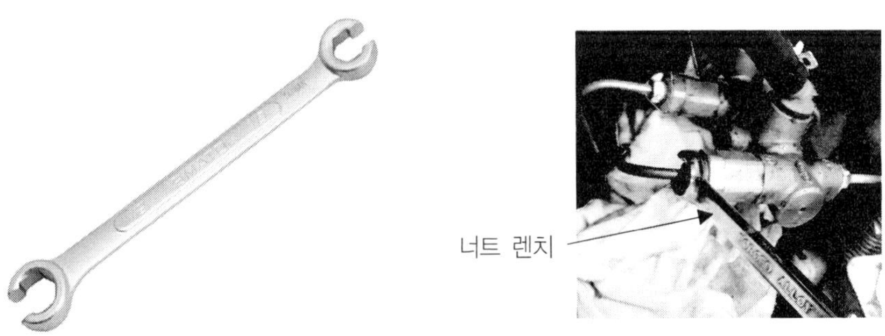

(a) (b)

그림 1-37. 너트렌치 및 사용 예

3.1.6. 조정렌치(Adjustable Wrench)

조정렌치는 몽키 스패너라고도 불리며 볼트나 너트의 크기에 따라서 한쪽의 조(jaw)의 크기를 조정할 수 있게 되어 있다.

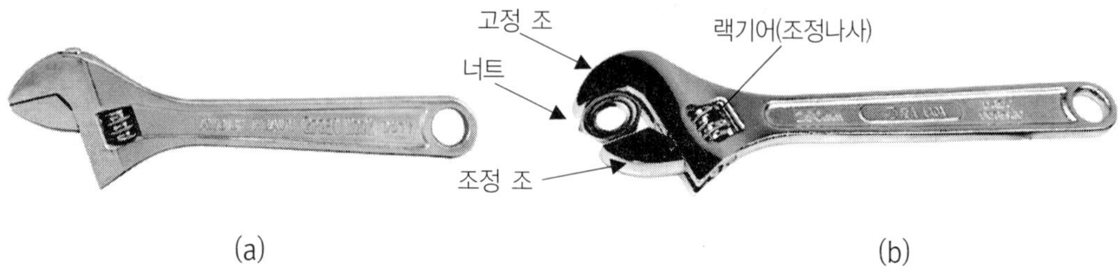

그림 1-38. 조정렌치

이 렌치는 볼트 또는 너트의 크기에 따라 조의 크기를 조정할 수 있어 편리하기는 하나 사용 중 물림 턱 조절 나사산(웜과 랙 기어)의 여유가 많아 가동부분이 파손되기 쉽고 또 볼트 또는 너트의 모서리도 마멸되기 쉬우므로 복스렌치 등이 맞지 않는 특수한 볼트 또는 너트를 돌리는 데만 사용하는 것이 원칙이다. 조의 크기는 랙 기어(rack gear)를 돌려서 조정한다.

[1] 사용방법

① 고정 조(movable jaw)가 볼트나 너트의 회전방향과 마주 보도록 끼운다.
② 랙 기어(조정나사)를 조정하여 볼트 헤드나 너트에 꼭 끼도록 한다.
③ 볼트나 너트를 풀고 조일 때는 렌치를 작업자의 몸 쪽으로 잡아당긴다.

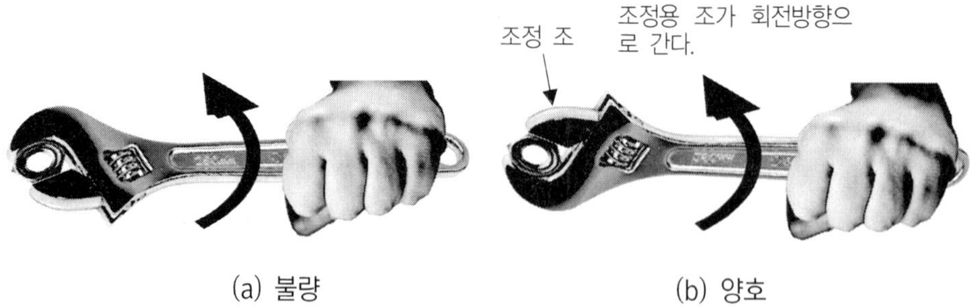

그림 1-39. 조정렌치의 사용법

3.1.7. 조정 파이프렌치(Adjustable Pipe Wrench)

조정 파이프렌치를 간단히 파이프렌치라고도 한다.

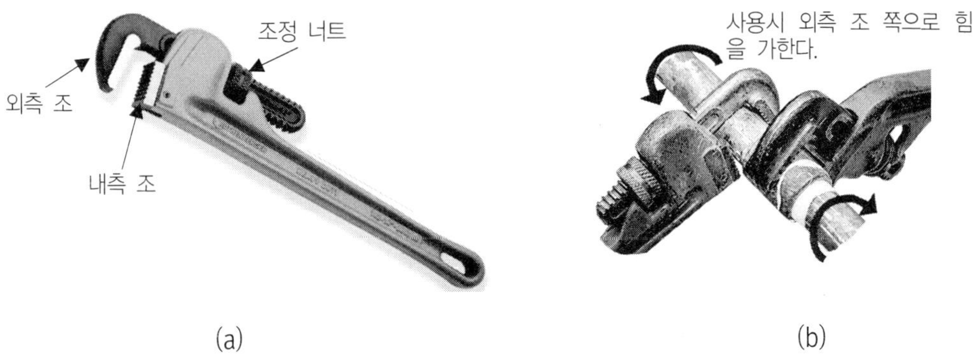

그림 1-40. 조정 파이프렌치 및 사용법

평행하지 않은 두께의 조(jaw)로 되어있고 이 조에는 톱니모양의 이(serration)가 있어 자국을 내므로 모서리가 둥글게 되어 있는 파이프 등과 같이 매끄러운 것을 물려서 고정 또는 회전시킬 때 사용한다. 이의 방향을 참고해서 한쪽방향으로만 회전시켜야 하고 조정은 조정너트로 한다. 휠 얼라이먼트 토인조정 시 고착된 타이로드 연결부를 풀 때 유용하다.

3.1.8. 오일필터 렌치(Oil Filter Wrench)

오일필터 렌치는 자동차나 건설기계의 오일필터를 탈거 하거나 조립할 때 사용된다. 오일필터 렌치는 제작회사별로 여러 가지가 있으나 사용방법은 거의 같고 오일필터의 종류에 알맞은 것을 선택하여 사용한다.

그림 1-41. 오일필터 렌치

3.1.9. 체인렌치(Adjustable Chain Pipe Wrench)

지름이 큰 파이프의 조임 작업에 사용하나 주로 오일필터 교환 시에 많이 사용한다.

(a)

체인렌치 사용 예
(b)

그림 1-42. 체인렌치

3.2. 소켓렌치(Socket Wrench)

라쳇 핸들, 힌지핸들 같은 렌치형 수동 구동공구에 끼워서 볼트 또는 너트를 각 사이즈에 맞는 소켓렌치를 자유로이 선택할 수 있는 편리한 점이 있다. 그러나 볼트 또는 너트의 크기에 관계없이 렌치의 길이가 거의 일정하기 때문에 크기에 따라 렌치에 가해지는 손의 힘을 가감할 필요가 있으며 전기나 압축에어를 이용하는 임팩 소켓도 있다.

(a) 6각 (b) 8각 (c) 12각

그림 1-43. 소켓렌치의 종류(1)

(a) 톡스 비트 소켓

(b) 임팩 비트 홀더 소켓

(c) 헤드 소켓

(d) 별 소켓

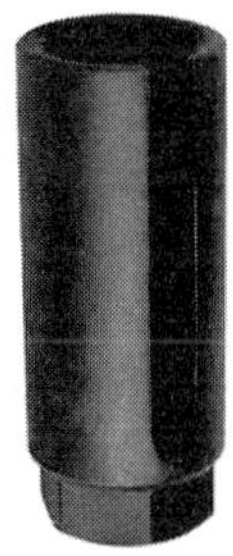
(e) 산소센서 소켓

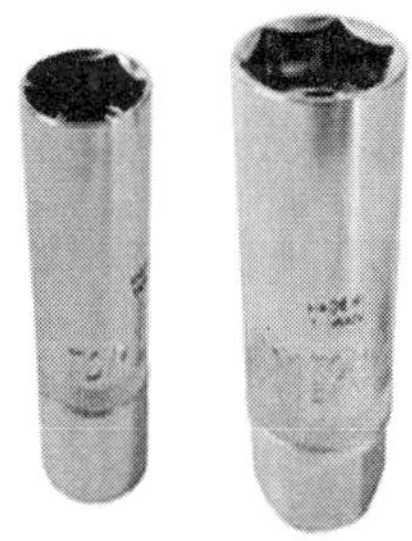
(f) 스파크 플러그 소켓

(g) 플레어 너트 소켓

그림 1-44. 소켓렌치의 종류(2)

3.2.1. 소켓렌치 어댑터의 종류

[1] 연결대(Extension Bar)

연결대는 힌지핸들, T-핸들, 라쳇핸들, 스피드핸들, 유니버셜조인트 등에 복스 소켓, 오일필터 캡 등을 끼워 용도에 알맞게 연결 사용한다.

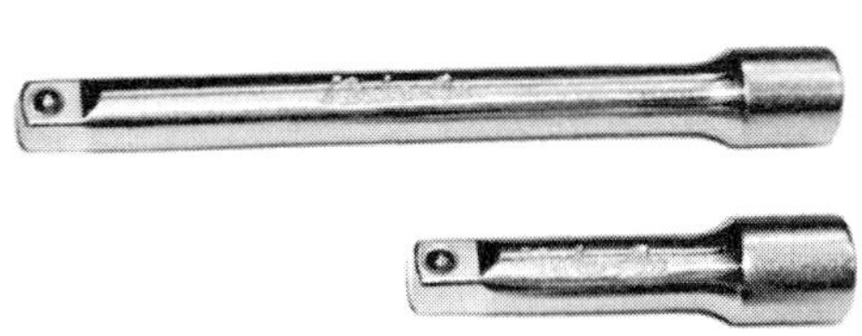
(a)

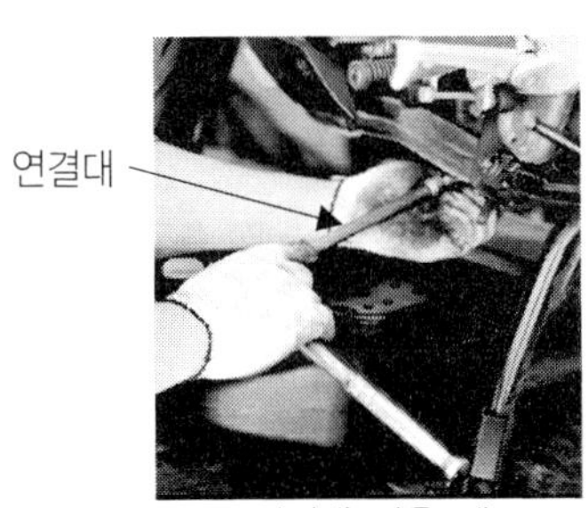

연결대 사용 예
(b)

그림 1-45. 연결대

[2] 힌지핸들(Hinged Handle)

힌지핸들은 소켓핸들 또는 복스대라고도 하며 최대의 지렛대 원리로 많은 힘으로 단단히 조여져 있는 볼트나 너트를 풀고 조일 때 사용하는 핸들로서 볼트나 너트를 처음 풀 경우와 토크렌치로 최종적으로 조이기 직전까지 사용한다.

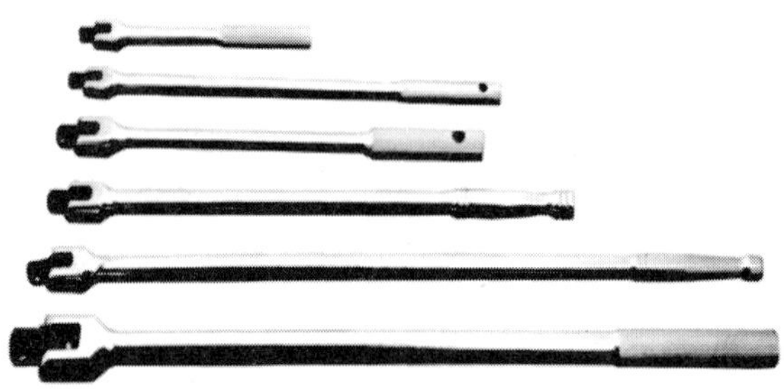

힌지핸들 사용 예

그림 1-46. 힌지핸들

[3] 스피드 핸들(Speed Handle)

볼트나 너트를 신속하게 풀거나 조일 때 사용하며 작업공간이 충분하고 볼트나 너트가 많을 경우 빠르게 작업할 수 있다. 아래 볼트나 너트를 풀 때 핸들을 90° 로 수직으로 세워 오른손으로 슬라이딩핸들 윗부분을 손바닥으로 조금 누른 상태에서 핸들을 가볍게 잡고 왼손으로 아래 슬라이딩핸들을 잡고 아래 슬라이딩을 왼손으로 돌린다. 10mm 이상은 힌지핸들로 푼 뒤 스피드핸들로 작업한다.

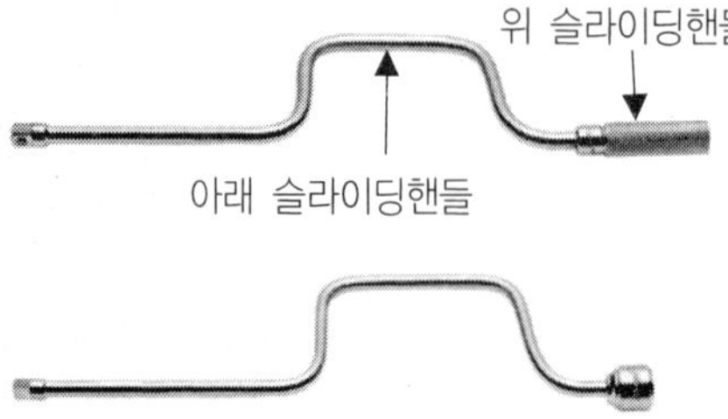

스피드핸들 사용 예

그림 1-47. 스피드핸들

옆 볼트나 너트를 풀 때는 오른손으로 아래 슬라이딩핸들을 잡고 왼손으로 위 슬라이딩 핸들을 가볍게 잡고 밀면서 푼다.

[4] 슬라이딩 T-핸들(Sliding T-handle)

양 끝에 똑같은 힘을 가할 수 있고, 한쪽으로 몰아서 힌지핸들 대용으로 사용할 수 있다. 길이를 소설하여 필요한 토크로 조일 수 있으므로 볼트, 너트를 무리한 힘으로부터 보호할 수 있다.

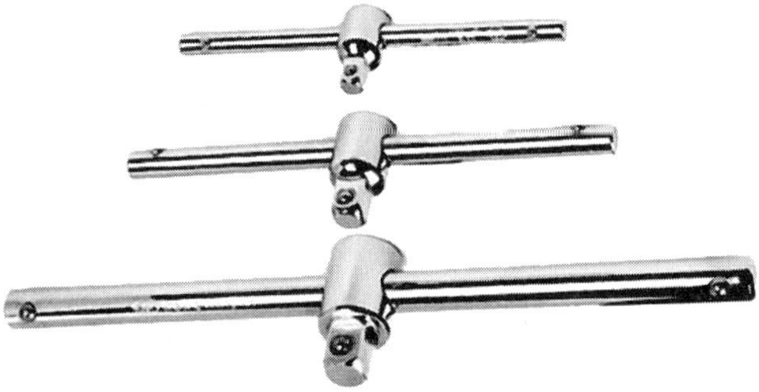

그림 1-48. 슬라이딩 T-핸들

[5] 라쳇 핸들(Ratchet Handle)

라쳇 핸들은 볼트나 너트에서 소켓렌치를 빼내지 않고 계속 한쪽방향으로 볼트나 너트를 조이거나 풀 때 가장 많이 사용한다.

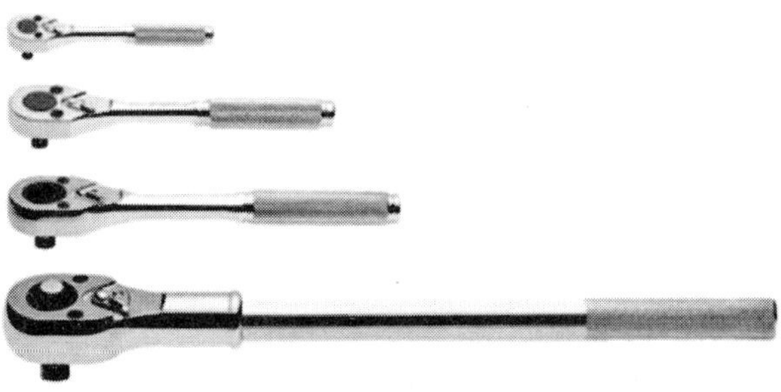

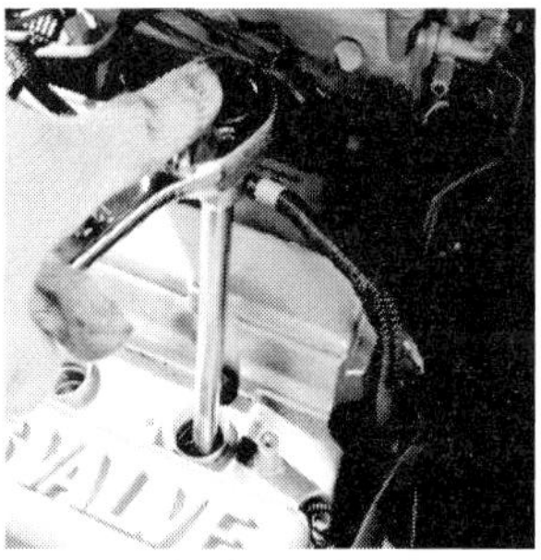

라쳇 핸들 사용 예

그림 1-49. 라쳇 핸들

라첫 리버싱 레버(rachet reversing lever)는 소켓을 한쪽방향으로 회전시키고, 그 반대 방향으로 고정시키는 레버이며 큰 토크가 필요치 않는 작업에 사용해야 하며 볼트나 너트를 강하고 단단하게 조이거나 강하게 조여 있는 볼트나 너트에 사용하면 톱니바퀴(기어)가 손상이 된다.

[6] 유니버셜 조인트(Universal Joint)

두 축의 각도를 자유롭게 바꿀 수 있는 이음(조인트)공구이다. 각도가 있는 비스듬한 작업 공간 또는 작업이 원활하지 않은 복잡한 작업공간에서 소켓과 라쳇 핸들사이에 연결하여 각도 변화를 주어서 경사진 곳에서 조임이나 풀기작업이 가능하다. 소켓렌치의 핸들의 굴절 각도는 45° 까지 자유롭게 할 수 있다.

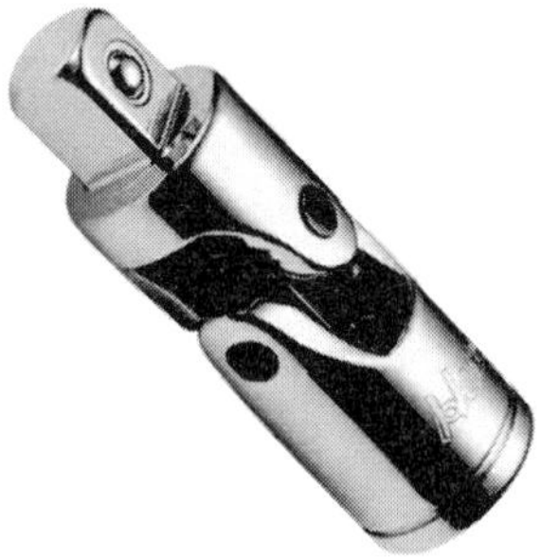

(a)

유니버셜 조인트 사용 예

(b)

그림 1-50. 유니버셜 조인트

3.3. 토크렌치(Torque Wrench)

토크렌치는 볼트나 너트를 규정값으로 조일 때 사용하며, 모든 기계의 볼트나 너트를 규정토크로 조이지 않으면 사용 중 볼트나 너트가 풀리거나 변형이 된다. 규정토크 이상으로 조이면 부품의 변형 및 파손, 볼트의 부러짐이나 변형이 되므로 토크 렌치는 이러한 것을 방지하기 위하여 사용한다.

볼트나 너트에 가해지는 토크 정도를 지침으로 표시되는 것(스케일형과 다이얼형)과 미리 규정토크 값을 조정하여 두는 프리세트 토크렌치가 있다. 프리세트는 볼트나 너트가 규정 토크 값이 되었을 때 "딸깍" 소리가 난다.

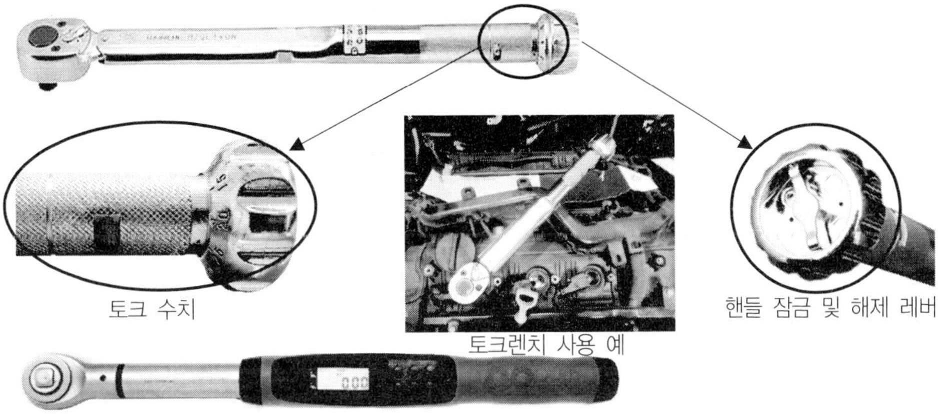

(a) 프리세트식

(b) 다이얼식

그림 1-51. 토크렌치

3.4. 특수 렌치

3.4.1. T-형 핸들(T-type Handle)

T-형 렌치는 토크가 일정한 곳의 볼트나 너트의 조임이나 풀기에 사용하며 소켓과 T자 모양의 핸들을 한 몸통으로 만들어 놓은 것과 러그에 소켓이나 유니버셜 소켓을 끼워서 사용하는 것이 있으며, 주로 힘을 많이 주지 않아도 되는 작은 볼트나 너트를 조이거나 풀 때 많이 사용한다.

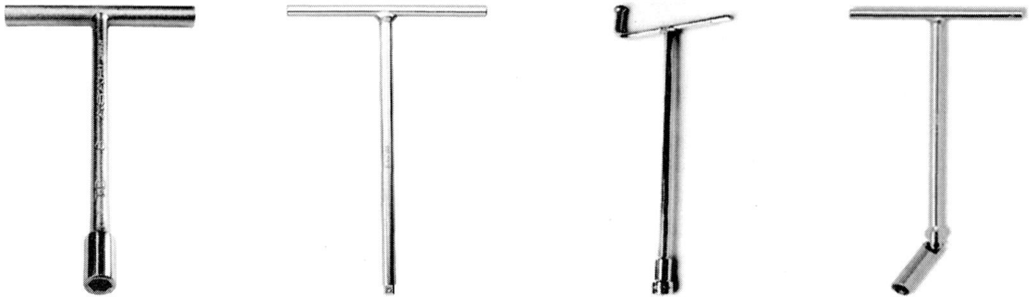

(a) 고정식 T- 핸들 (b) 소켓 연결 T-핸들 (c) 스피드 T-핸들 (d) 유니버셜 T-핸들

그림 1-52. T-형 핸들

3.4.2. T-형 스파크플러그 렌치(T-type Spark Plug Wrench, 핸들)

스파크플러그 렌치는 스파크플러그를 조이거나 풀 때 사용하는 전용공구이다.

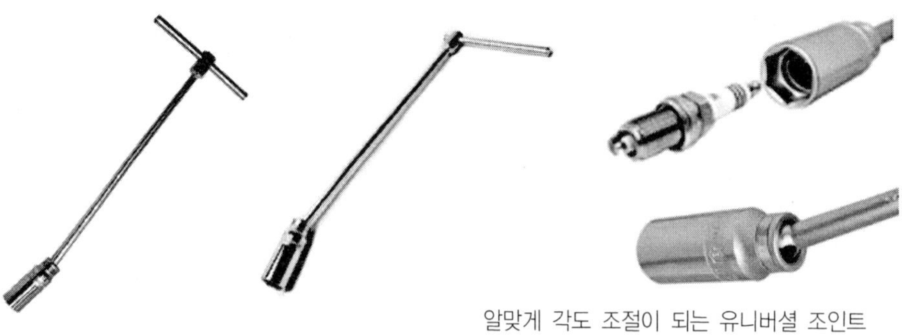

(a) (b) (c)

그림 1-53. T-형 스파크플러그 렌치

3.4.3. 육각렌치(Hex Head Wrench)

알렌렌치라고도 하며 자동차 등에 사용되는 육각형의 볼트를 조이거나 풀 때 사용한다. 사용시 볼트에 렌치를 직각으로 삽입해야 볼트 및 렌치의 손상을 막을 수 있다.

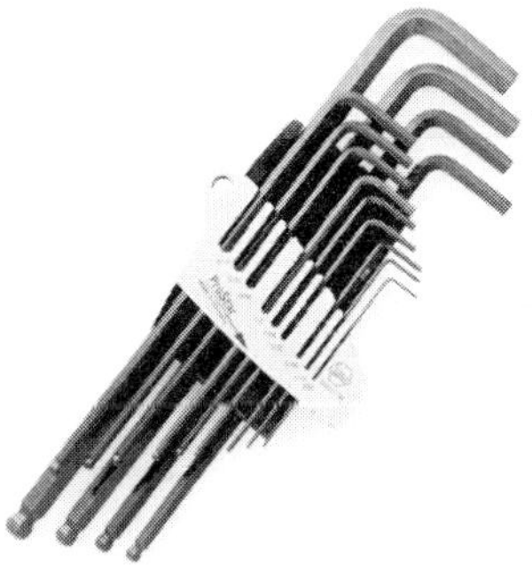

(a)

육각렌치 사용 예

(b)

그림 1-54. 육각렌치

3.4.4. 별 렌치(Torx Wrench)

별모양의 볼트를 조이거나 풀 때, 사용한다. 사용할 때는 볼트에 별 렌치를 직각으로 삽입해야 볼트 및 렌치의 손상을 막을 수 있습니다.

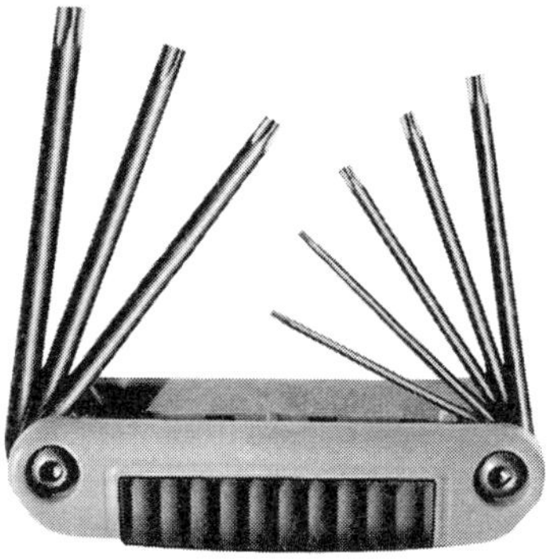

(a)

별 렌치 사용 예

(b)

그림 1-55. 별 렌치

4. 기타 공구

4.1. 해머(Hammer)

4.1.1. 볼 핀 해머(Ball Peen Hammer)

가장 많이 사용되는 것으로 판금작업 등 물체를 타격할 때 사용되는 공구로 핀이 볼모양으로 둥글게 되어 있다.

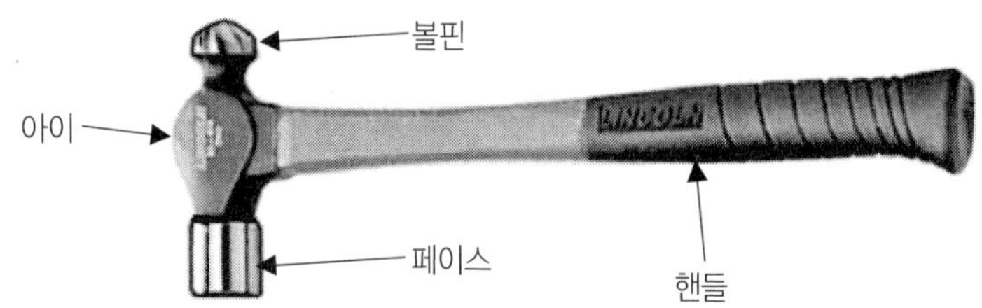

그림 1-56. 볼 핀 해머

4.1.2. 슬레지 해머(Sledge Hammer)

슬래지 해머는 고착된 부분을 타격하여 분리할 때 무척 유용하며 암석이나 콘크리트를 부술 때, 볼트작업, 끌(chisel)의 타격에 사용한다.

그림 1-57. 슬레지 해머

4.1.3. 연질해머(Soft Face Hammer)

물체에 손상을 주지 않고 충격만 가할 때 사용하는 공구로 고무해머, 우레탄 해머, 나무해머 등이 있다.

(a) 고무 해머 (b) 우레탄 해머 (c) 나무 해머

그림 1-58. 연질 해머

4.1.4. 목공 해머(Carpenter's Hammer)

목공용 해머는 강철의 머리와 나무자루로 된 것으로 못을 빼고 박는데 사용한다. 두 가지의 형식의 목공해머가 있으며 어느 것이나 해머머리 뒤에는 못 빼기 등에 사용되는 글로우(glow)가 있다. 다른 점은 머리 면에 있다.

한 형식은 머리의 면이 편평하게 되어있어 평면 못 빼기 해머라고 하고 다른 한 형식은 머리 면이 볼록하게 되어있어 블록 해머면 이라고 부른다.

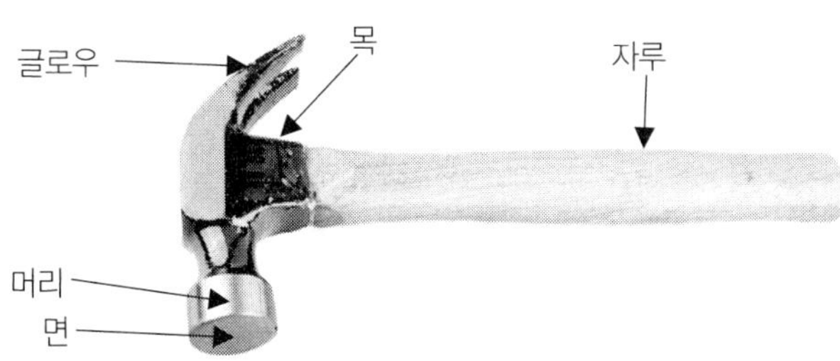

그림 1-59. 목공 해머

4.1.5. 검사용 해머(Test Hammer)

검사용 해머는 머리에 긴 나무자루를 꽂은 것으로 타격음에 의하여 부품의 상태를 검사하는데 쓰인다.

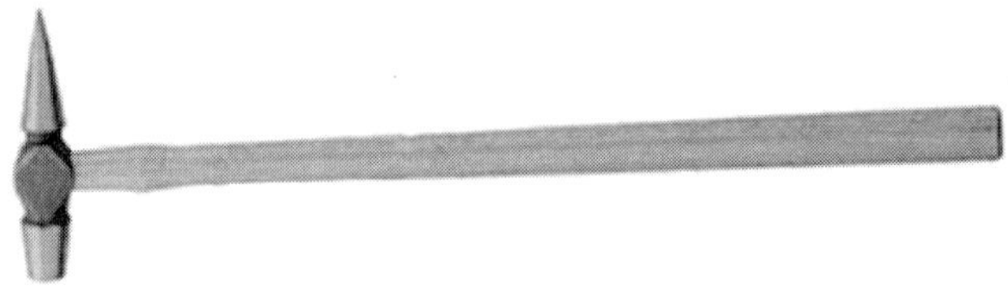

그림 1-60. 검사용 해머

4.2. 펀치(Punch)

펀치는 금속, 가죽, 종이 및 기타의 물질에 구멍을 뚫거나 금속편에 표시를 할 때 핀이나 리벳을 떼어낼 때 또는 구멍을 맞출 때 사용한다.

4.2.1. 센터 펀치(Center Punch)

센터 펀치는 포인트 부가 원뿔형으로 되고 팁(tip)은 90° 의 원뿔로 되어 있다. 스톡은 8각 또는 4각형이고 드릴작업의 구멍위치, 중심위치, 분해하여 다시 조립할 때 제 위치에 설치할 수 있도록 표시하는데 사용된다.

자동 센터 펀치(automatic center punch)는 보통 펀치처럼 해머로 타격하지 않고 내부기구에 의해 작업자의 필요한 손의 힘으로 누르기만 하면 자동 타격하게 되어 있다.

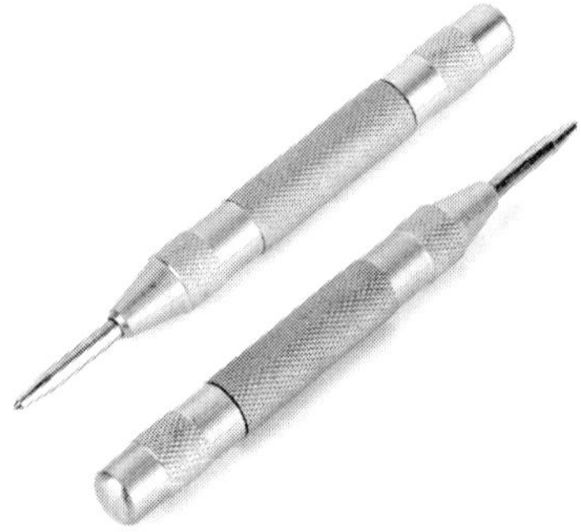

(a) 자동 센터 펀치

(b) 핀 펀치

그림 1-61. 펀치

4.2.2. 핀 펀치(Pin Punch)

스트레이트 핀이나 테이퍼 핀을 떼어낼 때에 사용되며 표준형의 것은 포인트 쪽으로 테이퍼되어 있고 어떤 형식의 핀 펀치는 테이퍼되어 있지 않고 곧게 되어있다.

4.3. 스크레이퍼(Scraper)

스크레이퍼는 접촉부분의 굳은 부분에 붙어있는 개스킷이나 접착제 등을 떼어내는데 주로 사용한다.

그림 1-62. 스크레이퍼

4.4. 치즐(Chisel)

치즐은 리벳머리, 녹슨 볼트 및 너트 등을 떼어내기 및 철이나 비철금속의 홈파기 가공, 절단가공 등에 사용한다.

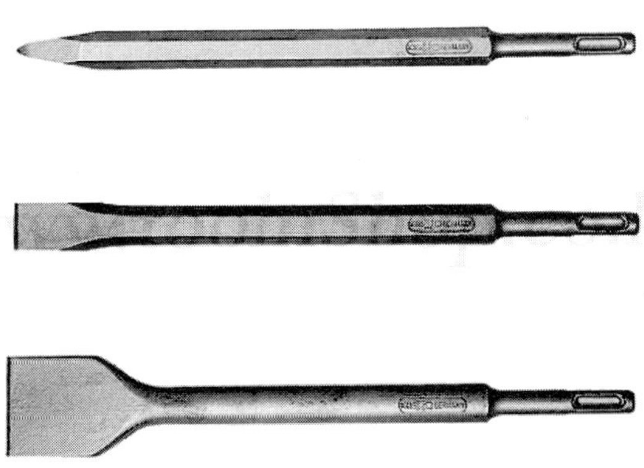

그림 1-63. 치즐

치즐은 팁의 형태에 따라 플랫형(flat type), 케이프형(cape type), 둥근형(round type), 다이아몬드형(diamond type) 등이 있으며 일종의 끌이다.

4.5. 핸드 탭과 다이스(Hand Tap & Dies)

핸드 탭은 금속이나 플라스틱 등에 볼트를 끼울 수 있게 암나사를 내는데 사용되고 다이스는 수나사를 내는데 사용된다.

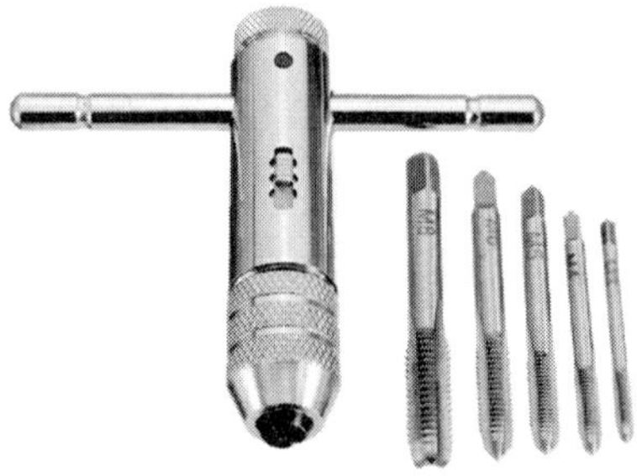

(a) 핸드 탭

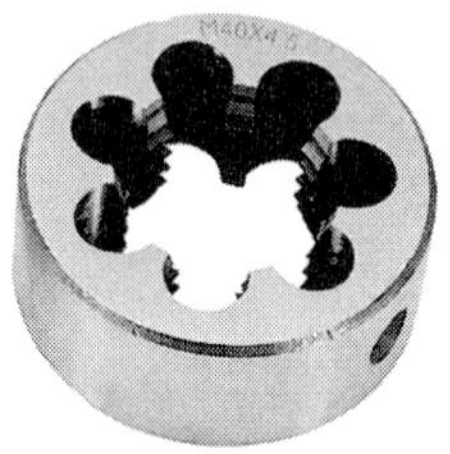

(b) 탭

그림 1-64. 핸드 탭 & 다이스

4.6. 줄(File)

줄은 금속판을 깎거나 표면을 매끈하게 다듬질 할 때, 모따기를 하기 위해 사용된다. 표면에 줄 날을 무수히 세워 날을 세운 방법에 따라 한 줄날, 두 줄날, 세 줄날이 있고 날의 거칠기에 따라 거친 날, 중간 날, 고운 날 등으로 구별된다.

그림 1-65. 줄

또, 단면의 모양에 따라 각형, 평형, 삼각형, 원형, 반원형 등이 있다. 전진행정 시에만 압력을 가하고 후진 행정시에는 줄을 약간 든다. 이렇게 하지 않으면 줄이 곧 무디지게 된다.

4.7. 활톱(Hack Saw)

활톱은 금속을 절단힐 때 사용하며 톱날은 프레임에 끼운 것이나. 일반적으로 사용되는 활톱의 프레임은 고정식과 그 길이에 따라 몇 개의 단계로 조정할 수 있는 조정식이 있으며 미는 방향으로 절단되도록 톱날을 끼워서 사용하는 것이 일반적이며 톱날을 사용할 때 앞으로 미는 행정에서 절삭되게 일정한 압력으로 밀다 돌아오는 행정에서는 약간 들어 올리면서 잡아당긴다.

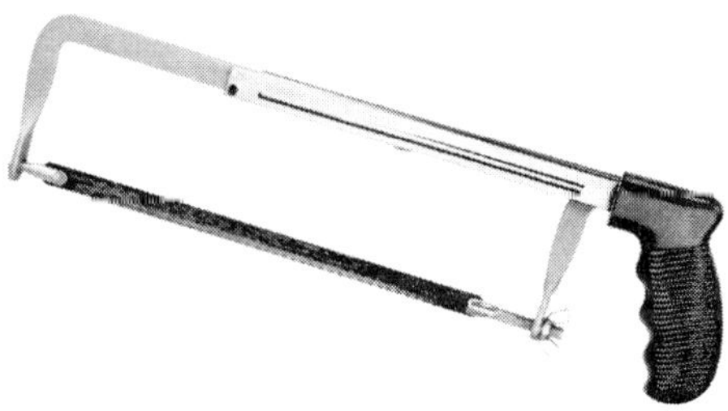

그림 1-66. 활톱

4.8. 클립공구(Clip Remover)

차량의 내장수지, 클립분리 시 사용된다. 차량의 도어, 백, 플로어 등 내장에 사용하기 적합하다.

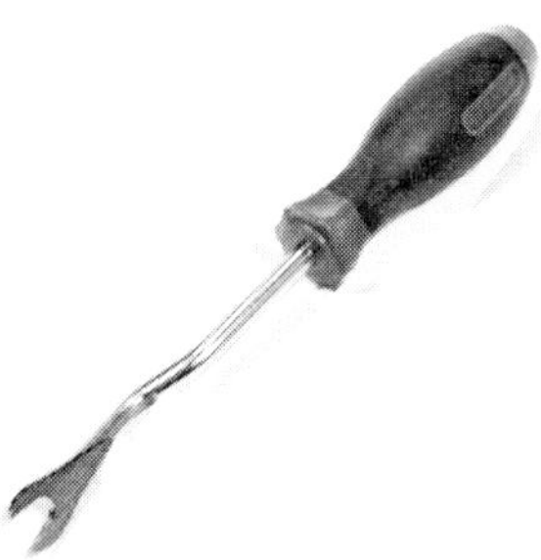

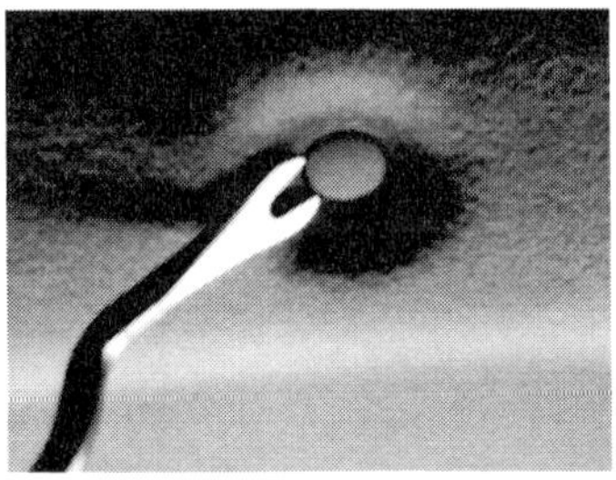

클립공구 사용 예

그림 1-67. 클립공구

4.9. 클립 리무버(Clip Remover)

자동차의 내장작업 시 차량에 손상을 주지 않고 용도에 맞게 제품을 선택하여 손쉽게 작업할 수 있다.

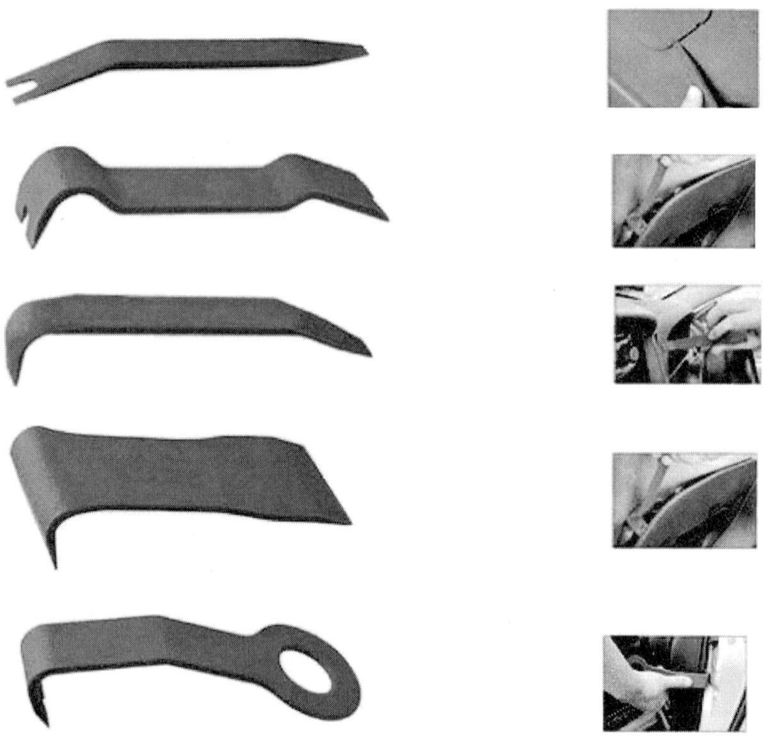

그림 1-68. 클립 리무버

4.10. 오링 풀러(Awls, Hook, Picks)

차량의 오링 및 리테이너 제거 및 인두작업 시 납제거, 단품의 구석과 벌어진 틈 청소 시 사용한다.

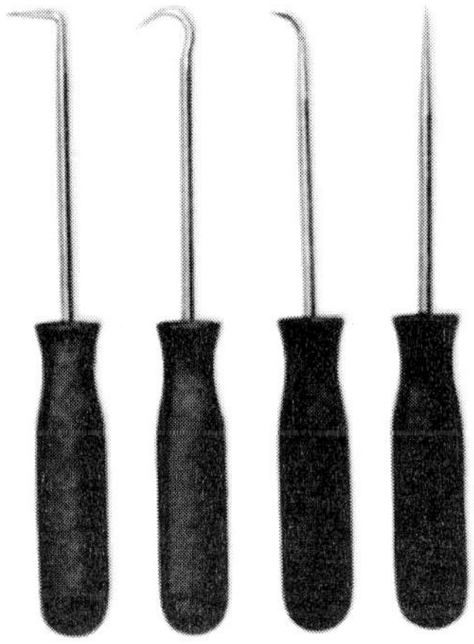

그림 1-69. 오링 풀러

4.11. 핸드 리베터(Hand Riveter)

자동차 적재함, 창문 틀, 섀시 등 철판과 철판의 리벳작업 시 사용하며, 리벳을 하는 방법은 우선 접합을 할 두 물체에 리벳 못의 굵기와 같은 타공을 하고 타공된 두 물체에 리벳 못을 관통시킨 후 리벳 건으로 꽉 조여 리벳 못을 끊어 리벳팅한다.

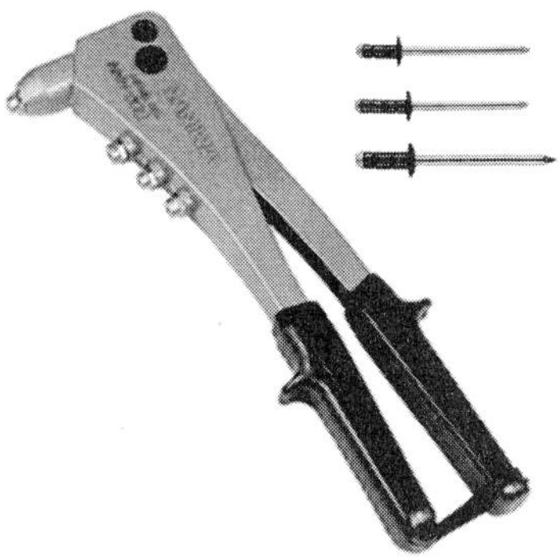

(a) 리벳건 과 리벳 못

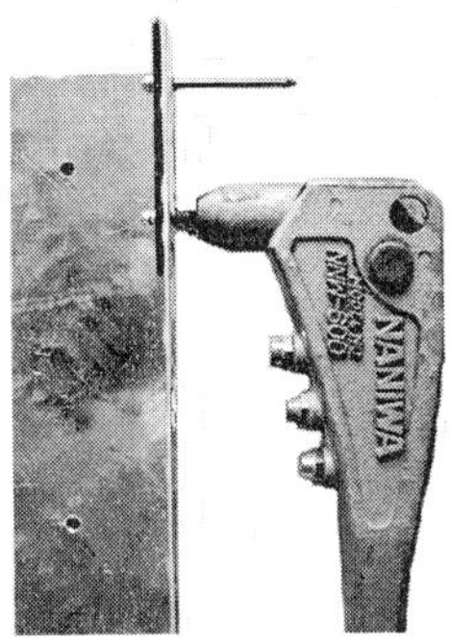

(b) 리벳팅

그림 1-70. 핸드 리베터

Automotive Primary Practice

CHAPTER 02 작업용 기구 및 장비

1. 작업용 기구

1.1. 공구 진열대

자동차의 정비에 필요한 공구를 진열할 수 있고 공구를 쉽게 찾을 수 있다.

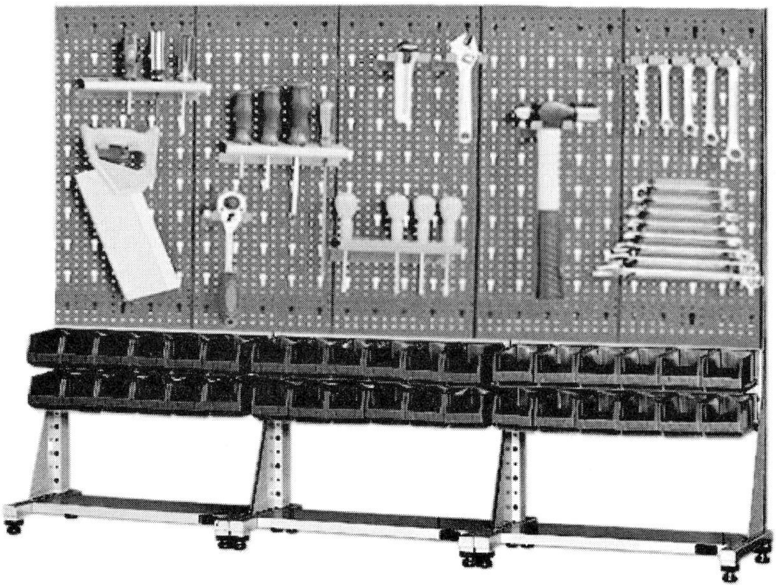

그림 2-1. 공구 진열대

1.2. 공구 스탠드(Tool Stand)

자동차의 정비 시 공구와 부품진열을 같이 할 수 있기 때문에 공구나 부품사용 시 필요한 것만 사용할 수 있도록 진열할 수 있고 작업현장에서 이동이 가능해 작업에 편리성이 있다.

(a) (b) (c)

그림 2-2. 공구 스탠드

1.2.1. 공구 진열대 보관함

공구 진열대 보관함은 공구의 수납이나 공구의 정리정돈의 극대화 및 작업현장에서 이동하여 사용할 수 있고 작업이 끝난 뒤 서랍을 안으로 밀어 자물쇠를 채울 수 있는 보관함이다.

(a) (b) (c)

그림 2-3. 공구 진열대 보관함

1.3. 공구박스(Tool Box)

공구박스는 뚜껑과 선반을 갖춘 견고한 용기로 공구를 보관하고 필요한 공구를 운반하는데 사용한다.

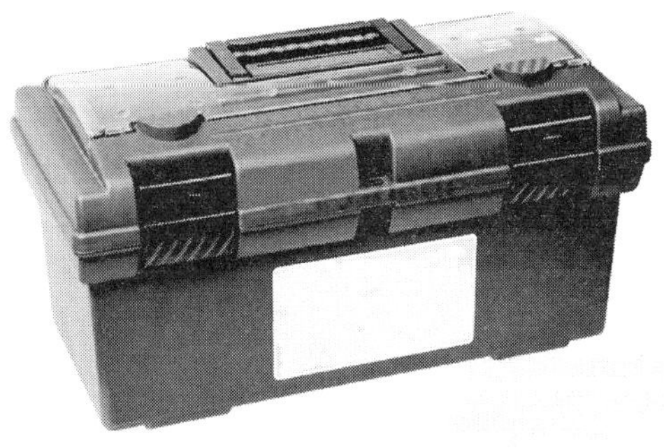

(a)

(b)

그림 2-4. 공구박스

1.4. 작업대(Work Bench)

일반 공작작업에 필요한 부품을 분해하거나 조립하는 손수작업을 할 수 있는 탁자를 말한다.

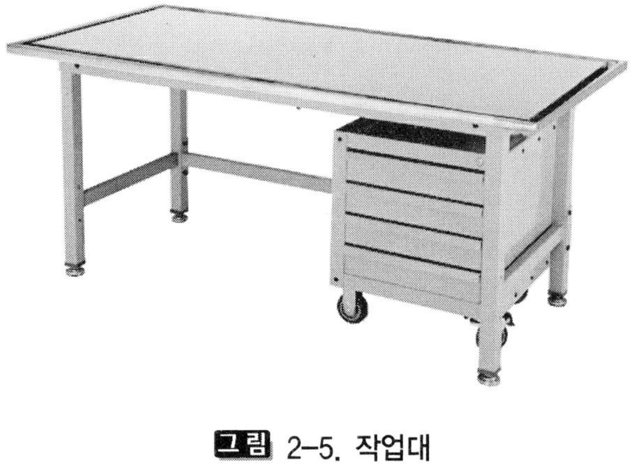

그림 2-5. 작업대

2. 작업용 장비

2.1. 이동식 크레인(Mobile Floor Crane)

이동식 크레인은 중량물을 들어 올리는데 사용되는 것으로 주로 작업장 내의 엔진이나 변속기 등 무거운 것을 들어서 옮기는데 사용한다. 물건을 들어 올릴 때는 유압 밸브를 잠그고 레버를 상하로 작동시키면서 오일이 압축되어 마운팅 지프가 상승하고 유압 밸브를 풀면 로프팅 지프(lofting jeep)가 내려온다.

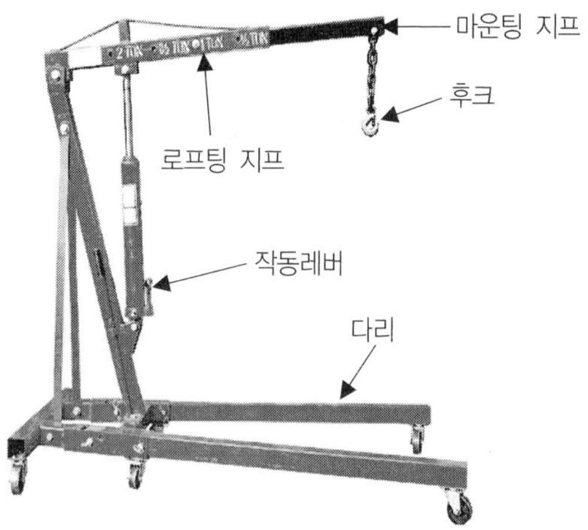

(a)

이동식 크레인 사용 예

(b)

그림 2-6. 이동식 크레인

2.2. 잭(Jack)

2.2.1. 가레지 잭(Hydraulic Garage Jack)

가레지 잭은 공작 잭이라고도 하며 안정성이 있고 작동이 정확하여 차고나 정비공장 등에서 자동차를 들어 올릴 때 널리 사용된다. 잭의 조정레버를 당겨 핸드레버 홈에 걸고 작동레버를 상하로 작동시키거나 풋 페달을 상하로 밟으면 암이 상승하고 조정레버를 홈에서 빼내어 밑으로 밀면 암은 하강한다.

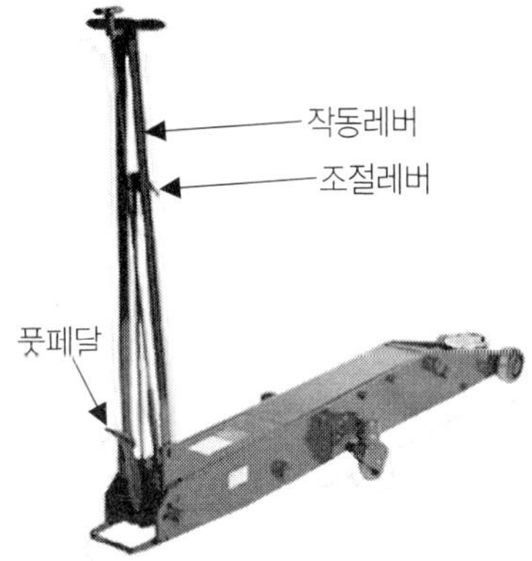

(a)

가레지 잭 사용 예

(b)

그림 2-7. 가레지 잭

2.2.2. 이동식 유압잭(Portable hydraulic jack)

이동식 유압잭은 유압을 이용하여 유압실린더를 움직여 차량을 들어 올리는데 사용된다. 유압잭은 잭을 고일 지점에 잭을 똑바로 세우고 높이가 맞지 않을 경우에는 높이 조정 스크루를 알맞게 풀거나 조여서 조정한 뒤 유압밸브를 잠그고 작동레버를 상·하로 작동시키면 피스톤을 상승시킨다. 작업이 끝난 뒤 잭의 유압밸브를 풀면 피스톤이 하강한다.

(a)

이동식 유압 잭 사용 예

(b)

그림 2-8. 이동식 유압 잭

2.2.3. 휠 척 잭(Wheel Chuck Jack)

자동차에 휴대하고 다니면서 타이어펑크 시 타이어를 교환하는데 주로 사용된다. 사용방법은 구동러그에 핸들의 러그를 설치하고 오른쪽으로 돌리면 시트가 상승하고 왼쪽으로 돌리면 시트가 하강한다.

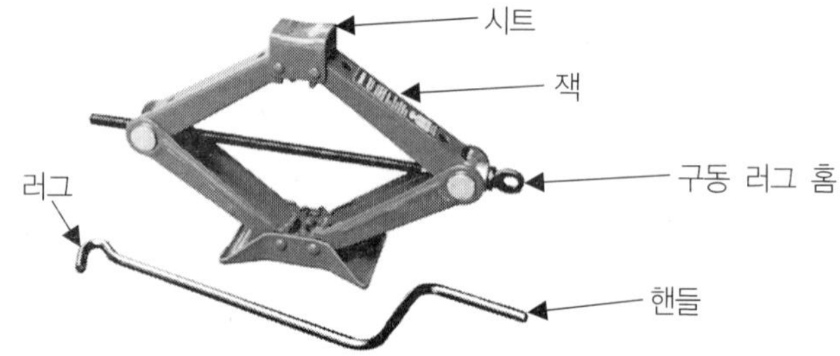

(a)

휠 척 잭 사용 예

(b)

그림 2-9. 휠 척 잭

2.2.4. 리지드 잭(Ridged Jack, 안전 잭)

리지드 잭은 안전 잭이라고도 하고 잭으로 잭업(jack up)을 한 뒤 차를 안전하게 고일 때 사용한다. 잭업작업 시에는 자동차를 평탄한 곳에서 설치를 해야 하고 잭업 시에는 고임목을 고인다.

(a)

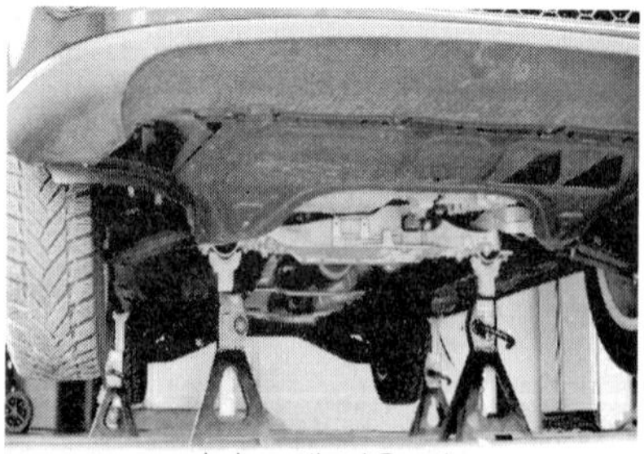

리지드 잭 사용 예

(b)

그림 2-10. 리지드 잭

2.3. 카 클리퍼(Car Creeper, 작업침대)

자동차 밑에서 정비, 검사 시 사용하는 작업침대이다. 자유자재로 이동할 수 있도록 작업침대 밑에는 롤러가 설치되어 있고 내구성이 강하다.

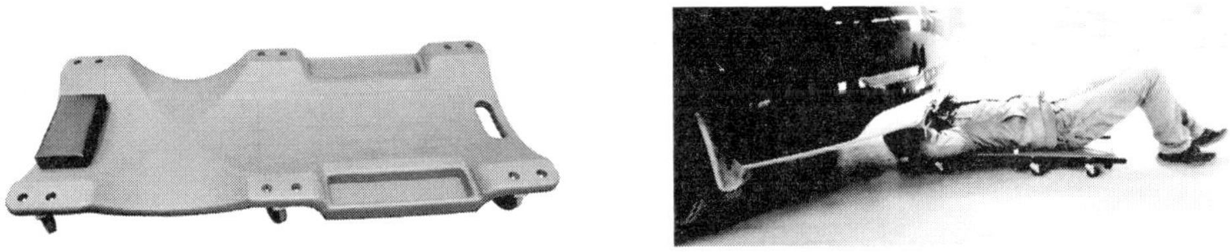

작업침대 사용 예

(a) (b)

그림 2-11. 작업침대

2.4. 풀러(Puller)

기어, 베어링, 부싱 등을 축 또는 케이스에서 빼낼 때 사용한다.

2.4.1. 기어 풀러(Gear Puller)

기어 풀러는 각종 기어를 빼내거나 설치하는데 사용한다.

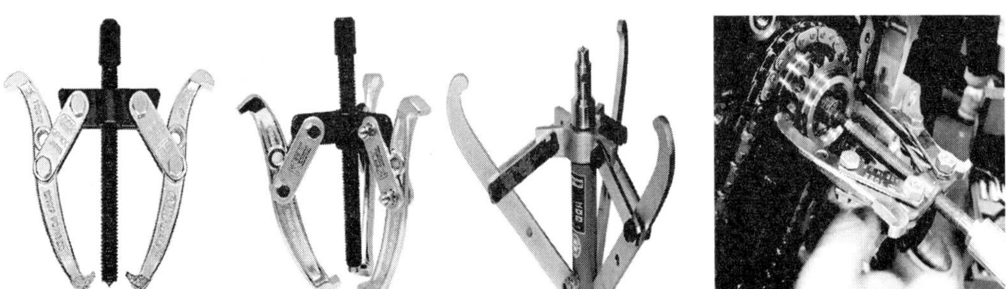

기어 풀러 사용 예

(a) 2조우 곡선형 (b) 3조우 곡선형 (c) 유압식

그림 2-12. 기어 풀러

2.4.2. 푸시 풀러(Push Puller)

푸시 풀러는 레그를 교환하여 필요에 따라 축에서 기어나 베어링을 빼내는데 사용한다.

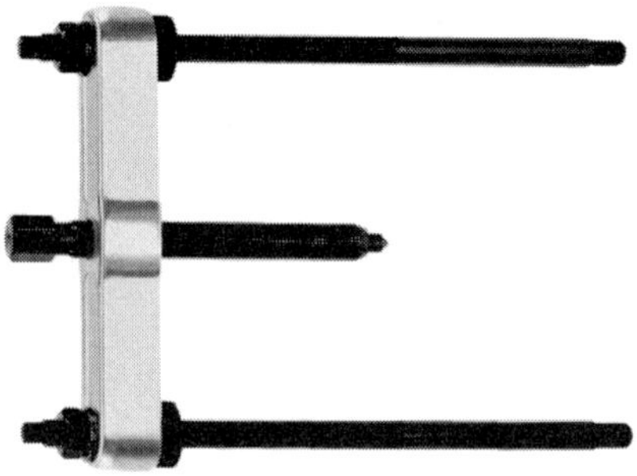

그림 2-13. 푸시 풀러

2.4.3. 베어링 세퍼레이터(Bearing Separator)

베어링 풀러 앞쪽에 설치하여 베어링의 직경에 따라 너트를 풀어 반원 판의 크기를 조정하고 아래 그림과 설치하여 베어링을 빼어낸다.

(a)

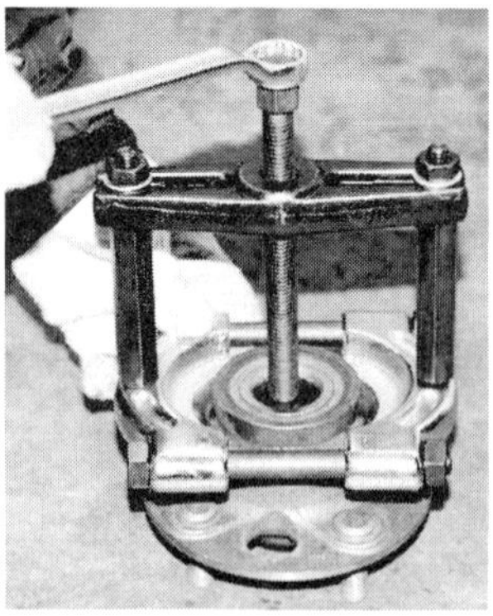

베어링 세퍼레이터 사용 예

(b)

그림 2-14. 베어링 세퍼레이터

2.4.4. 슬라이드 해머 풀러(Slide Hammer Puller)

슬라이드 해머는 기어를 좌우로 설치한 후 자루에 설치된 슬라이드 해머로 타격을 주어 와셔나 핀을 뽑기도 하고 기어나 베어링을 빼내는데 사용도 하며 리무브 어댑터를 교환하여 패널에 직접 걸어 힘을 가해 인출 판금에 사용하기도 한다.

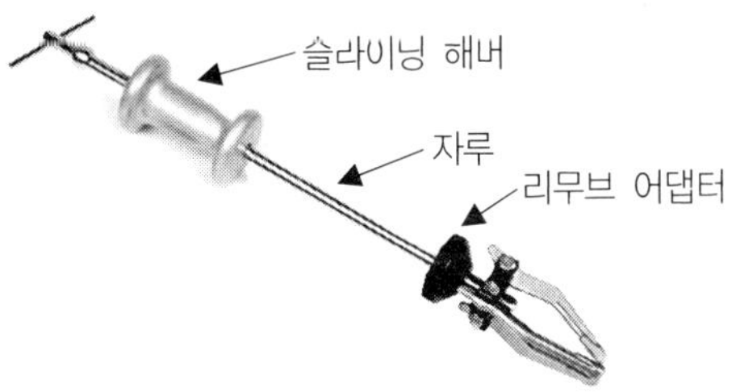

(a)

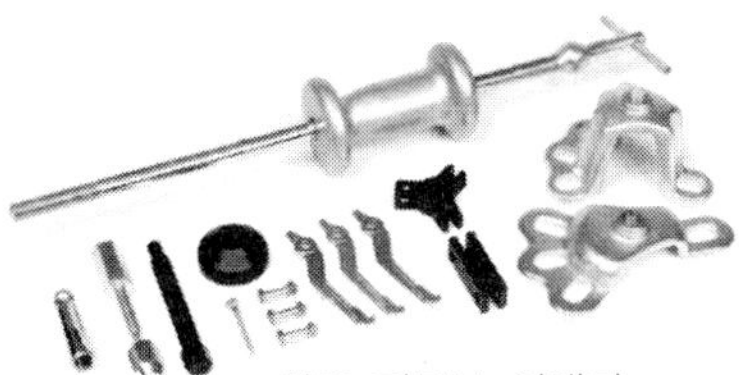

(b)

그림 2-15. 슬라이드 해머 풀러

2.4.5. 스티어링 휠 풀러(Steering Wheel Puller)

자동차의 스티어링 휠을 탈거하는데 사용하는 전용 풀러이며 각종 풀러를 탈거하는데 사용되기도 한다.

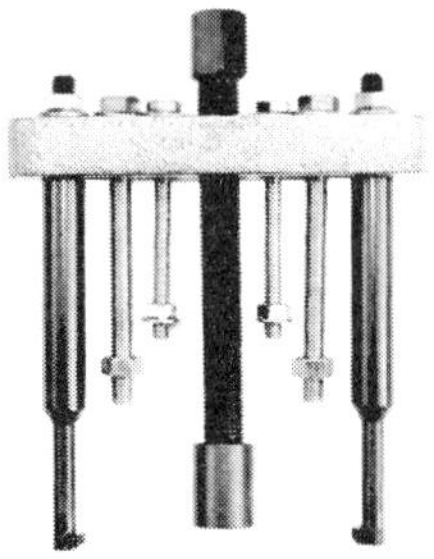

(a)

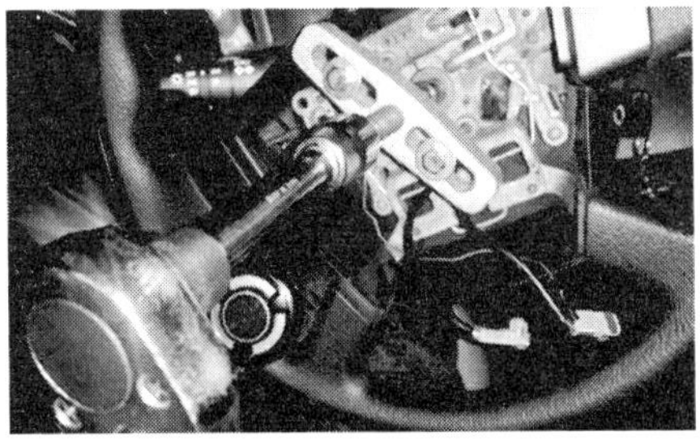

스티어링 휠 풀러 사용 예

(b)

그림 2-16. 스티어링 휠 풀러

2.5. 그리스 건(Grease Gun)

그리스 건은 기계용 윤활유 주입기로서, 그리스 건에 설치되어 있는 핸드 레버를 작동시키거나 핸드 펌프를 작동시켜 베어링에 그리스를 주입하는 기구이다.

수동식과 에어식 및 배터리 구동형 자동 그리스 건이 있다.

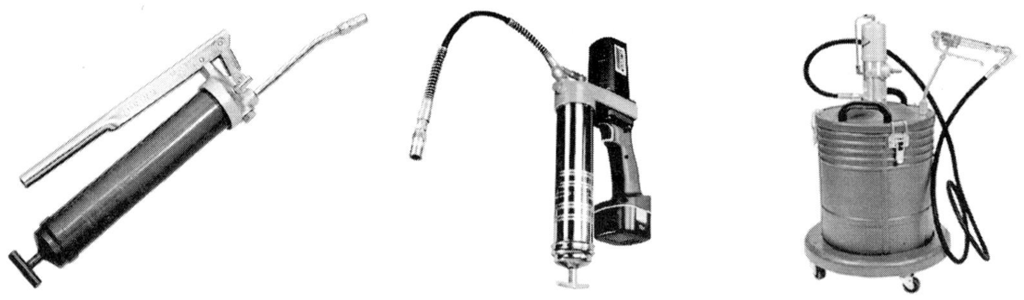

(a) 수동식 (b) 배터리 구동형 (c) 에어식

그림 2-17. 그리스 건

2.6. 작업 등(Work Light)

어두운 곳에서도 일하는 자리를 밝게 비추어 작업을 원활히 할 수 있도록 하려고 켜는 등으로 일반등, 형광등, 할로겐, LED등이 있으나 이동이 편리하고 충전식인 LED등을 많이 사용한다.

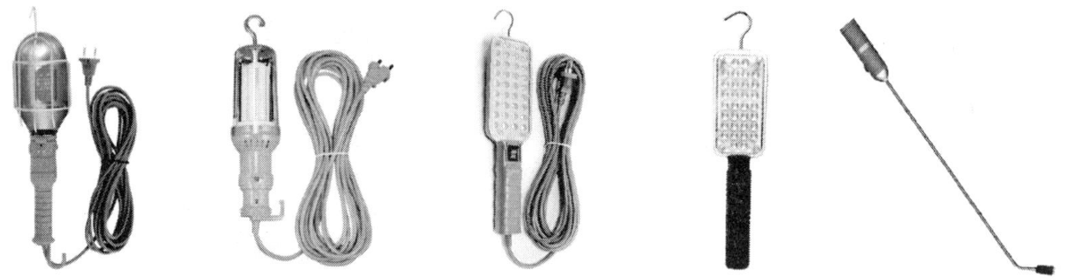

(a) 일반(백열전구) (b) 할로겐 (c) LED (d) LED(충전식)

그림 2-18. 작업 등

2.7. 에어 릴, 전선 릴(Air Reel, Code Reel)

에어 호스 및 전선길이를 자유자재로 이용하고 사용치 않을 때는 자동 되감기 된다.

(a)
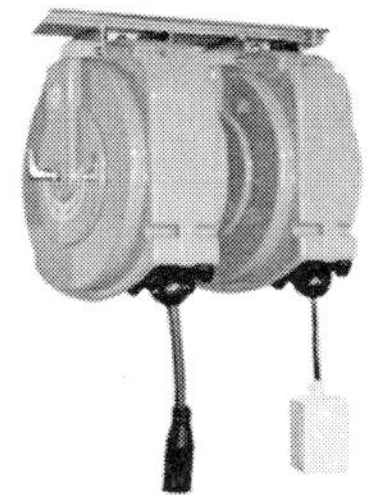
(b)

(c)

그림 2-19. 에어 릴, 전선 릴

2.8. 와이어 브러시(Wire Brush)

매우 가는 강철 줄로 이루어진 기구이며, 녹 등을 닦아낼 때 사용한다.

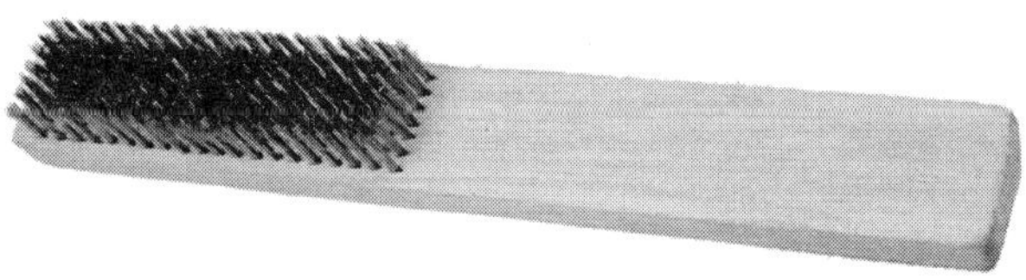

그림 2-20. 와이어 브러시

2.9. 자석 자바라(Magnetic Flexible)

제품 하단부에 강력 영구자석이 내장되어 있고 유연하게 휘어지기 때문에 공구 및 볼트나 너트가 좁은 공간으로 떨어 졌을 때 손쉽게 꺼낼 수가 있다.

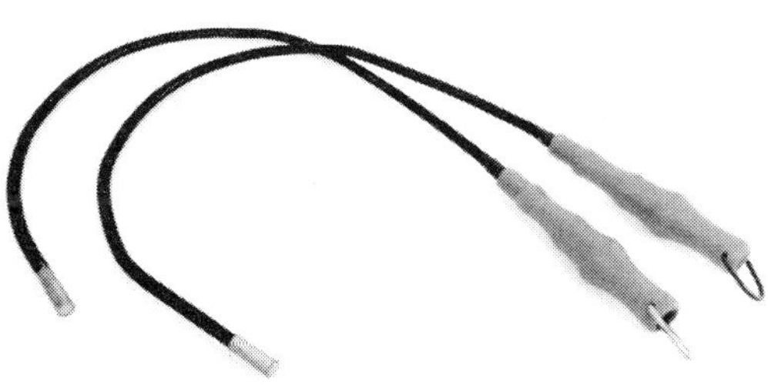

그림 2-21. 자석 자바라

2.10. 반사경(Telescoping Mirror)

거울의 길이 조정 및 각도 조절이 가능하여 차량정비 시 시야확보가 힘든 곳에 사용한다.

2.11. 금속 청진기(Automotive Stethoscope)

자동차의 엔진, 변속기, 뒤 차축, 트랜스케이스 등 소음의 원인을 찾을 때 소리를 듣고 진단하는 청진기이다.

그림 2-22. 반사경

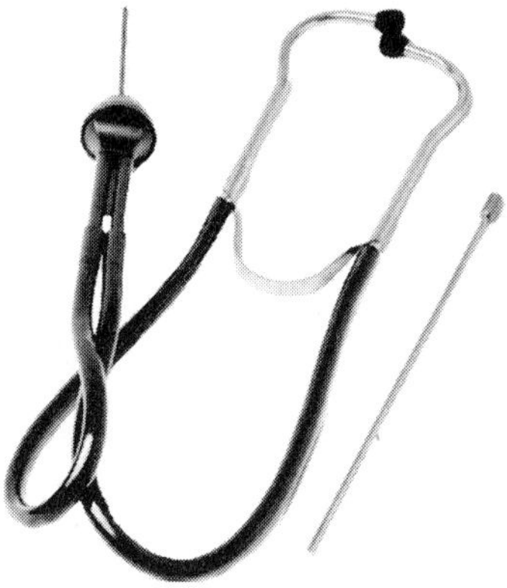

그림 2-23. 금속청진기

2.12. 문 따게 세트(Lockout Tool)

문 따게 세트는 차량의 열쇠 분실 시 차 문을 열 때 사용하며, 문 따게 벌림 판은 차량의 창문작업 시 창문을 고정시킬 때 사용한다.

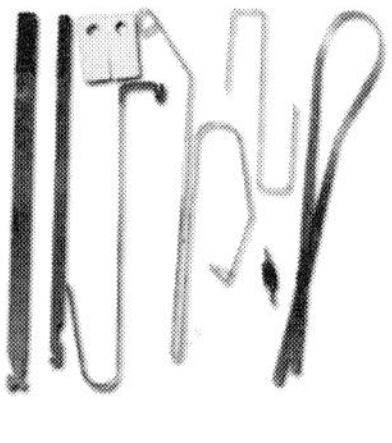

(a)

(b)

(c)

(d)

그림 2-24. 문 따게 세트

2.13. 전기식 벤치 그라인더(Electric Bench Grinder)

회전하는 숫돌차를 보통 한쪽에는 고운 것을 끼우고 또 한쪽에는 거친 것을 설치하고 공작물을 연마하는 기계이다. 이 형식의 연마기는 작업대 위에 볼트나 너트로 고정한다.

그림 2-25. 전기식 벤치 그라인더

2.13.1. 작업상 주의사항

① 연마 휠의 면을 사용하고 측면을 사용하면 안 된다.

② 레스트(rest)를 조정하여 연마 면과 직각이 되게 한다. 또 레스트와 연마 휠의 간극을 1.5mm 이내로 한다.

③ 연마 휠은 스위치를 넣고 연삭 휠이 정상으로 회전 때까지 둔다.

④ 휠 가이드가 없는 것은 사용하지 않는다.

⑤ 균열이 있은 연마 휠은 절대로 사용해서는 안 된다. 사용하기 전에 나무해머로 가볍게 두드려 보아서 맑은 소리는 정상임을 나타내고 탁한 소리는 연마 휠에 균열이 있음을 나타낸다.

⑥ 보안경을 착용한다.

⑦ 연삭기 정면에서 물러선 위치에 선다.

⑧ 공작물을 양손에 꼭 잡고 지지대에 얹는다.

⑨ 회전하는 연마 휠에 손을 대어서는 안 된다.

2.14. 핸드 그라인더(Portable Electric Grinder)

숫돌바퀴를 회전시키는 전동공구이다. 재료를 잘라낸 후의 버 제거나 용접가공을 한 후의 표면성형 및 가는 파이프나 철골의 절단 등에 사용한다. 또한 숫돌바퀴를 회전식의 와이어 브러시 등에 바꿔달 수 있어 녹 제거 등 연마작업도 할 수 있다.

2.15. 고속 절단기(High Speed Cutter)

고속 전단기는 환봉, 파이프, 형강, 앵글 등을 자르는데 사용된다.

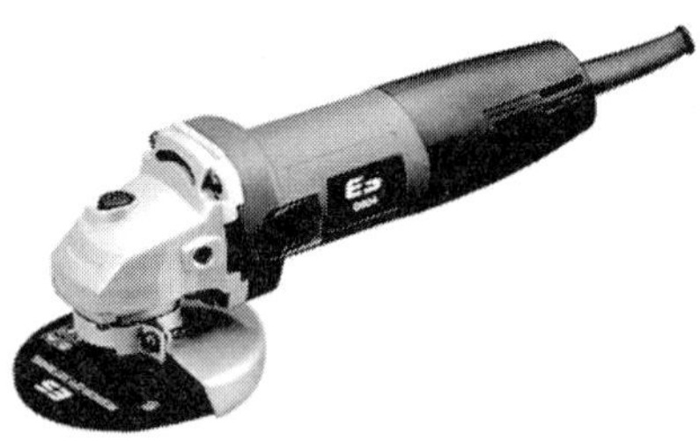

그림 2-26. 핸드 그라인더

그림 2-27. 고속 절단기

2.16. 전기드릴(Cord Drill)

전기드릴은 벤치 드릴로 하기 어려운 작업에 주로 사용하고 공작물을 고정시켜 놓고 드릴 날을 결합하여 필요한 위치에 구멍을 뚫는다.

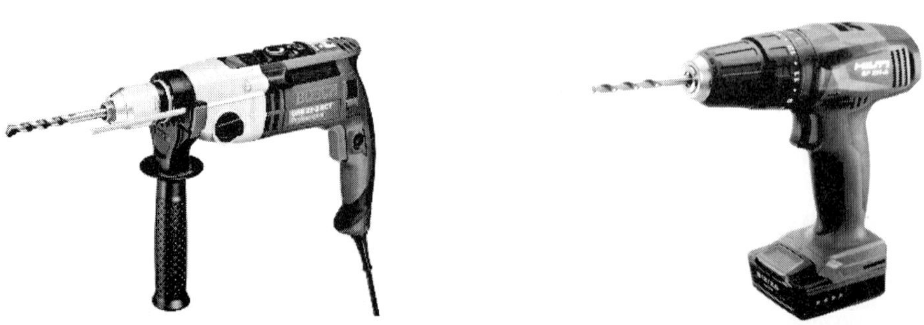

(a) 전기 드릴

(b) 충전 드릴

그림 2-28. 드릴

2.17. 열풍기(Heal Guns)

높은 발열량을 낼 수 있어 젖은 부품 등을 건조시킬 때 사용한다.

2.18. 바이스(Vise)

바이스는 공작물을 절단하기 위해 쇠톱질(톱질)하거나 줄작업, 공작물에 구멍을 뚫을 때 또는 리벳 등을 하기 위해 공작물을 잡는 일을 한다.

바이스는 사용하지 않을 때에는 조우를 약간의 사이를 두고 붙여두며 핸들은 수직 위치로 한다. 조우는 공작물이 미끄러지지 않게 하도록 거칠게 되어있기 때문에 연한 금속물을 조우에 물릴 때는 금속물이 손상되지 않도록 연한 금속면을 조우에 대어야 한다.

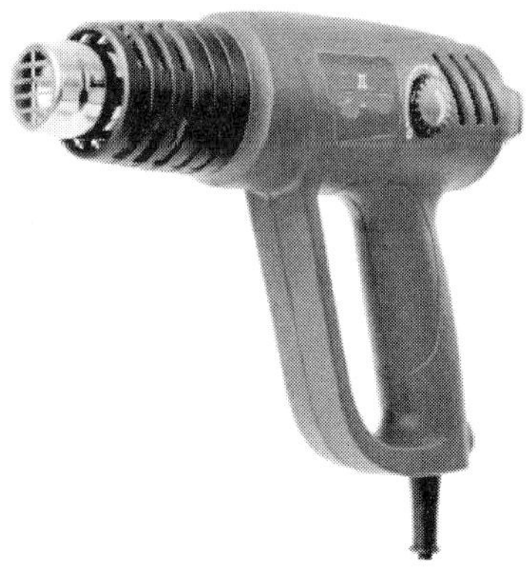

그림 2-29. 열풍기

그림 2-30. 바이스

2.19. 전기인두(Soldering Iron)

머리 부분은 주로 연납 땜이 잘 되도록 연전도가 좋은 구리를 주로 사용을 하며 땜납의 가열온도는 300℃ 전후가 알맞으며 온도를 일정하게 조절하는 인두가 있다. 가열온도가 너무 높거나 장시간 사용하면 인두에 산화물이 생겨 땜납이 인두에 붙지 않아 납땜이 어려워지므로 이때는 인두의 산화물을 줄 등으로 제거하고 사용한다.

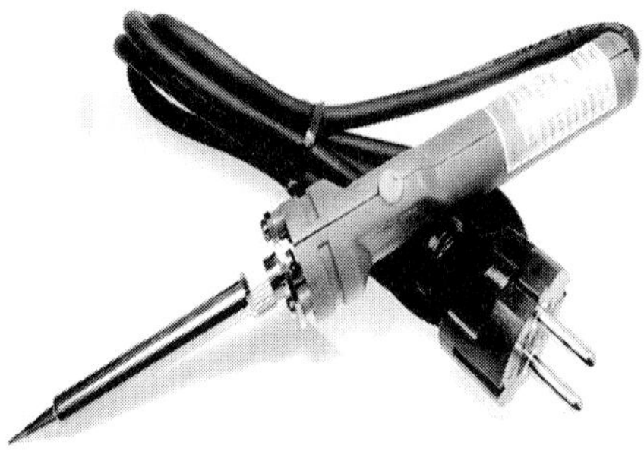

(a)

(b)

그림 2-31. 전기인두

2.20. 멀티 프레스(Multi Press)

자동차에서 사용하는 프레스 종류는 에어식 프레스와 유압식 프레스를 주로 사용한다. 프레스는 베어링, 부싱, 축 등의 빼내기와 설치하기, 축의 굽음을 수정하는데 사용한다.

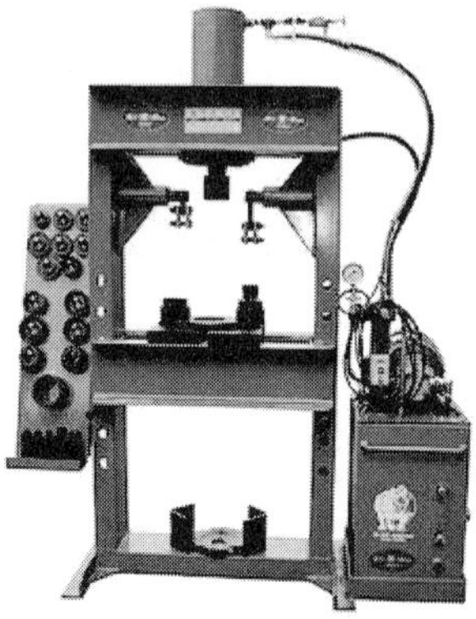

(a)

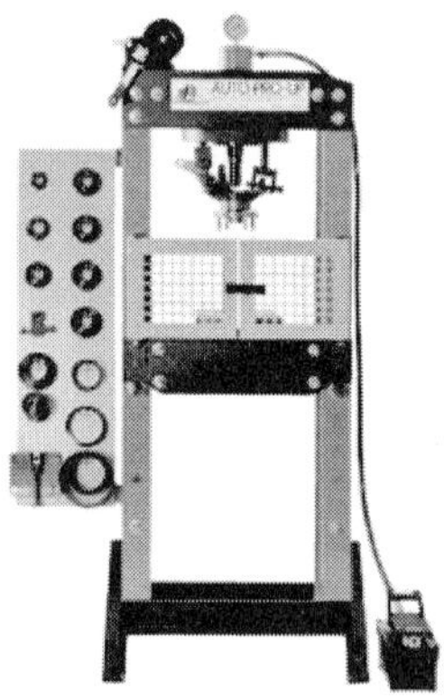

(b)

그림 2-32. 프레스

2.21. 리프트(Lift)

자동차 정비용 리프트는 하중 적재장치에 차량을 들어 올려 점검 및 정비작업에 사용되는 장치이다.

(a) 2주식 기둥형 리프트

(b) 2주식 대문형 리프트

(c) X타입 지상형 리프트

(d) 시저스 리프트

(e) 4주식 리프트

그림 2-33. 리프트

2.22. 부품 세척대(Parts Cleaner)

부품이나 공구에 묻은 이물질을 씻어내는 세척대로서 세척액이 순환하도록 되어있다.

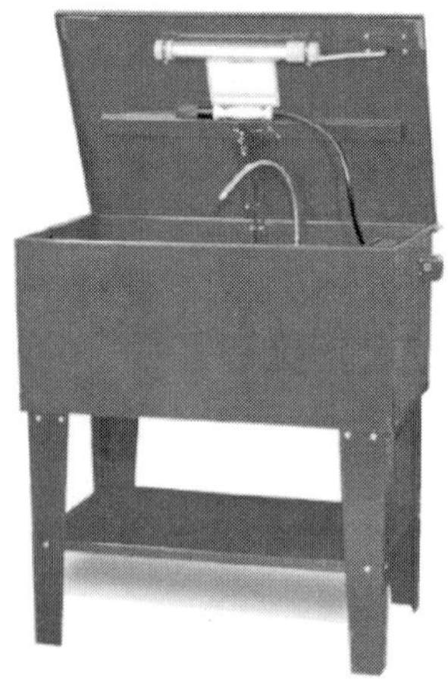

그림 2-34. 부품 세척대

2.23. 에어 라쳇렌치(Air Rachet Wrench)

에어 라쳇렌치는 압축공기의 압력을 이용하여 소켓을 돌려 볼트나 너트를 조이거나 푸는데 사용하는 자동차 정비에서 흔히 사용하는 공구이다. 회전방향을 바꿀 때는 리버싱 레버로 하고 총길이가 125mm, 170mm, 260mm, 299mm 등 다양하기 때문에 좁은 공간에서 작업이 용이하고 큰 힘을 들이지 않고 신속하게 작업을 할 수 있다.

그림 2-35. 에어 라쳇렌치

2.24. 에어 임팩트 렌치(Air Impact Wrench)

에어 라쳇렌치처럼 압축공기의 압력을 이용하여 소켓을 돌려 볼트나 너트를 조이거나 푸는데 사용하는 공구로 에어 라쳇렌치보다는 힘이 좋으므로 충격렌치라고도 하며 회전방향을 바꿀 때는 전환 스위치로 하고 크기도 다양하여 작업에 맞는 것을 사용하면 된다.

압축공기의 압력을 조설할 수가 있어 볼트나 너트를 소일 때 부하가 많이 걸리면 구동축이 스톱되어 볼트나 너트를 과부하로부터 보호할 수 있다.

2.25. 에어 드릴(Air Drill)

에어를 이용하여 간편하게 드릴작업을 할 수 있다.

그림 2-36. 에어 임팩트 렌치

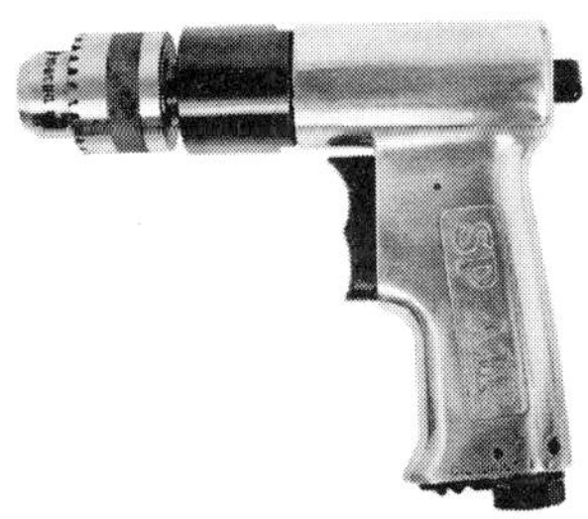

그림 2-37. 에어 드릴

2.26. 에어 톱(Air Saw)

자동차의 판금작업, 절단에 사용하며 판넬 동판의 절단에 사용한다. 또한 에어 줄은 금형 수정, 기계 가공품의 자투리제거에 사용되고 안전레버가 있어 급작스런 동작을 방지한다.

2.27. 에어 샌더(Air Sander)

차량의 페인트(도장), 녹, 헤드 개스킷 표면 연마, 제거, 광택작업, 부드러운 테두리 작업에 사용한다. 비좁고 협소한 공간에서도 작업이 가능하다.

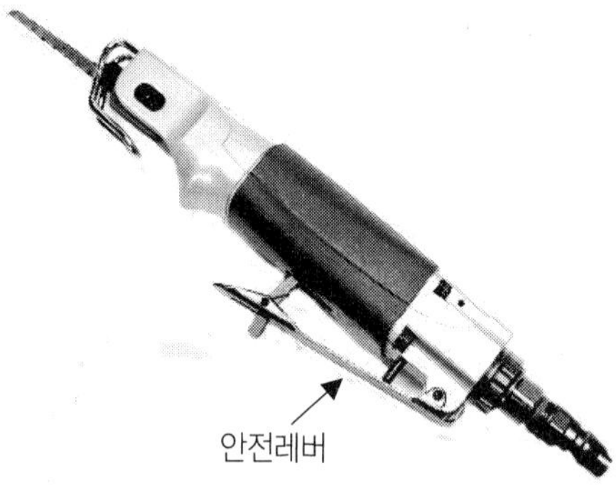

그림 2-38. 에어 톱

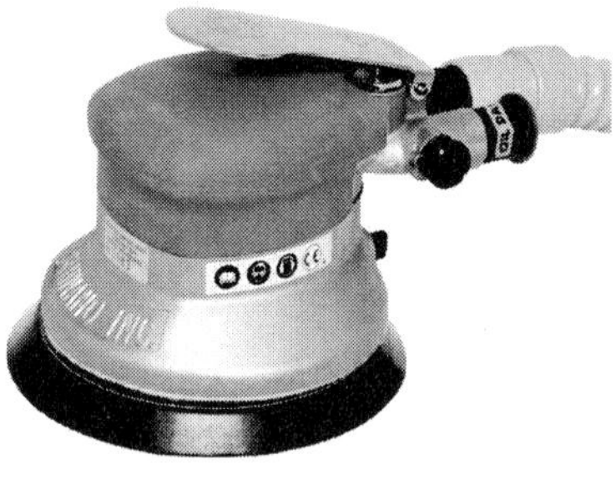

그림 2-39. 에어 샌더

2.28. 에어 다이그라인더(Air Die Grinder)

추지석이나 여러 가지 모양의 숫돌을 장착하여 연삭작업에 사용하며, 타이어 내면 가공, 연마작업, 금형수리, 용접 클리닝 등에 주로 사용한다.

(a)

에어 다이그라인더 사용 예
(b)

그림 2-40. 에어 다이그라인더

2.29. 에어 벨트 샌더(Air Belt Sander)

손이 들어가지 못하는 곳의 용접 비트제거, 자투리제거, 면치기 등의 연마에 사용한다.

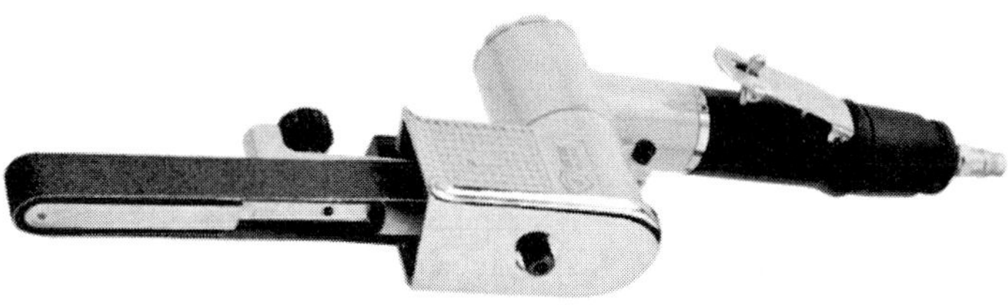

그림 2-41. 에어 벨트 샌더

2.30. 엔진 건, 컵(Engine Cleaner Gun, Cup)

차량의 엔진룸 및 각종 부위 세척 시 사용한다.

2.31. 에어 더스트 건(Air Duster Gun)

압축공기를 이용하여 차량의 엔진룸 및 각종 제품의 세척 및 구석진 곳 등의 청소 시에 많이 사용한다.

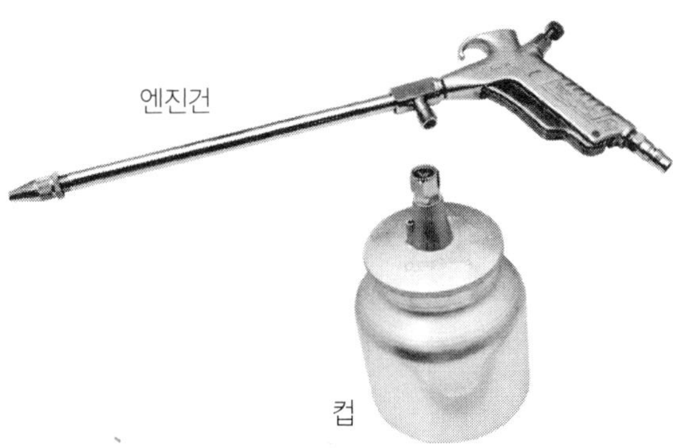

그림 2-42. 엔진 건, 컵

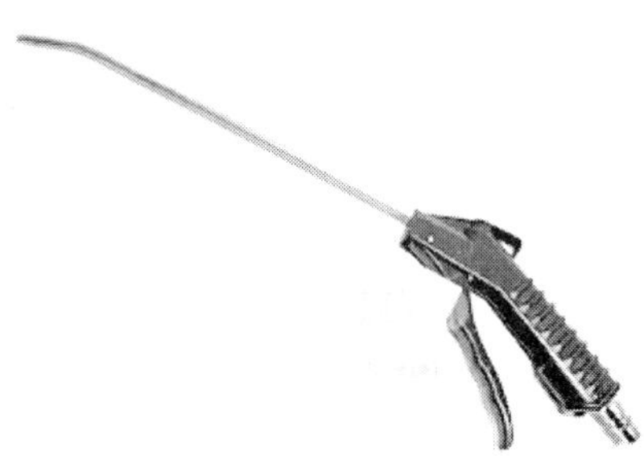

그림 2-43. 에어 더스트 건(에어건)

2.32. 코일호스(Coil Hose)

에어 작업용으로 사용되며 코일 모양으로 생긴 호스로 주 에어 라인호스와 연결하여 주 에어 라인호스와 가까운 곳에 작업을 할 때 주로 사용한다. 코일모양으로 되어 있기 때문에 길게 늘어날 수 있으며, 5M, 7.5M, 10M 등 길이도 다양하게 있다.

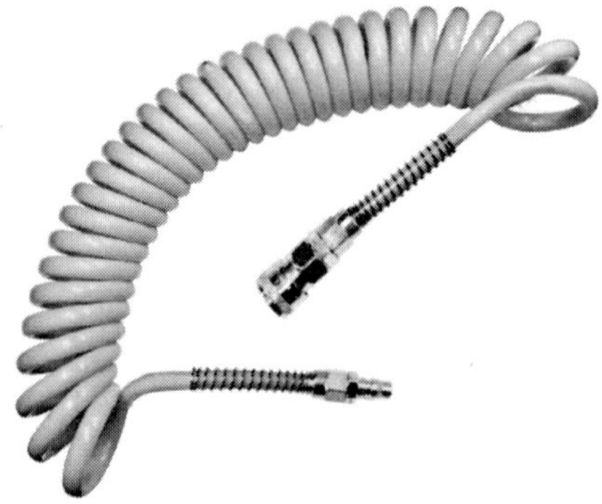

그림 2-44. 코일호스

2.33. 에어 컴프레서(Air Compressor)

공압 공구에 공급하는 공기를 압축하고 저장하는 기계로 주기적으로 컴프레서 아래 워터 드레인으로 물을 빼주어야 한다.

그림 2-45. 에어 컴프레서

Automotive Primary Practice

CHAPTER 03

일반계측기

1. 자(Scale or Ruler)

1.1. 철직 자(Steel Ruler)

자는 길이, 너비, 깊이 등의 치수를 재는 가장 편안한 측정기구이며 쇠로 만들어진 판 모양의 가늘고 긴 자. 직선을 긋기 위해 쓰이는데 사용하기도 한다.

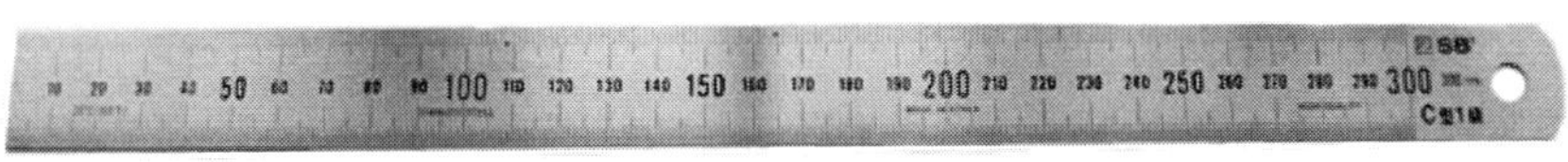

그림 3-1. 철직 자

1.2. 핸디 줄자(Handy Tape)

길이를 재는 도구로 눈금이 새겨져 있으며, 케이스 안으로 말아 넣을 수 있는 다양한 길이의 유연한 줄로 이루어져 있다.

그림 3-2. 핸디 줄자

너비 10mm 정도의 얇은 강대(steel tape)이며, 정밀한 거리 측정용 기구의 하나이다. 잠금장치(tape lock)가 있어 줄이 되감기는 것을 막아 측정하기 쉽도록 해준다.

1.3. 자석 수평자(Magnetic Level)

수평과 수직이 필요할 때 사용하는 공구이다. 자석이 설치되어 있어 철판에 붙여 놓을 수 있다.

그림 3-3. 자석 수평자

1.4. 직선 자(Straight Edge)

탄소강 또는 특수강으로 만들어지고 담금질한 것과 안한 것이 있으며, 면 또는 변을 직각으로 가공하여 다듬질한 것으로써 곧은 직선의 금 긋기에 사용하기도 하고, 평면도의 검사에도 사용한다.

그림 3-4. 직선 자

1.5. 직각자(Square)

직각자는 선반 등과 결합하여 부품의 직각도 검사 또는 톱질평삭이나 끝 다듬질한 작업물의 모서리부분의 정확도 등을 점검하는데 사용된다.

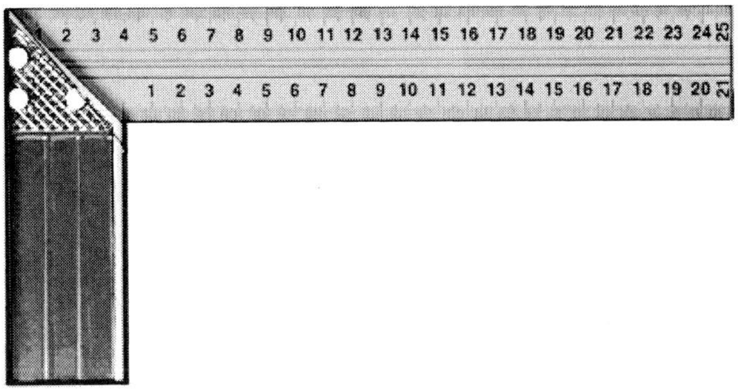

그림 3-5. 직각자

2. 정반(Surface Table)

정반은 일반적으로 주철 또는 합금주철로 만들었으며 표면을 연삭한 후 스크레이퍼 작업에 의하여 정밀한 다듬질을 하였다. 정밀한 평면으로 되어 있어 부품의 점검 및 검사, 수평선 긋기 등을 하는 기준면으로 사용한다.

온도변화가 많은 곳에서의 사용은 피하여 설치하고 사용면 위에서 펀치작업이나 해머작업을 피해야 한다. 정반의 표면에 래핑제 등을 바르거나 이와 비슷한 작업을 해서는 안 된다.

그림 3-6. 정반

3. V-블록(V-Block)

V-블록은 주철제로 정밀 연마 다듬질한 것으로 2개가 1개조로 되어 있으며 밑면은 평면이고 윗면은 V홈이 파여 정반 위에서 축을 설치할 수 있게 되어 있어 축의 휨, 평면도 등의 측정에 사용된다.

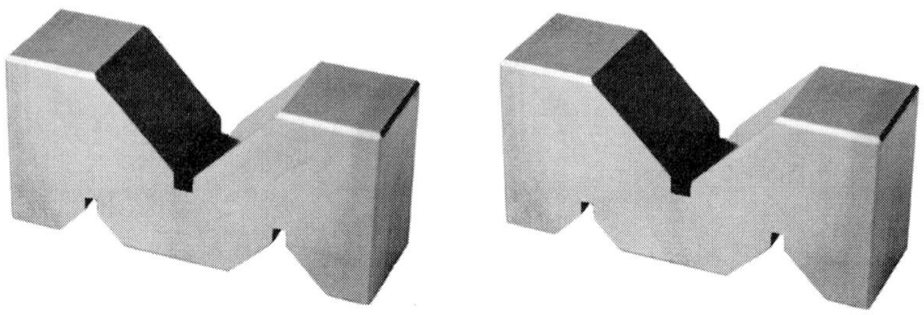

그림 3-7. V-블록

4. 버니어 캘리퍼스(Vernier Calipers)

마이크로미터와 같이 미세한 측정은 할 수 없으나 길이를 0.05mm 정도까지 정확하게 측정할 수 있는 공구이다. 구조는 두께나 바깥지름을 측정할 수 있는 조우(jaw), 구멍이나 원통의 안지름을 측정할 수 있는 내측측정 바, 구멍이나 홈의 깊이를 측정할 수 있는 깊이 바(depth bar), 눈금이 새겨져 있는 주척(본척)과 부척 등이 있다.

측정값을 읽는 방법은 아들자 0의 눈금이 있는 곳에 해당하는 주척의 치수를 1mm 단위까지 읽고, 주척과 부척의 눈금이 일치하는 곳의 치수를 0.05mm 단위까지 읽어서 두 치수를 더한다. 주척과 부척의 눈금을 읽는 대신 디지털방식으로 측정치가 숫자로 표시되는 디지털 버니어 캘리퍼스도 있으며, 0.01mm까지 측정할 수 있는 것도 있다.

4.1. 사용 시 주의사항

① 조우가 완전히 밀착되어 있을 것

② 0점 조정을 정확히 일치시킬 것

③ 외경 측정할 때 조우를 측정 면에 가볍게 댈 것

④ 내경 측정할 때 축의 중심을 지나는 평면상에 댈 것

⑤ 게이지 눈금을 읽을 때는 눈금 면이 바로 위에서 볼 것, 단 바로 위에서 볼 수 없을 때에는 고정나사를 조이고 캘리퍼스를 떼고 읽을 것

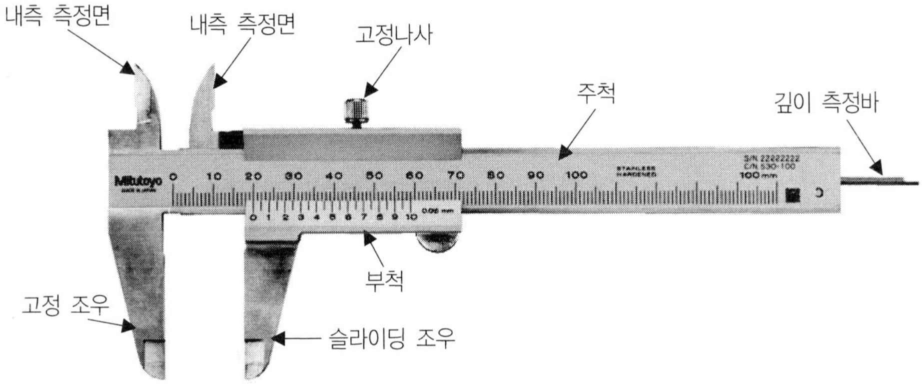

(a) 스케일형

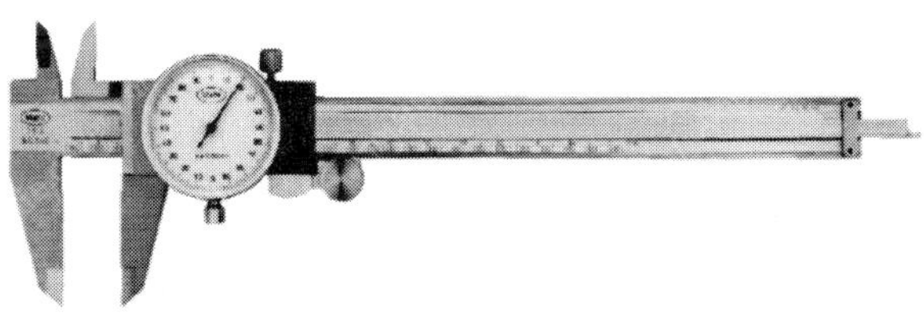

(b) 다이얼형

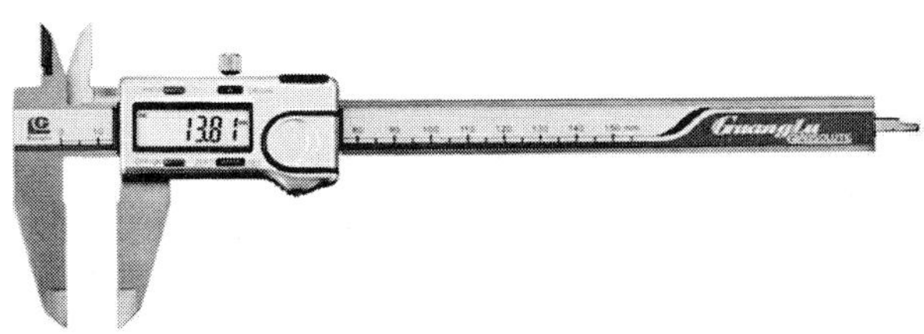

(c) 디지털형

그림 3-8. 버니어 캘리퍼스

4.2. 사용 후 보관방법

① 깨끗이 닦아 쇳가루 등 이물질이 틈새에 끼지 않도록 한다.

② 보관 시 습기를 피하고 온도변화가 적은 곳(20℃)에 보관한다.
③ 1개월에 한번 씩 간단한 점검을 3~6개월에 한번 씩 정도검사(성능검사)를 한다.
④ 조우를 완전히 닫은 상태에서 보관한다.

5. 외측 마이크로미터(Outside Micrometer)

피치가 정확한 나사를 이용하여 외경 치수를 측정하는 데 사용하는 측정구이다. 프레임의 한쪽 끝에 앤빌이 고정되어 있고, 다른 쪽 끝에는 슬리브가 있다. 보통, 나사의 피치는 0.5mm이고, 스핀들에 고정되어 있는 심블(thimble)의 한쪽 끝 원뿔면의 눈금은 50등분되어 0.01mm를 나타낸다.

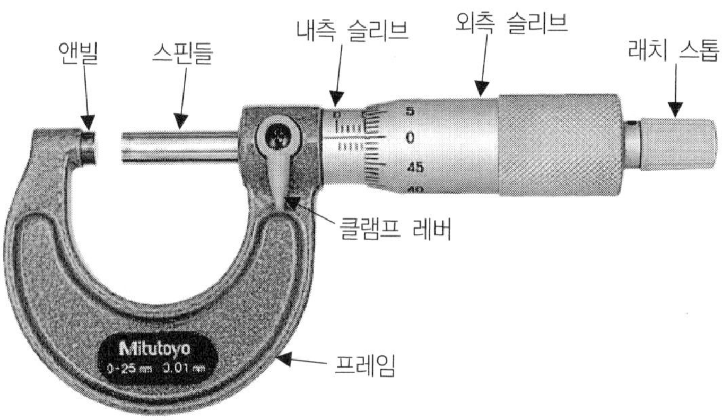

(a)

(b)

그림 3-9. 외측 마이크로미터

5.1. 측정 시 주의사항

① 사용 전에 0점을 점검하고 오차가 있을 경우에는 측정치에서 가감을 하거나 표준 게이지를 사용하여 수정한다.

② 측정부 및 마이크로미터에 오일이나 먼지를 잘 닦고 청결하게 한다.

③ 측정면에 앤빌을 가볍게 대어 라쳇 슬리브를 회전시켜서 스핀들을 조인다. 이때 딤블을 직접 회전시켜시는 안 된다.

④ 측정 중에는 될 수 있는 한 프레임의 중앙부를 잡고 앤빌의 부분은 잡지 않도록 한다.

⑤ 스핀들이 측정물에 닿아서 정지하게 되면 래칫스톱을 1회전 반 내지 2회전 돌린 후 정지시키도록 한다.

⑥ 눈금을 읽는 위치는 시차에 의한 오차를 방시하기 위해서 눈은 슬리브의 기준선의 점선에 직각이 되는 방향에서 본다.

5.2. 마이크로 취급법

① 사용 중 떨어뜨리거나 충격을 주지 않도록 한다.

② 사용 후 깨끗이 닦아서 진동이 적고 직사광선이 닿지 않고 온도변화가 심하지 않은 곳에 보관한다.

③ 0~25mm 측정용 마이크로미터를 보관할 때는 앤빌과 스핀들이 접촉되지 않는 상태로 보관한다.

④ 보관은 나무상자에 넣어서 보관한다.

⑤ 나사부는 고급 방청유를 발라 보관한다.

6. 게이지(Gauge)

6.1. 텔레스코핑 게이지(Telescoping Gauge)

텔레스코핑 게이지는 내측 마이크로미터로 측정할 수 없는 지름이 작은 내경이나 홈을 측정하는 게이지로 눈금이 없기 때문에 외측 마이크로미터와 함께 사용한다.

슬리브 안에 스프링을 넣고 섭동하는 플런저가 게이지 양쪽에 설치되어 있고 플런저의 고정은 고정 스크루로 한다. 측정물의 측정부 내경보다 조금 큰 치수의 게이지를 가동 플런저의 접촉면을 비스듬히 하여 측정부의 안에 넣고 직각으로 세운 후 고정 스크루를 돌려 플런저를 고정한 다음 꺼내어 외측 마이크로미터로 측정한 부위의 길이를 측정한다.

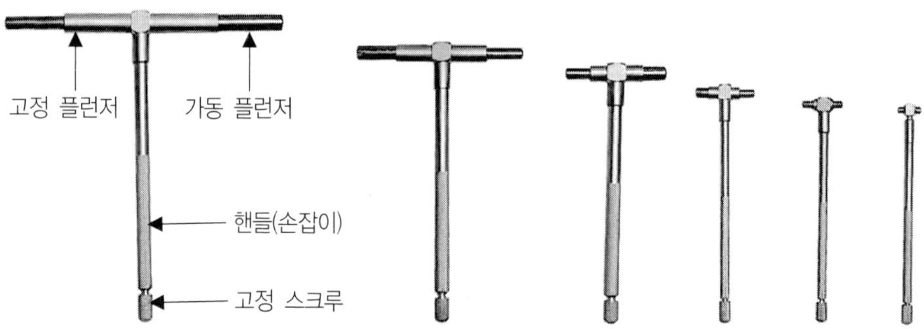

그림 3-10. 텔레스코핑 게이지

6.2. 깊이 게이지(Depth Gauge)

마이크로미터 깊이 게이지라고도 하며 구멍이나 홈의 깊이 또는 기준면으로부터의 길이를 측정하기 위한 계기로 타이어 트레드 마모측정 등에 사용한다.

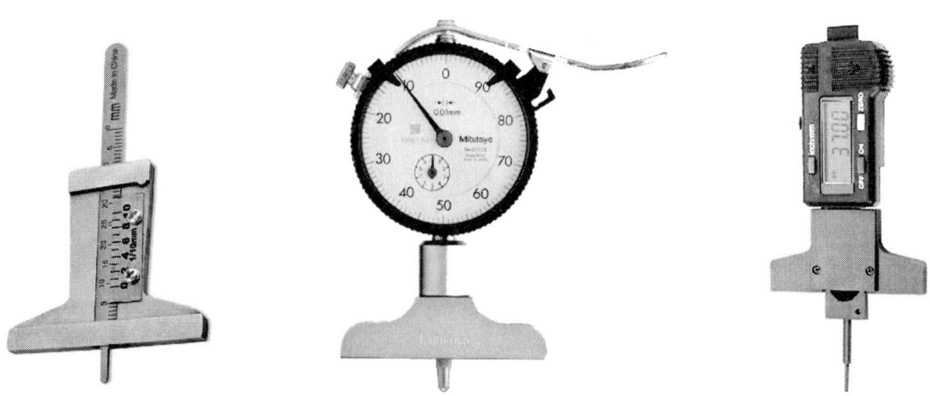

(a) (b) (c)

그림 3-11. 깊이 게이지

6.3. 다이얼 게이지(Dial Gauge)

다이얼게이지는 다이얼 인디케이터(dial indicator)라고도 부르며 측정하려고 하는 부분에 측정자를 대어 스핀들의 미소한 움직임을 기어장치로 확대하여 눈금판 위에 지시되는 치수를 읽는 측정기구로 백래시, 런아웃, 축방향 유격, 휨, 평면검사, 양정 등을 측정할 수 있다. 스핀들이 1mm 움직이는 데 대해 지침이 1회전하는 것을 주로 사용하며 눈금판은 1눈금이 0.01mm인 것과 0.001mm인 것이 있다.

다이얼 게이지는 스핀들에 주유를 하거나 그리스를 발라서는 절대로 안 되며 건조한 상태로 사용을 한다. 분해 및 청소 등을 하지 않아야 되고 다이얼 게이지에 충격을 가해서는 안 된다.

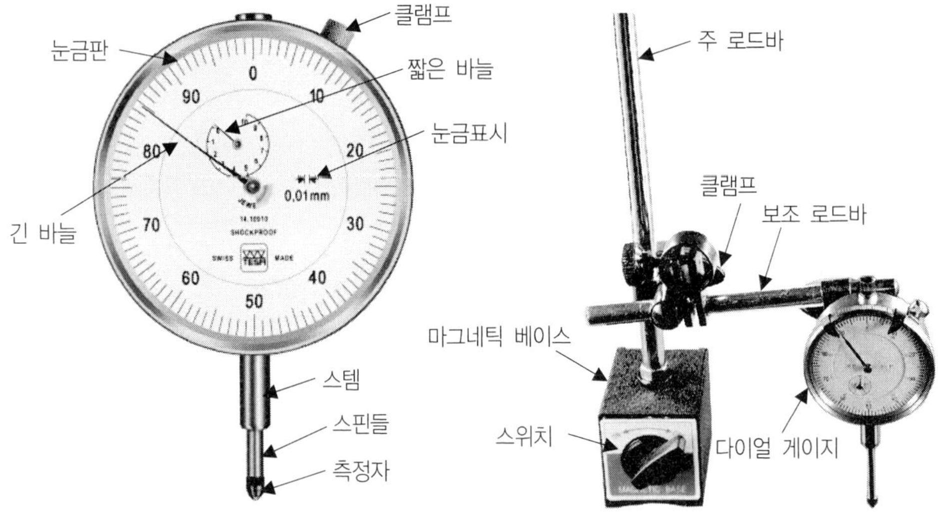

(a) 다이얼 게이지 각부 명칭 (b) 스탠드의 각부 명칭

그림 3-12. 다이얼 게이지

6.4. 실린더 게이지(Cylinder Bore Gauge)

다이얼 게이지와 같은 원리를 이용한 안지름 측정기로 측정자의 움직임을 링크장치를 통해서 게이지에 전달하도록 되어 있다. 접촉자가 눌러지면 그 움직임은 미끄럼자에 의하여 직각으로 변경된 후 푸시로드를 통하여 다이얼 게이지를 움직여 미끄럼자가 움직인 치수를 읽을 수 있다.

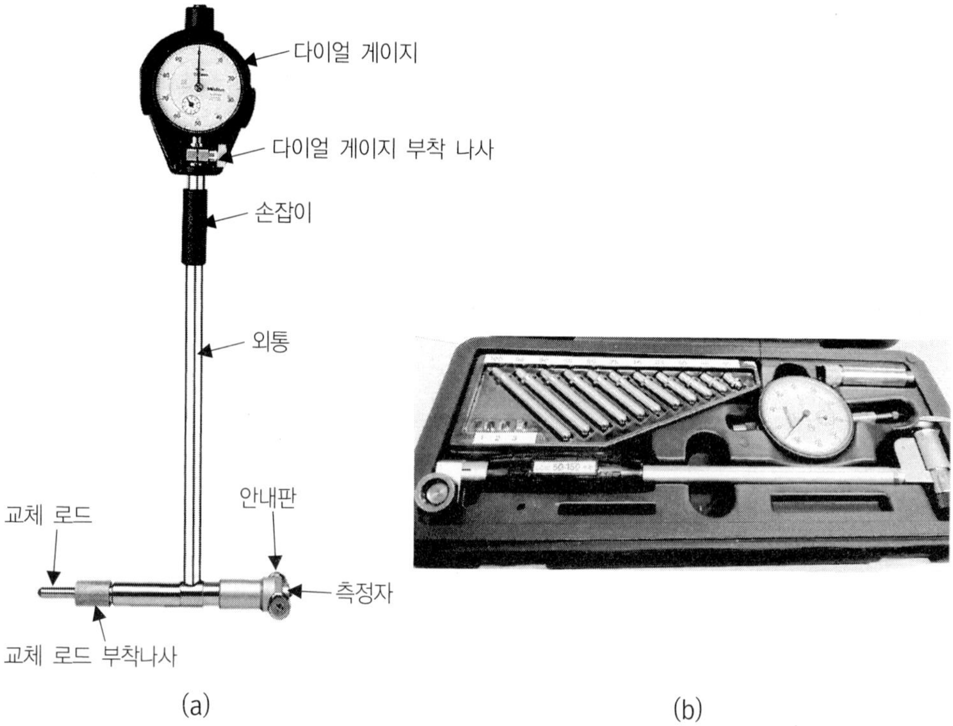

그림 3-13. 칼마형 실린더 게이지

교체로드가 50, 55, 60, 65, 70, 75, 80, 85, 90, 95, 100mm의 11개로 되어 있고 스페이서는 0.5mm, 1mm, 2mm, 3mm의 4개로 되어 있어 측정범위는 50mm 이상 150mm까지 측정할 수 있으며 주로 엔진의 실린더 안지름의 정밀측정에 쓰인다.

6.4.1. 사용방법

① 측정하려는 내경 값보다 조금 큰 안내로드를 끼운다.

② 측정하려는 안내로드가 알맞은 것이 없을 시에는 스페이서를 끼워서 사용한다.

③ 실린더 내벽에 게이지 본체를 바르게 넣는다.

④ 측정위치에서 안내판을 움직이지 않게 하고 교환로드의 선단을 상, 하로 움직이면서 게이지 지침의 움직임을 관찰한다.

⑤ 측정한 값을 외측 마이크로미터로 측정하여 측정 시 지침이 움직인 값만큼 마이크로미터의 라쳇을 돌린 뒤 그 값을 읽는다.

6.5. 높이게이지(Height Gauge)

하이트 게이지라고도 한다. 버니어캘리퍼스를 수직으로 사용할 수 있도록 하여 높이를 측정한다. 앞쪽 끝은 단단하고 뾰족하게 되어 있으므로 서피스 게이지와 마찬가지로 재료에 금긋기를 할 수 있다.

(a) 버니어형

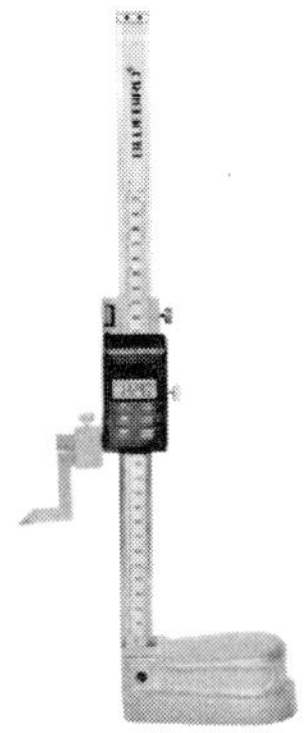

(b) 디지털형

그림 3-14. 높이게이지

6.6. 디크니스 게이지(Thickness Gauge)

여러 가지 두께를 가진 강제의 판을 조합한 게이지로 보통 0.02~1.0mm까지의 두께를 가진 9~26장이 한 조로 되어 나사로 고정하고 강판에는 각각 두께가 표시되어 있다.

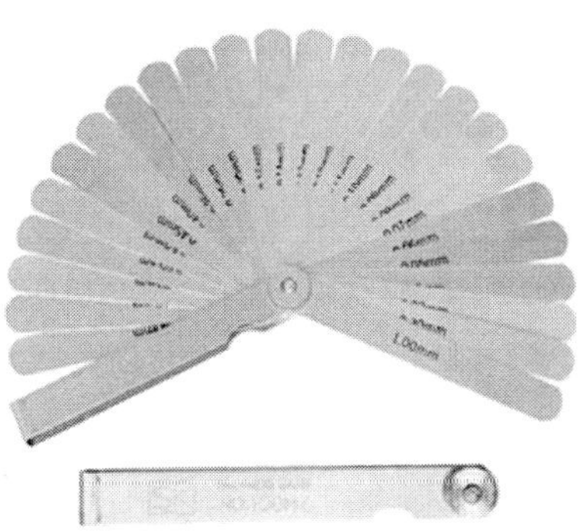

(a) 디크니스 게이지

(b) 필러 게이지

그림 3-15. 디크니스 게이지

필러 게이지(feeler gauge, 길이가 길다), 간극 게이지라고도 하며 틈새간극을 측정한다.

6.7. 점화플러그 간극게이지(Spark Plug Gauge)

점화플러그의 간극을 측정하는 게이지로서, 접지전극과 중심전극 사이의 간극을 측정하고 중심전극을 조정하는 게이지이다. 모양이 둥글고 그 원둘레의 두께가 다르고 간극 조정도 가능하다.

6.8. 피치 게이지(Pitch Gauge)

피치 게이지는 나사의 피치를 측정하는 것으로 나사 검사용 또는 나사규격이 불분명한 부품을 대상으로 한 현물 비교를 위하여 쓰인다. 강판 가장자리에 규정된 피치 나사산의 형상을 한 홈을 만든 게이지로 각종 피치의 것을 겹쳐 1세트(set)로 한다.

미터계와 인치계가 있다. 미터계의 경우에는 나사의 피치(mm)가, 인치계에서는 1인치당 나사의 수치의 숫자가 게이지에 각인되어 있으므로 그 수치를 읽으면 된다.

그림 3-16. 점화플러그 간극게이지

그림 3-17. 피치 게이지

6.9. 와이어 게이지(Wire Gauge)

와이어 게이지는 와이어의 굵기 측정에 사용되며 모양이 둥글고 그 원둘레에 홈이 파여져 있다.

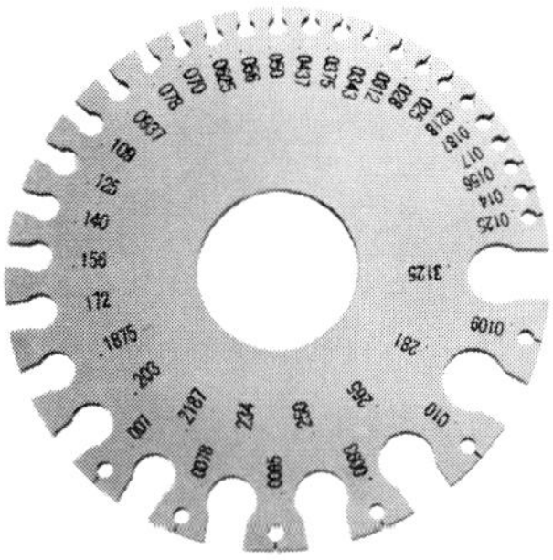

그림 3-18. 와이어 게이지

6.10. 플라스틱 게이지(Plastic Gauge)

플라스틱 실을 사용하여 오일간극을 측정하는 게이지이다. 플라스틱 실을 저널의 길이만큼 잘라서 축방향으로 놓은 다음, 베어링 캡을 규정토크로 조이고 분해하여 찌그러진 부분 중 너비가 넓은쪽 또는 좁은쪽 케이스에 만들어진 게이지를 대어 치수를 읽는다.

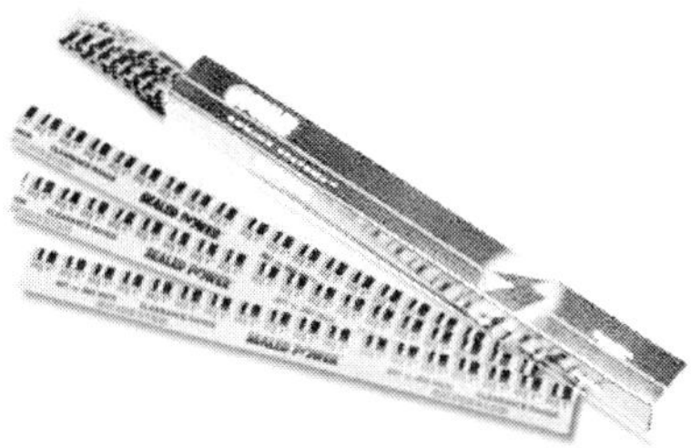

(a) 플라스틱 게이지

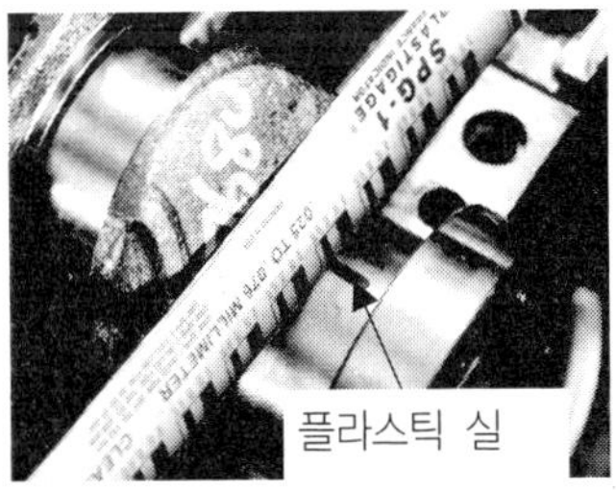

(b) 오일간극 점검

그림 3-19. 플라스틱 게이지

7. 스프링 저울(Spring Balance)

스프링 저울은 피 측정물을 훅에 매달아서 스프링에 가해진 힘과 스프링이 늘어난 정도의 눈금을 읽는 저울로서, 자동차에서는 피스톤 간극측정, 조향핸들의 프리로드, 조향핸들의 유격, 종감속 장치의 구동 피니언의 프리로드 측정 등에 사용된다.

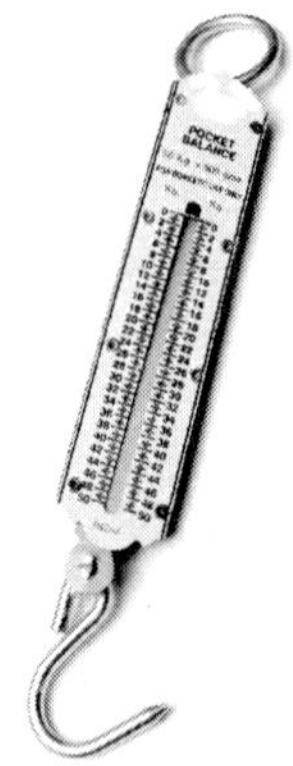

그림 3-20. 스프링 저울

8. 온도계(Thermometer)

온도를 수치로 나타내는 계기를 온도계라 한다. 온도계는 자동차에서 히터온도, 에어컨 온도, 엔진온도, 배기온도, 각종 축 온도, 기기온도 등을 측정하는데 사용한다.

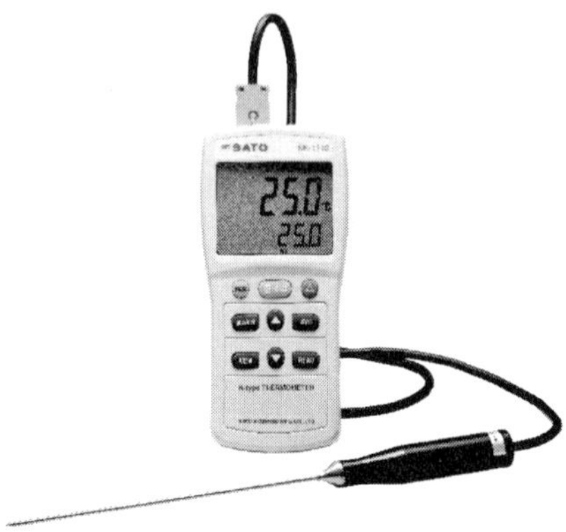

(a) 디지털 온도계

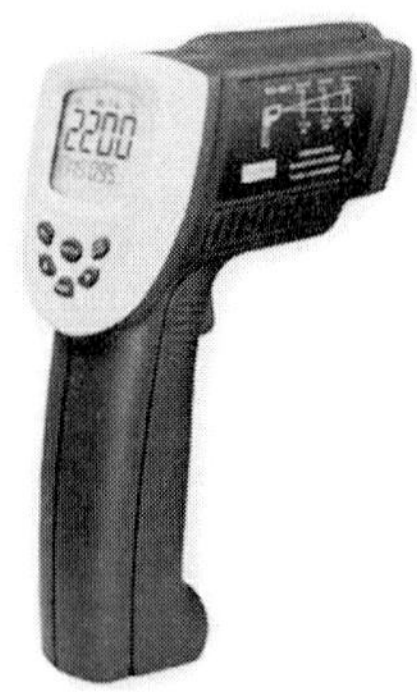

(b) 적외선 온도계

그림 3-21. 온도계

9. LPG 누출 감지기(Gas Capture)

LPG 차량의 가스누출 여부를 감지해 가스누출 부위를 수리 및 정비를 할 수 있어 미연에 위험을 방지할 수 있다.

(a)

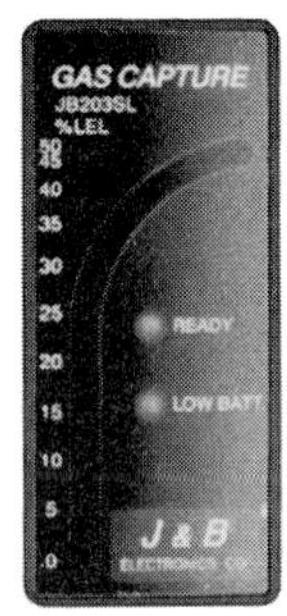

가스누출 측정 확인 창

(b)

그림 3-22. LPG 누출 감지기

10. 스캐너(Scanner)

자동차의 전자제어시스템에 대한 자기진단, 센서 고장여부, 센서의 작동상태 등을 점검할 수 있는 장비로 자기진단과 동시에 멀티미터 및 오실로스코프기능 등을 부여하여 다양하게 전자제어 자동차를 진단 점검기록을 모니터 화면에 나타내주어 고장진단을 할 수 있는 장비이다.

10.1. 주요기능

① 국내 차량 통신기능

② 2개 기능 동시구현 가능한 듀얼모드 기능

③ 정밀 오실로스코프기능(전압, 전류, 압력측정)

④ 자동설정 오실로스코프기능(연결, 분석, 파형 등의 정보 제공)

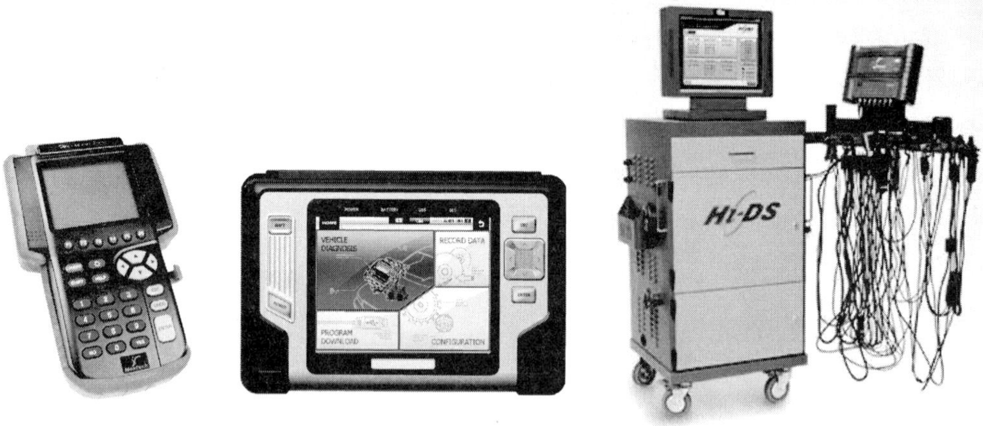

(a) (b) (c)

그림 3-23. 스캐너

⑤ 멀티미터기능(전압, 저항, 주파수, 듀티, 펄스폭, 전류, 압력측정)

⑥ 액추에이터 강제구동 기능

⑦ 센서 시뮬레이션기능

⑧ 접지/제어선 검사기능

⑨ 주행데이터 검색기능

⑩ 차량 정비정보 기능(고장 판단조건, 기준 값, 단품회로도 포함)

⑪ USB통신을 이용한 고속 프로그램 다운로드 기능

⑫ PC 통신기능

Automotive Primary Practice

CHAPTER 04 공구 및 테스터기 [판금 · 도장]

1. 엔진 관련 공구 및 테스터기

1.1. 진공 게이지(Vacuum Gauge)

차량을 주행하면서 간헐부조, 출력저하, 브레이크 밀림 등의 현상 발생시 엔진의 진공을 측정한다.

(a) (b)

그림 4-1. 진공 게이지

1.2. 진공펌프(Vacuum Pump)

엔진 또는 기기의 작동에 관계없이 임의로 펌핑시스템을 이용하여 진공상태를 만들어 측정이 가능하도록 한 것이다.

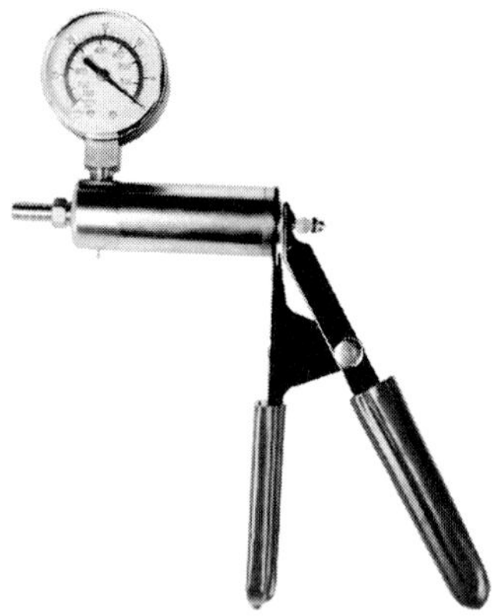

그림 4-2. 진공펌프

1.3. 진공 커먼레일 연료부압 측정게이지(Vacuum Common Rail Fuel Negative Pressure Gauge)

커먼레일 차종 중 연료라인 압력을 연료필터 전·후의 부압을 측정하여 연료필터 교환주기 점검이 가능하고 일반 진공게이지로 활용이 가능하다.

그림 4-3. 진공 커먼레일 연료부압 측정게이지

1.4. 압력게이지(Pressure Gauge)

1.4.1. LPG 압력게이지(LPG Compression Pressure Gauge)

LPG 차량의 기화기 1차실 압력을 측정을 하며 2차실 압력측정도 가능하다.

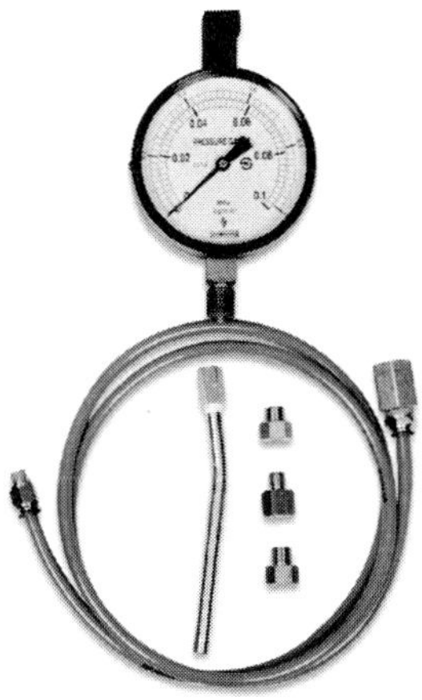

그림 4-4. LPG 압력게이지

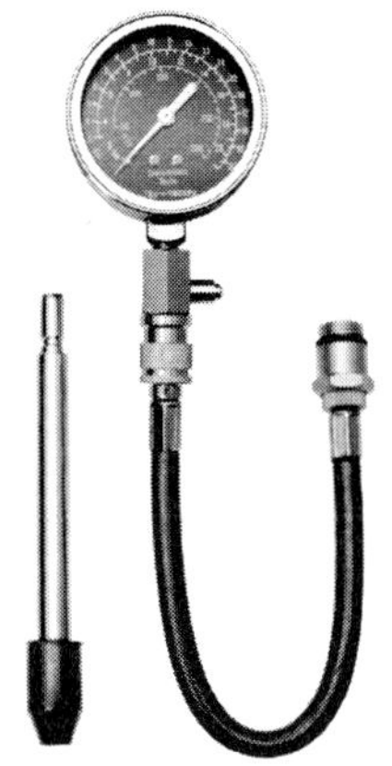

그림 4-5. 가솔린 압축 압력게이지

1.4.2. 가솔린 압축 압력게이지(Gasoline Engine Compression Tester)

가솔린엔진의 실린더의 피스톤 압축압력을 측정하는 테스터기이다.

1.4.3. 디젤 압축 압력게이지(Diesel Engine Compression Tester)

디젤엔진의 실린더 피스톤 압축 압력측정을 위한 테스터기이다.

1.4.4. 연료 압력게이지(Fuel Pressure Gauge)

자동차의 정확한 연료압력을 측정하는 게이지로 주행 중 연료압력 변화 측정도 가능하다.

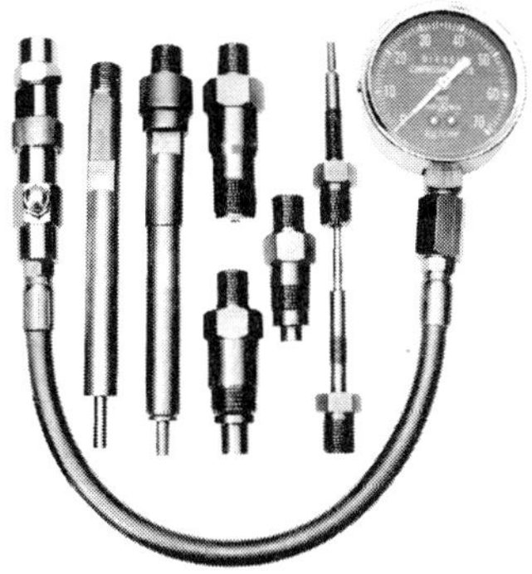

그림 4-6. 디젤 압축 압력게이지

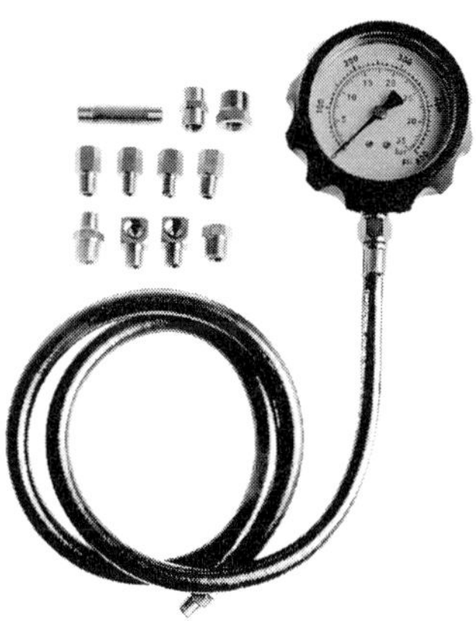

그림 4-7. 연료압력게이지

1.5. 인젝터 백 리크 테스터(Injector Back Leak Tester)

커먼레일 차종의 시동 지연, 흑연, 백연, 매연과다, 엔진부조, 주행 중 시동 꺼짐, 출력부족 현상이 발생 시 연료장치인 연료펌프, 압력 레귤레이터, 압력센서, 연료점검 후 이상이 없을 시 인젝터 연료 리턴량을 점검 테스트한다.

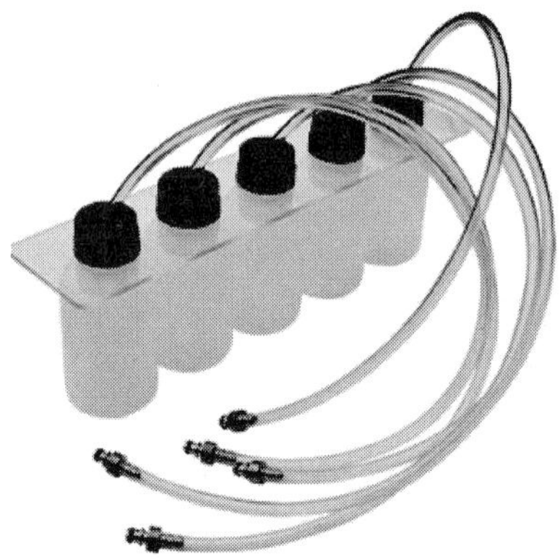

그림 4-8. 인젝터 백 리크 테스터

1.6. 밸브가이드 고무교환 공구(Valve Stem Oil Seal Replacement Tool)

자동차 흡기 및 배기밸브의 가이드고무를 교환하기 위해 엔진 헤드를 탈거하지 않고 가이드 고무를 탈착 및 부착 시 사용한다.

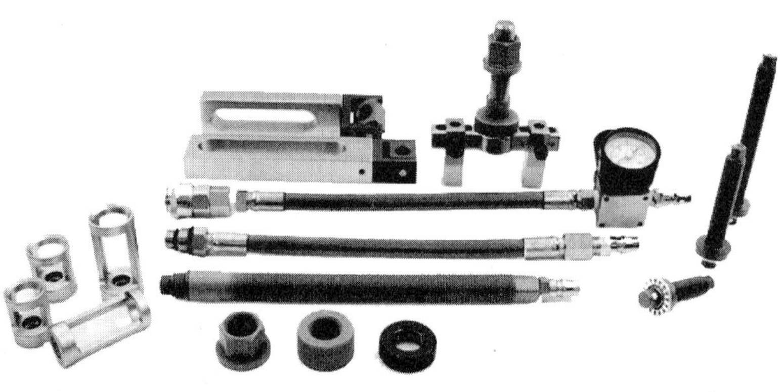

그림 4-9. 밸브가이드 고무교환 공구

1.7. 밸브스프링 압축기(Valve Spring Compressor)

SOHC 엔진의 헤드를 탈거한 상태에서 흡기 및 배기밸브 교환, 가이드 고무교환 작업 시 밸브스프링을 압축하는 공구이다.

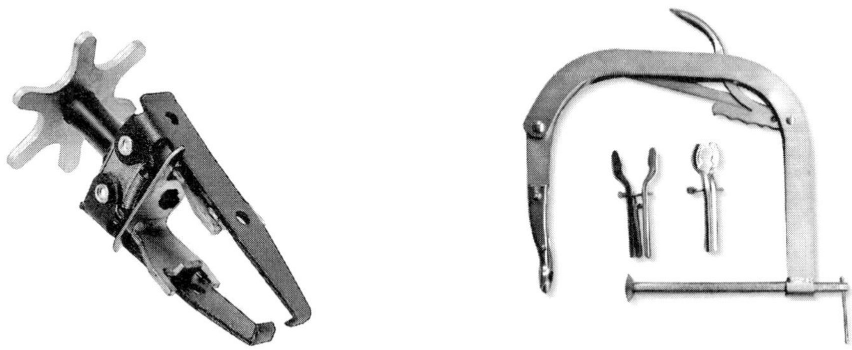

(a) (b)

그림 4-10. 밸브스프링 압축기

1.8. 타이밍 라이트(Timing Light)

가솔린 차량은 1번 스파크플러그가 점화할 때마다 디젤차량은 1번 연료 인젝터 파이프에서 펄스를 감지하여 섬광이 발생되어 타이밍마크와 크랭크축 풀리 마크가 일치하는지를 확인하여 점화시기와 점화 진각상태를 확인하기 위한 테스터기이다.

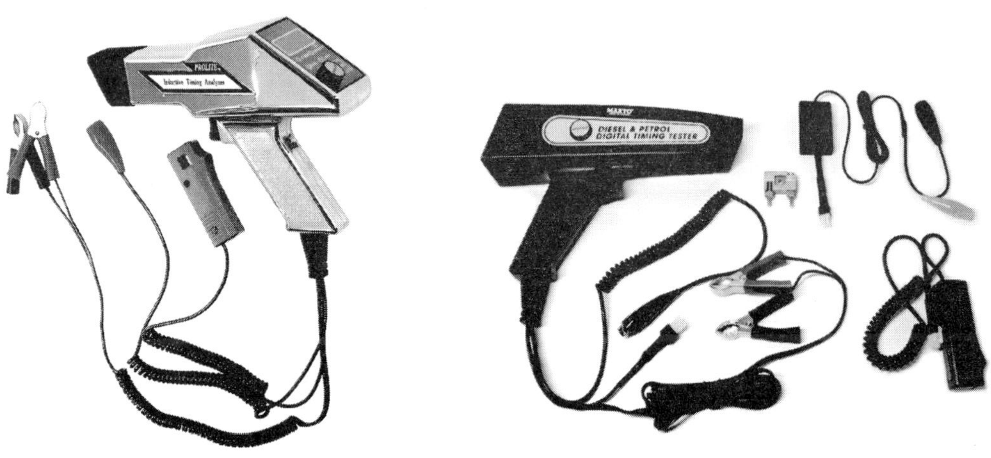

(a) 가솔린용 (b) 디젤용

그림 4-11. 타이밍 라이트

1.9. 라디에이터 누출 테스터(Radiator Cooling System Tester)

자동차 라디에이터의 냉각수 누출점검 및 라디에이터 캡의 상태, 워터펌프 및 냉각수 호스의 누출상태를 점검할 수 있다.

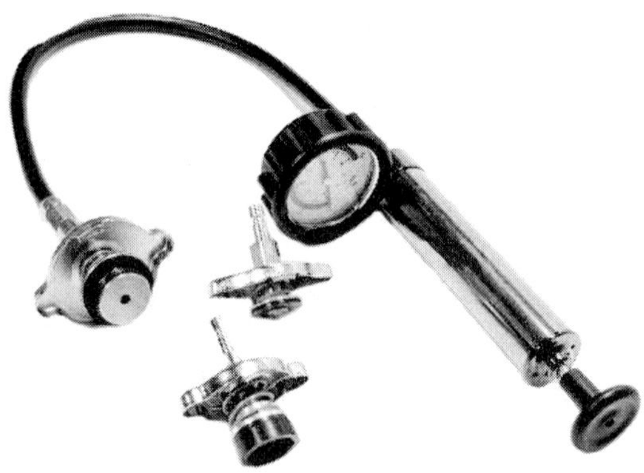

그림 4-12. 라디에이터 누출테스터

1.10. 벨트 텐션 게이지(Belt Tension Gauge)

각종 벨트가 장착된 기계장치 및 차량의 벨트교환 또는 벨트의 교환 시기를 테스트할 수 있는 게이지이다.

(a) (b)

그림 4-13. 벨트 텐션 게이지

1.11. 피스톤 링 압축기(Piston Ring Compressor)

피스톤의 링 교환 작업 후 실린더블록에 피스톤을 삽입할 때 링을 압축하고 유도하는 공구이다.

그림 4-14. 피스톤 링 압축기

1.12. 오토 텐셔너(Auto Tensioner) 장력조절기

타이밍벨트 텐션 베어링의 장력조절을 위한 공구이다.

1.13. 캠 샤프트 정지공구(Cam Shaft Pulley Stoper)

차량의 타이밍벨트 교환 시 캠 샤프트의 회전을 방지하기 위한 정지 공구이다.

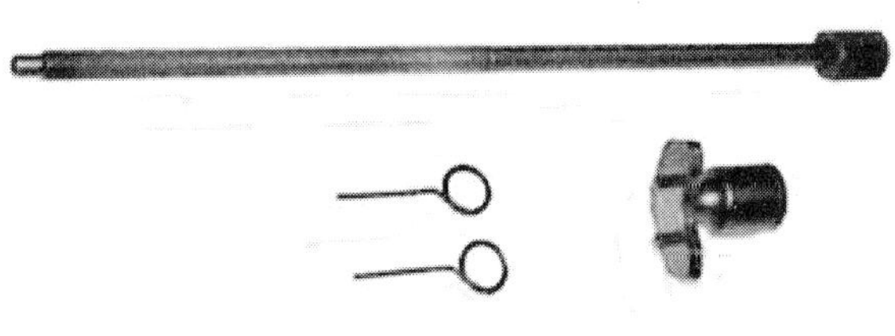

그림 4-15. 오토 텐셔너 장력조절기

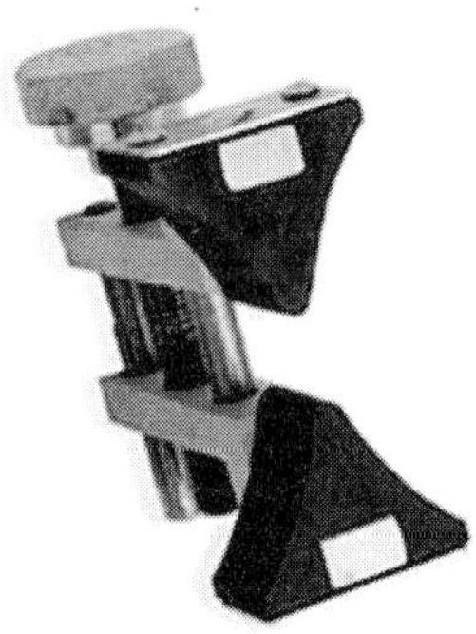

그림 4-16. 캠 샤프트 정지공구

1.14. 엔진 홀더(Engine Support)

자동차 엔진룸의 팬더를 지지하여 엔진만을 탈거하고 고정할 수 있는 리프팅 공구이다.

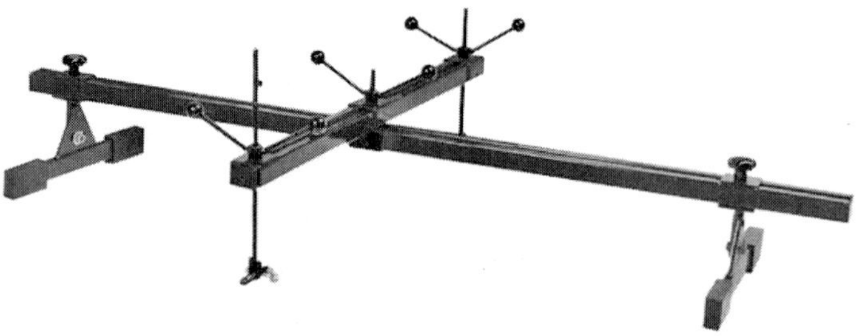

그림 4-17. 엔진 홀더

1.15. 냉각수 보충 깔때기(Coolant Filling Tool)

냉각수를 교환 또는 보충할 때 사용한다.

(a) (b)

그림 4-18. 냉각수 보충 깔때기

1.16. 오일필터 캡(Oil Filter Cap)

엔진오일을 교환할 때 오일필터 탈거 및 조립 시 사용한다.

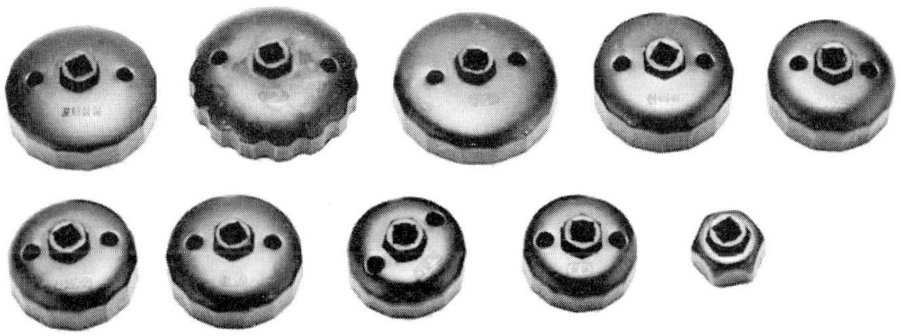

그림 4-19. 오일 필터 캡

1.17. 양방향 오일필터 렌치(Two Way Oil Filter Wrench)

엔진 오일필터 탈거 시 차종별로 오일필터 캡이 필요 없고 양방향 작업이 가능하여 강력한 바이스 능력으로 작업이 신속하다.

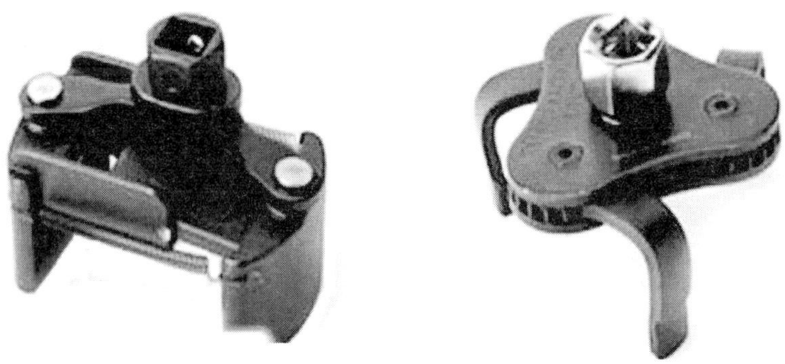

(a) (b)

그림 4-20. 양방향 오일필터 렌치

1.18. 오일팬 세퍼레이터(Oil Fan Separator)

실린더블록의 오일팬은 실리콘으로 마감되어 있어 무리한 작업으로 오일팬을 분리 시에는 오일팬 및 실린더블록의 변형 및 훼손을 가져오므로 오일팬 세퍼레이터는 오일팬 분리작업을 쉽게 할 수 있게 한다.

그림 4-21. 오일팬 세퍼레이터

1.19. 커먼레일 인젝터 탈거기(Common Rail Injector Puller)

CRDI 차량의 인젝터가 고착되어 쉽게 빠지지 않을 때 엔진에 장착하여 인젝터를 탈거하는 공구이다.

(a) (b) (c)

그림 4-22. 인젝터 탈거기

1.20. 고압파이프 탈거 소켓(Pipe Spreader Socket)

커먼레일 고압파이프 분해 및 조립 시 또는 구부러진 브레이크 파이프라인 볼트와 너트작업 시 사용한다.

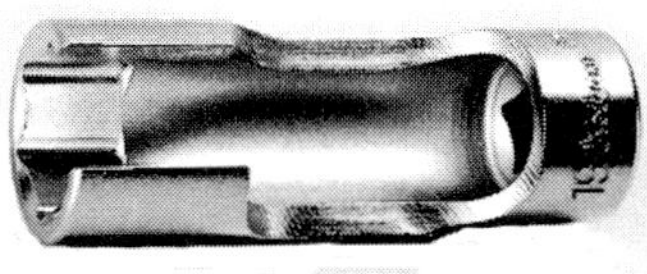

그림 4-23. 고압파이프탈거 소켓

1.21. 커먼레일 인젝터 홀 동와셔 탈거기 & 호닝기(Common Rail Injector Hole Washer Puller & Honing)

동와셔 탈거기는 CRDI차량의 인젝터 탈거 후 홀 안쪽에 고착된 동와셔를 탈거할 때 사용하고 호닝기는 홀 안쪽에 오일가스로 고착된 카본을 제거하는데 사용한다.

1.22. 커먼레일 인젝터 노즐세척기(Common Rail Injector Nozzle Cleaner)

CRDI 차량의 인젝터 노즐부분 카본제거 및 이물질을 제거하기 위한 세척시 사용한다.

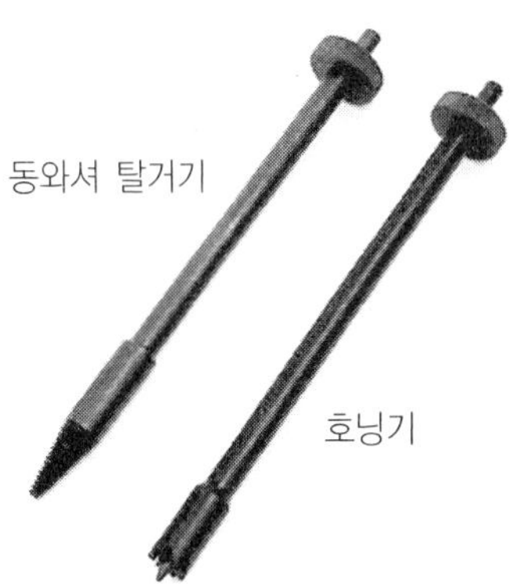

그림 4-24. 커먼레일 인젝터 홀 동와셔 탈거기 & 호닝기

그림 4-25. 인젝터노즐 세척기

1.23. 고압 연료펌프 탈거기(Fuel Pump Replacement)

CRDI차량의 고압 연료펌프 탈거 시 사용하며 고압펌프 반대편에 설치하여 축을 밀어 내어 사용한다.

(a) 디젤 승용차용 (b) 델파이용 (c) 보쉬용

그림 4-26. 고압 연료펌프 탈거기

1.24. 밸브스프링 테스터(Valve Spring Tester)

자동차 및 일반장비의 헤드에 부착된 밸브스프링의 장력 및 직각도, 자유고를 정밀하게 측정하는 기기이다.

1.25. 오일 드레인(Oil Drain)

오일교환 시 배출 오일을 받는 통으로 높이 조절이 가능하다.

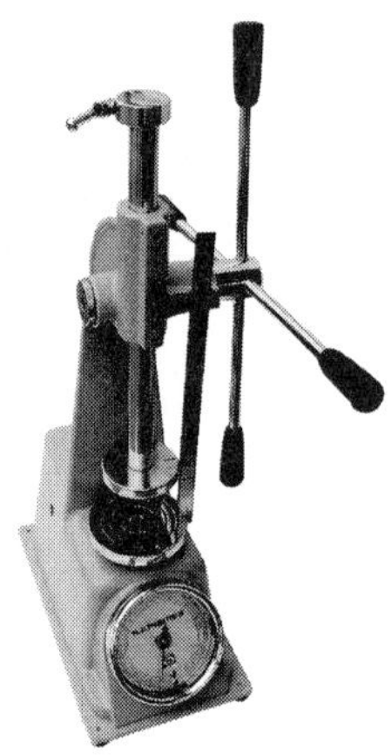

그림 4-27. 밸브스프링 테스터

그림 4-28. 오일 드레인

1.26. 오일 깔때기(Oil Funnel)

엔진오일, 트랜스미션 오일교환 및 보충 시 사용한다.

(a) (b)

그림 4-29. 오일 깔때기

1.27. 부동액 교환기(Coolant Exchanger)

라디에이터 상부호스에 연결하여 엔진시동을 걸지 않아도 폐부동액을 배출 및 교환이 동시에 이루어지고 에어빼기 작업도 필요가 없다.

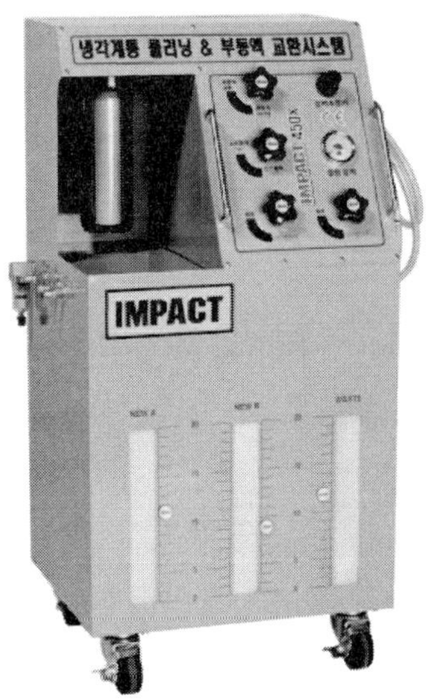

그림 4-30. 부동액 교환기

1.28. 배출가스 측정기(GAS Analyzer)

CO, HC, CO_2, O_2, AFR, λ , NOx를 측정할 때 사용한다.

1.28.1. 디젤용 배출가스 측정기(Diesel GAS Analyzer)

디젤자동차의 매연을 측정할 때 사용한다.

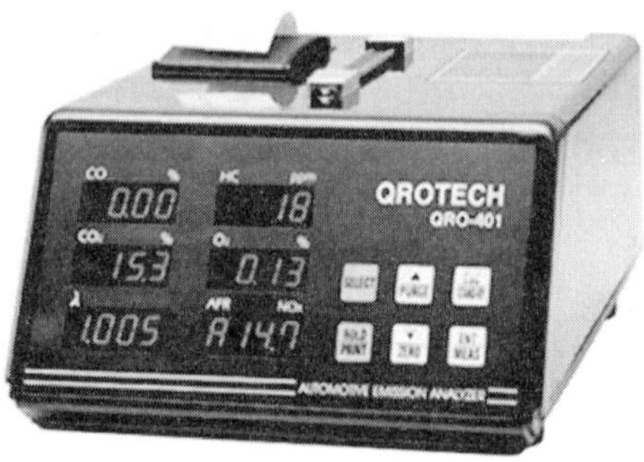

그림 4-31. 배출가스 측정기

그림 4-32. 배출가스 측정기(디젤용)

1.29. 테스터(Tester)

1.29.1. 분사노즐 테스터(Injector Nozzle Tester)

디젤자동차의 분사노즐의 분사압력, 분사각도, 후적을 점검한다.

그림 4-33. 분사노즐 테스터

1.29.2. 인젝션펌프 테스터기(Injection Pump Tester)

디젤자동차의 인젝션펌프의 연료 분사량을 점검하여 분사량 불균율을 점검한다.

그림 4-34. 인젝션펌프 테스터기

1.29.3. 디젤 커먼레일 인젝터 테스터기(Diesel Common Rail Injector Tester)

CRDI 차량의 인젝터 및 레일, 고압펌프, 압력 조절밸브, 레일 압력센서 등의 실차 테스트 데이터를 지원하여 규정값과 비교하고 분석한다.

그림 4-35. 커먼레일 인젝터 테스터기

2. 전기관련 공구 및 테스터기

2.1. 배터리(Battery)

2.1.1. 배터리 종합 진단기(Battery Analyzer)

배터리 종합 진단기는 배터리의 CCA(Cold Cranking Ampere, 저온 시동능력)을 기본으로 측정 진단하여 사용, 유효 에너지의 용량을 정확하고 신속하게 진단한다.

2.1.2. 배터리 테스터(Battery Tester)

배터리는 전압과 전류 두 가지가 다 규정치 내에 있어야 한다. 전압은 이상이 없고 전류량이 적은 경우 자동차의 시동불량, 전기장치의 작동불량 등의 문제가 발생한다. 이러한 경우 배터리의 상태를 간단하게 테스트하고 발전기의 충전전압까지 측정할 수 있으며 6V, 12V, 24V를 기준으로 분류되어 전류량의 상태에 따라 확인하기 쉽도록 REPLACE(교체), WEAK(부족-충전요망), OK(정상)으로 표시되어 있는 테스터기이다.

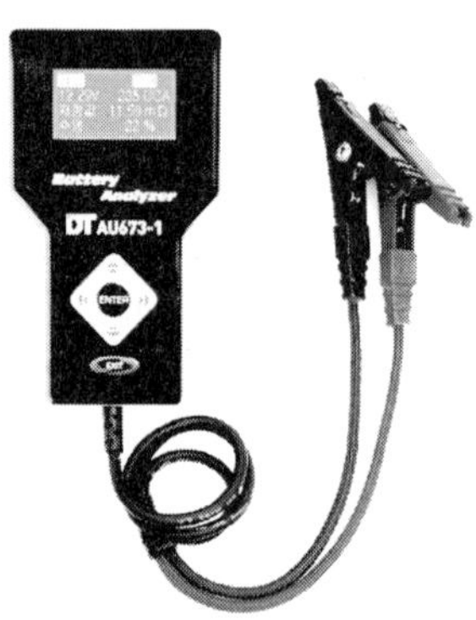

그림 4-36. 배터리 종합진단기

그림 4-37. 배터리 테스터기

2.1.3. 배선 테스터(Circuit Tester)

고휘도 LED를 사용하여 전압이 흐르고 있는 배선의 단락 및 단선방향을 테스트할 수 있다.

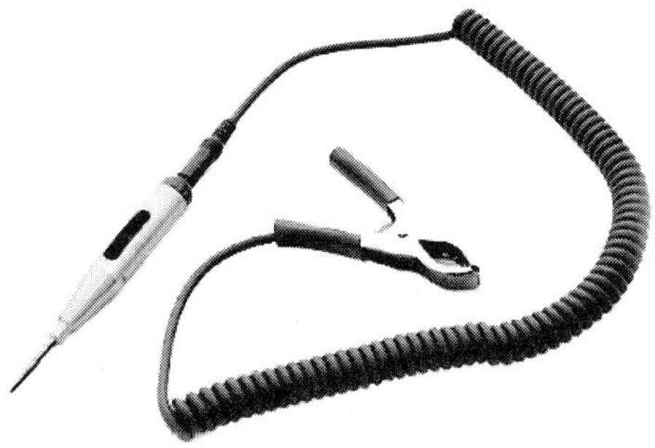

그림 4-38. 배선 테스터기

접지를 하고 검침위치가 ⊕에 있으면 적색이 점등되고 검침지침이 ⊖에 있으면 청색등이 점등된다.

2.1.4. 배터리 비중 테스터(Battery Fluid Tester)

차량의 배터리액 비중을 간편하게 측정할 때 사용한다.

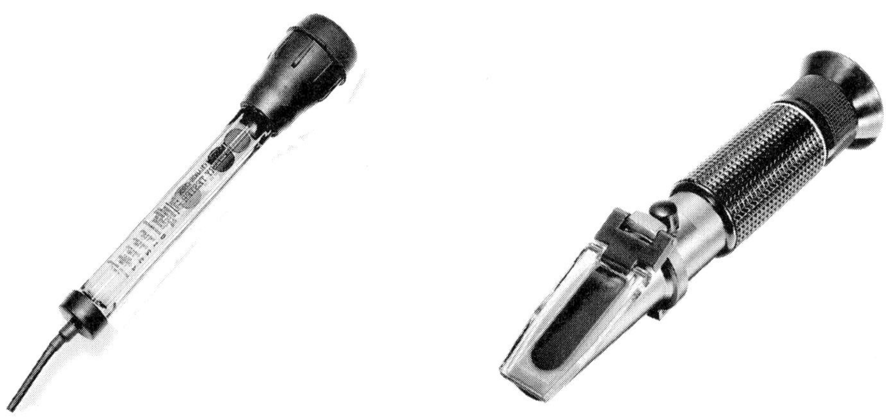

(a) 뜨게식 비중계　　(b) 광학식 비중계

그림 4-39. 배터리 비중 테스터기

2.1.5. 점프 스타트(Jump Start)

자동차 배터리 방전 시 차량의 시동을 쉽게 해 준다. 이동이 쉽고 비상라이트와 시거 잭이 내장되어 있어 야외활동 시 야간에도 사용이 편리하고 방전 시 충전을 하면 다시 사용할 수 있다.

그림 4-40. 점프 스타트

2.1.6. 배터리 충전기(Battery Charger)

배터리 방전 시 배터리를 안정적으로 충전할 수 있으며 시간적 여유가 없을 때 짧은 시간에 충전을 할 수 있는 급속충전기도 있다.

(a)

(b)

그림 4-41. 배터리 충전기

2.2. 테스터기(Tester)

2.2.1. 멀티 테스터(Multi Tester)

멀티 테스터기는 바늘의 움직임으로 DC전압, AC전압, DC전류, 저항, 데시벨 등의 값을 하나의 계기로 측정할 수 있게 만든 기기로, 회로시험기라고도 한다.

멀티 테스터기로는 단락점검과 다이오드, TR 및 기타 여러 가지 전자부품도 점검할 수 있다. 부품 또는 건물 등의 누전 시 절연저항을 측정하여 누전 여부를 판단할 수 있게 해주는 메가 테스터기(megger tester)가 있는데 메가 테스터기는 수백 V 이상 가해서 저항을 측정한다. 이렇게 전압을 높여 측정하는 이유는 아주 미세한 틈이 있는 경우 낮은 전압으로 측정하는 경우는 높은 저항값을 가리키지만 높은 전압으로 측정히면 미세한 틈에서 방전을 일으키면서 낮은 저항을 가리키기 때문에 이런 위험 요소를 찾기 위해 높은 전압을 가해 저항(MΩ)을 측정한다.

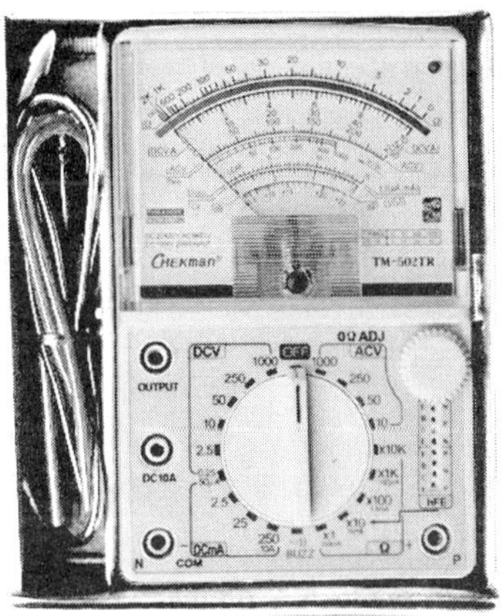

(a) 회로시험기

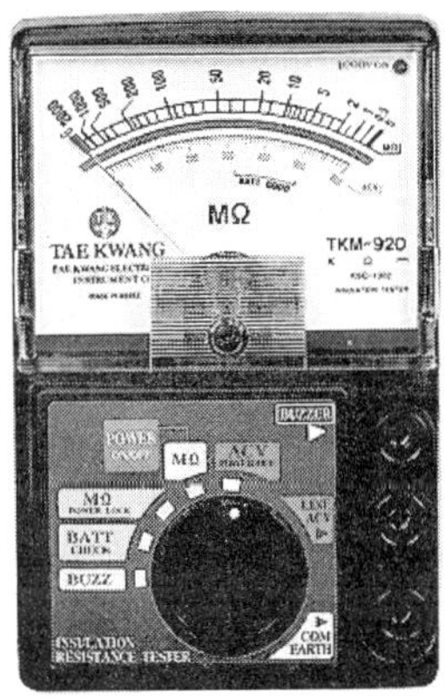

(b) 메가 테스터기

그림 4-41. 멀티 테스터

2.2.2. 디지털 테스터(Digital Tester)

디지털 테스터는 단위가 발광다이오드로 직접 표시되는 것으로 전압, 전류, 저항 모두 측정범위가 넓고, 정확도도 높으며 자동 레인지 전환식으로 되어 있다.

2.2.3. 디지털 클램프 미터 테스터(Digital Clamp-ON Meter Tester)

교류전압(0~600V), 직류전압(0~600V), 교류전류(0~1000A), 직류전류(0~1000A) 등 비교적 높은 전압과 전류를 측정할 수 있으며 전압은 리드선을 이용하여 측정을 하고 전류는 측정할 배선에 클램프를 걸어 측정을 한다.

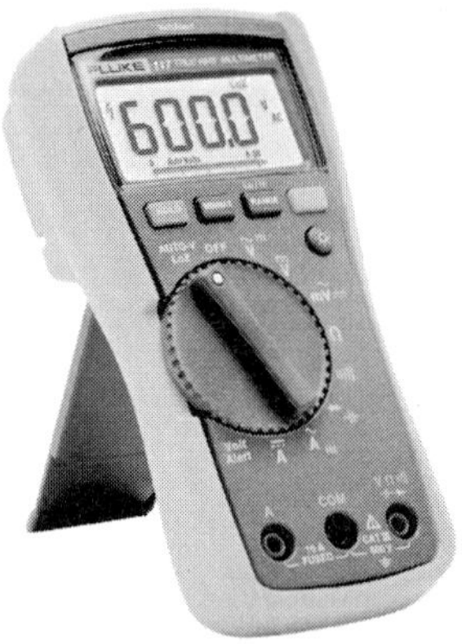

그림 4-42. 디지털 테스터

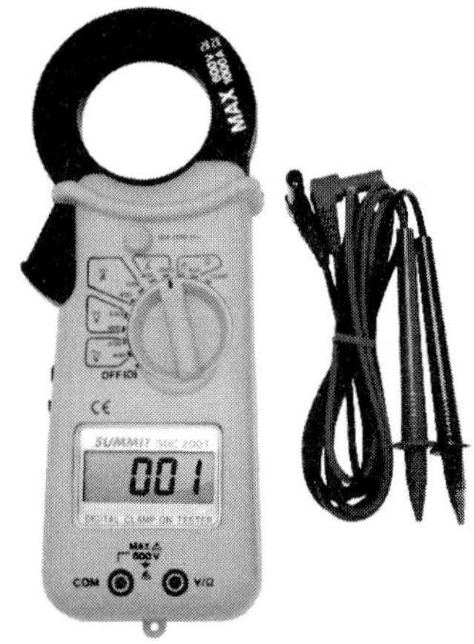

그림 4-43. 디지털 클램프 미터 테스터

2.2.4. 소음측정기(Sound Level Meter)

음량계 또는 소음계라고도 하며 경음기 소음, 배기소음, 자동차소음 크기를 단위(dB, 데시벨)로 표시하는 측정기이다.

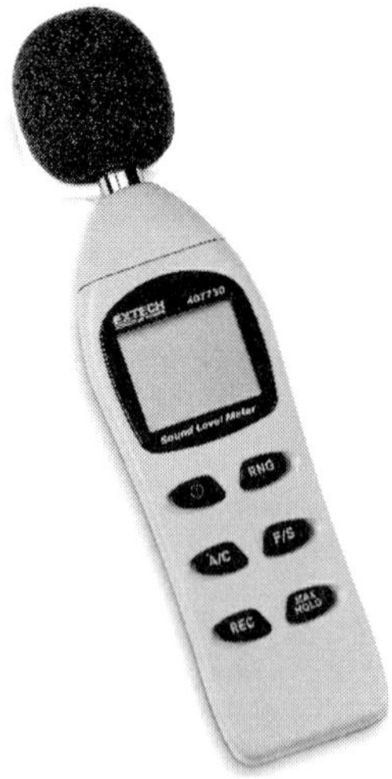

그림 4-44. 소음측정기

2.2.5. 헤드라이트 테스터(Head light Tester)

헤드라이트의 광선이 비추는 방향과 배광의 상태 밝기(광도)를 측정하는 기계이다.

(a) (b)

그림 4-45. 헤드라이트 테스터

2.3. 에어컨(Air Conditioning)

2.3.1. 에어컨 게이지(R-134a) 및 에어컨호스(Manifold Gauge(R-134a), Air Conditioning Hose)

에어컨가스 주입상태를 쉽게 확인할 수 있고 에어컨 작동상태를 확인할 수 있다.

2.3.2. 에어컨 가스누출 탐지기(Air Conditioning Leak Detector)

에어컨 가스누출 부위를 탐지하는데 사용한다.

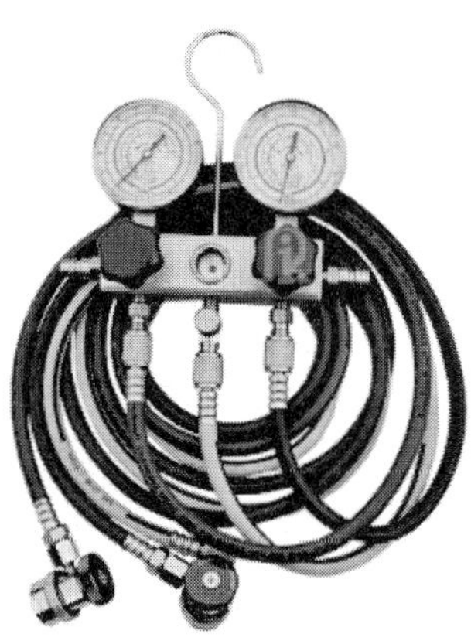

그림 4-46. 에어컨 게이지 및 에어컨 호스

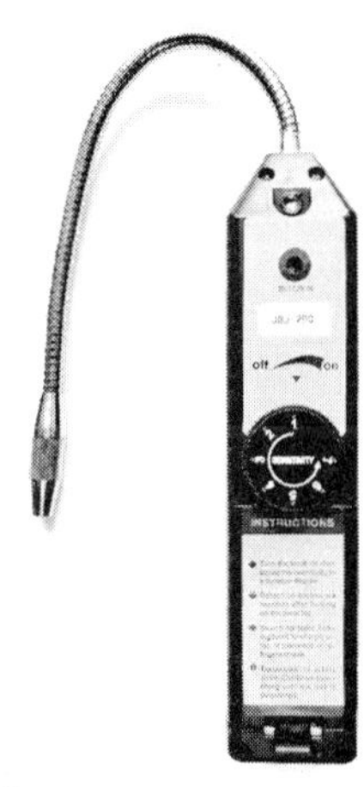

그림 4-47. 에어컨 가스누출 탐지기

2.3.3. 에어컨 형광누출 탐지기(Air Conditioning Detector)

형광 염료를 차량의 에어컨라인에 주입하여 에어컨 가스누출을 검출하는 장치이다.

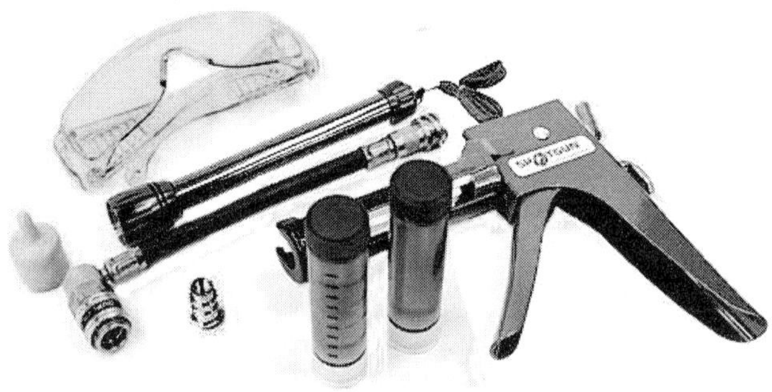

그림 4-48. 에어컨 형광 누출 탐지기

2.3.4. 에어컨 진공 모터(Air Conditioning Vacuum Pump)

에어컨가스를 주입하기 전에 에어컨 고압, 저압라인을 진공으로 하는 모터로 라인의 수분도 함께 제거된다.

(a) (b)

그림 4-49. 에어컨 진공 모터

2.3.5. 에어컨 냉매회수 재생 진공충전기(Air con Re cycler)

에어컨 냉매회수 및 에어컨라인 진공, 에어컨 오일주입, 냉매주입을 자동으로 할 수 있다.

그림 4-50. 에어컨 냉매회수 재생 진공충전기

3. 섀시관련 공구 및 테스터기

3.1. 타이어밸브 코어 탈착기(Tire Valve Core Tool)

타이어교환 시 밸브코어의 탈착작업에 사용한다.

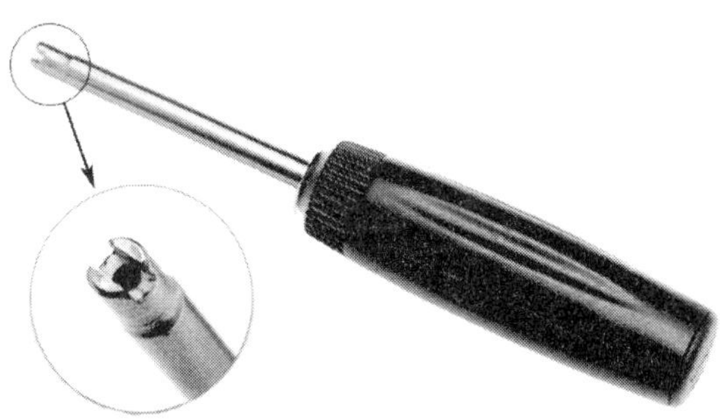

그림 4-51. 타이어밸브 코어 탈착기

3.2. 타이어 압력게이지(Tire Inflation Pressure Gauge)

타이어의 공기압을 측정하거나 타이어에 에어를 빼거나 에어를 보충할 때 사용한다.

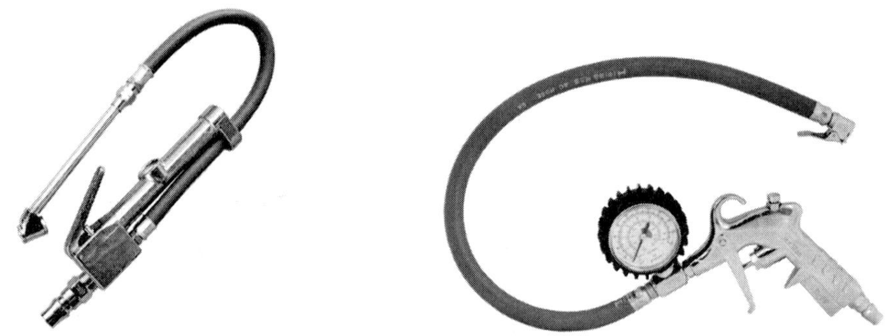

그림 4-52. 타이어 압력게이지

3.3. 에어 체크기(Tire Pressure Gage)

타이어 공기압 측정용으로 사용된다.

그림 4-53. 에어 체크기

3.4. 타이어 공기량 자동주입기(Tire Automatic Inflator Kit)

원하는 타이어 공기압을 자동으로 주입 및 배출한다.

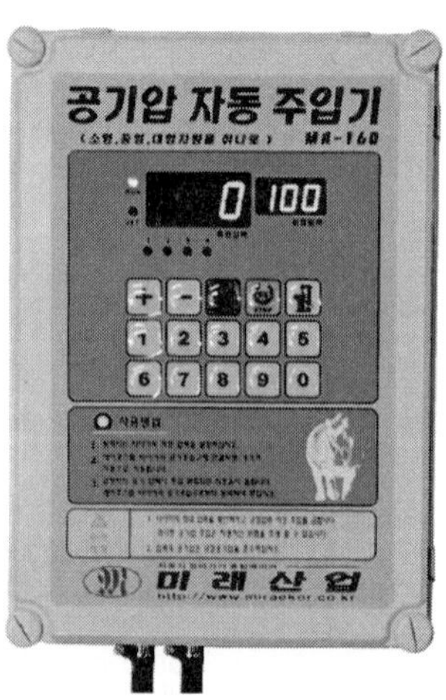

그림 4-54. 타이어 공기량 자동주입기

3.5. 밸런스 납(Balance Weight)

타이어 휠 밸런스 불량 시 수정하는 것이다.

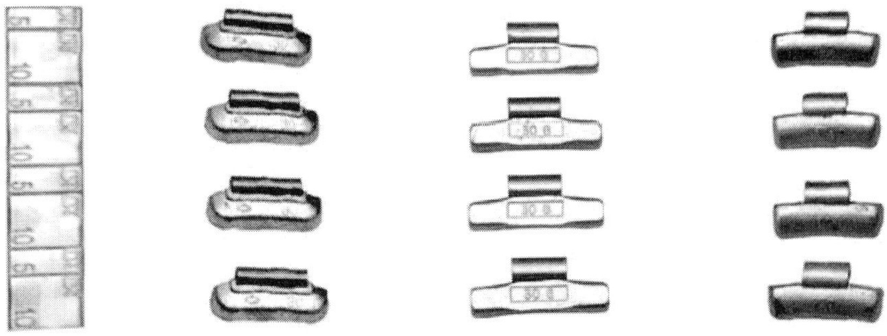

(a) 붙이는 납　(b) 스틸 휠 납　(c) 강재식 휠 납　(d) 알루미늄 납

그림 4-55. 밸런스 납

3.6. 납 망치(Wheel Balance Weight Hammer)

휠 교징 플라이어라고도 불리며 다이이 휠 밸런스 불량 시 밸런스 납을 타이어에 부착할 때 및 탈거할 때 사용한다.

3.7. 탈착기 레버(Tire Lever)

일반 타이어를 타이어 탈착기에서 탈착 시 사용한다.

그림 4-56. 납 망치

그림 4-57. 탈착기 레버

3.8. 패치(Tire Repair Patches)

바이어스 타이어 펑크 시 타이어 안쪽에 붙여서 수리한다.

3.9. 패치 콤비(Prema Combi Repair Patches)

레이디얼, 바이어스 타이어에 공용으로 트래드 손상에 사용한다.

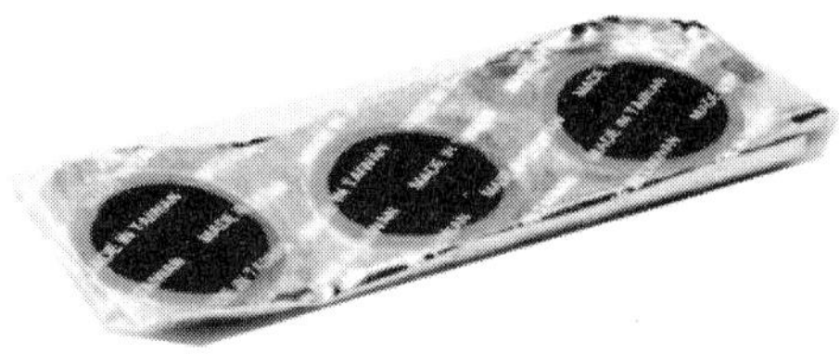

그림 4-58. 패치

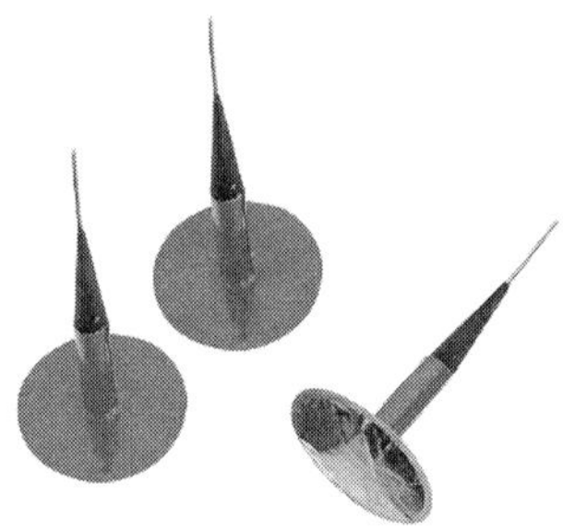

그림 4-59. 패치 콤비

3.10. 타이어 수리공구(Tire Repair Tool)

타이어 펑크시 타이어를 탈거하지 않고 펑크수리 시 사용한다.

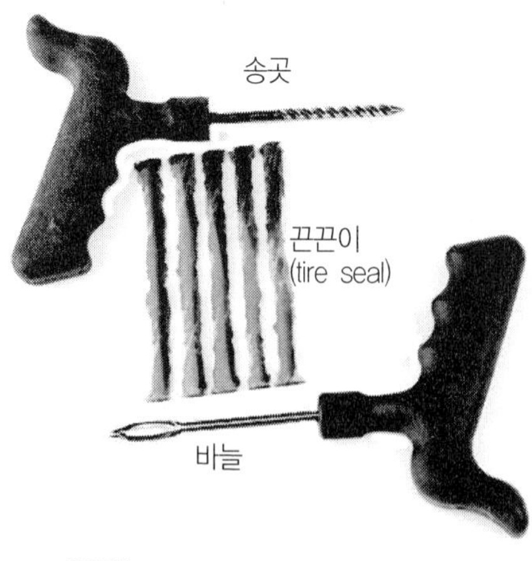

그림 4-60. 타이어 수리공구

3.10.1. 에어 임팩식(Air Impact Type)

타이어 펑크 시 타이어를 탈거하지 않고 에어를 이용하여 펑크수리 시 사용한다.

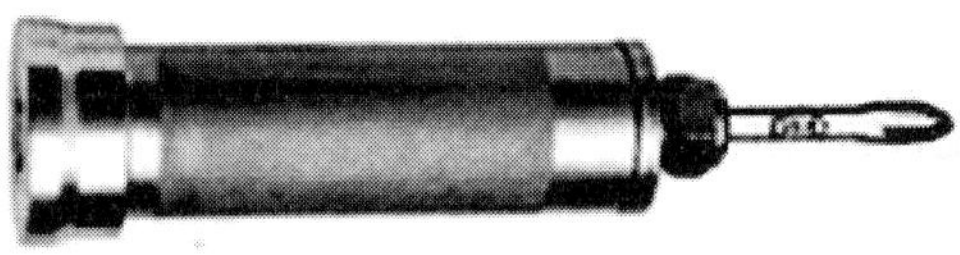

그림 4-61. 타이어 수리공구(에어 임팩식)

3.11. 브레이크 패드 교환기(Brake Lining Pad Changer)

캘리퍼 브레이크에서 브레이크패드교환 시 캘리퍼 피스톤을 안쪽으로 밀어 넣을 때 사용한다.

(a) 싱글, 더블 겸용

(b) ABS 차량용

그림 4-62. 브레이크패드 교환기

3.12. 브레이크액 수분 테스터(Brake Fluid Tester)

브레이크액의 수분함량 점검 시 사용한다.

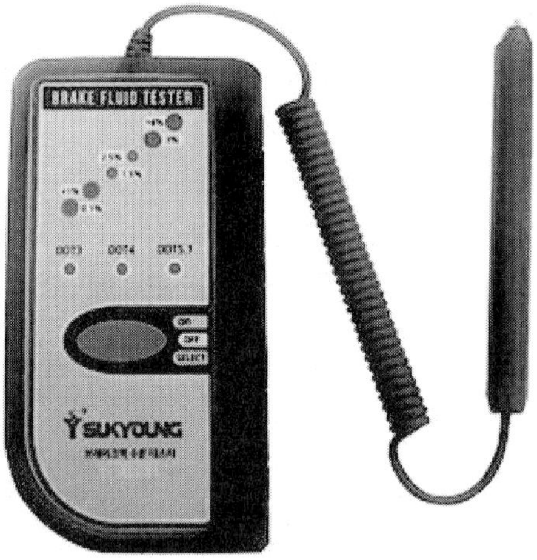

그림 4-63. 브레이크액 수분 테스터

3.13. 볼 조인트 풀러(Ball Joint Puller)

타이로드 엔드 또는 로워 암 등의 볼 조인트를 탈거할 때 사용한다.

(a)

(b)

그림 4-64. 볼 조인트 풀러

3.14. 허브 베어링 풀러(Hub Bearing Puller)

차량의 허브 베어링 탈거 시 사용한다.

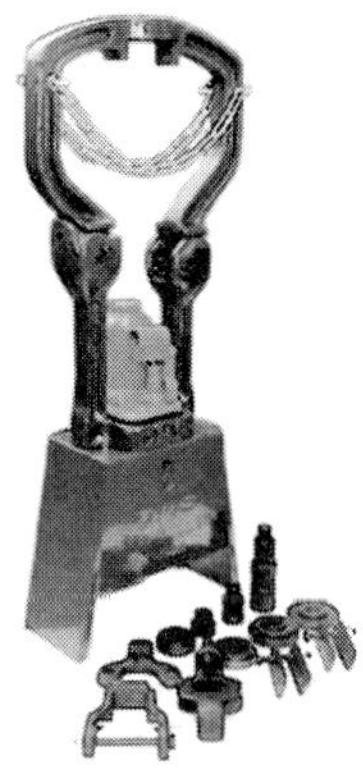

그림 4-65. 허브 베어링 풀러

3.15. 등속 조인트 탈거기(C.V Joint Puller)

차량의 볼 조인트, 등속조인트 등을 탈거 시 사용한다.

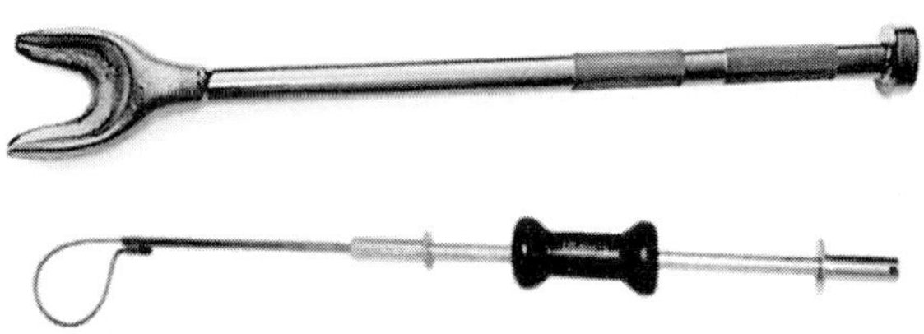

그림 4-66. 등속조인트 탈거기

3.16. 캠버 캐스터 킹핀게이지(Camber Caster King Pin Gauge)

자동차의 캠버, 캐스터, 킹핀측정 시 사용한다.

그림 4-67. 캠버 캐스터 킹핀게이지

3.17. 토-인 게이지(TOE-IN Gauge)

자동차의 토우측정 시 사용한다.

3.18. 회전반경 측정기(Rotation Radius Gauge)

휠 얼라이먼트 측정 시 차량을 올려놓고 바퀴의 회전각도, 최대 회전각도 등을 측정 시 사용한다.

그림 4-68. 토-인 게이지

그림 4-69. 회전반경 측정기

3.19. 쇼버 잭(Coil Spring Compressor)

자동차의 쇽업쇼버의 코일스프링 탈거 시 사용을 한다.

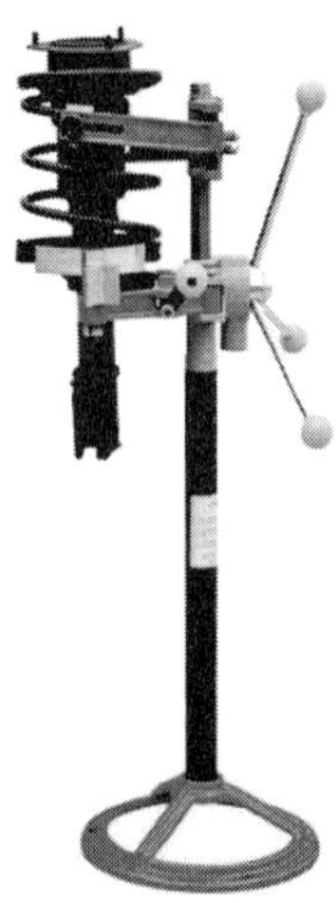

그림 4-70. 쇼바 잭

그림 4-71. 트랜스미션 잭

3.20. 트랜스미션 잭(Transmission Jack)

승용차 및 소형화물 트랜스미션 탈부착 시 사용한다.

3.21. 타이어 탈착기(Tire Changer)

타이어를 휠에서 탈·부착할 때 사용한다.

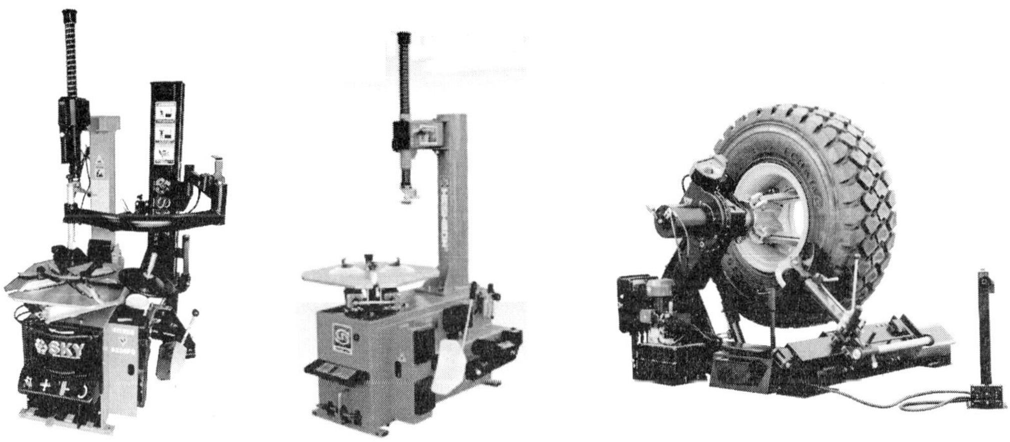

(a) 헬퍼 부착형 (b) 일반형 (c) 대형

그림 4-72. 타이어 탈착기

3.22. 휠 밸런스(Wheel Balancer)

타이어의 휠 밸런스를 점검 또는 수정 시 사용한다.

그림 4-73. 휠 밸런스

3.23. 휠 얼라이먼트(Wheel Alignment)

자동차의 캠버, 토우, 캐스터, 셋백, 부분 토우, 총 토우 등을 점검하는데 사용한다.

그림 4-74. 휠 얼라이먼트

3.24. 오일교환기(Oil Exchanger)

3.24.1 오토미션 오일교환기(Auto Mission Oil Exchanger)

자동변속기 오일교환 시 사용한다.

그림 4-75. 오토미션 오일교환기

3.24.2. 브레이크액 교환기(Brake Fluid Exchanger)

브레이크 오일교환 시 자동으로 작업을 할 수 있으며 수분 및 에어침투가 되지 않아 에어빼기가 불필요하다. ABS차량도 작업이 가능하다.

3.24.3. 파워스티어링 오일교환기(Power Steering Oil Exchanger)

파워스티어링 오일교환 시 사용하며 엔진 정지 상태에서 호스를 탈거하지 않고도 오일을 교환할 수 있다.

그림 4-76. 브레이크액 교환기

그림 4-77. 파워스티어링 오일교환기

4. 판금 · 도장

4.1. 판금 · 도장 관련 공구

[1] 단조 조정 클램프(Forged Clamp)

대시 판넬, 프레임, 프런트 판넬, 스텝 루프 등의 경미한 파손부위를 잡아당기는데 사용한다.

그림 4-78. 단조 조정 클램프

[2] 사이드 클램프(Side Clamp)

사이드의 각이 진 부위를 취부 시 널리 사용되며, 측면고정 시 상면가공이 용이하다.

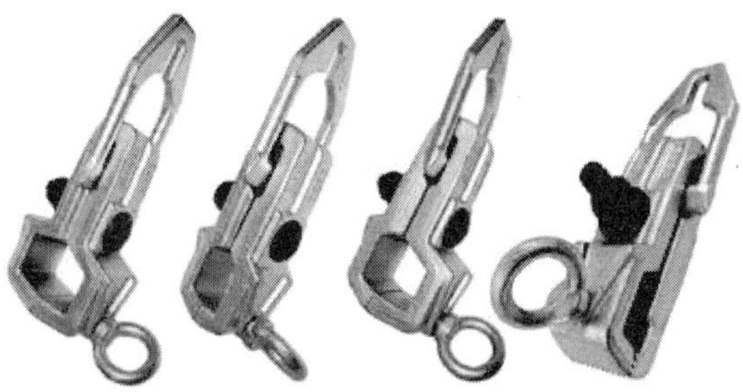

그림 4-79. 사이드 클램프

[3] 프리 앵글 클램프(Free Angle Clamp)

작은 공간에서 다른 방향으로 잡아당길 때 사용하는 소형 경량 클램프이다.

그림 4-80. 프리 앵글 클램프

[4] 레버 클램프(Lever Clamp)

작업 부위에 걸어 사용하는 방식의 클램프이다.

그림 4-81. 레버 클램프

[5] 자동 클램프(Auto Clamp)

뒷면 고리를 툭 쳐서 밀면 앞면 물림 턱이 열리고 당기면 자동으로 조여진다. 턱이 있는 부위를 무리 없이 물림작업이 가능하다.

그림 4-82. 자동 클램프

[6] C-클램프(C-Clamp)

C자처럼 생긴 클램프로 강판 등을 2매 이상 겹쳐 단단히 조여 구멍을 뚫기도 하고, 용접 시 모재와 모재를 고정할 때 사용하는 체결용 공구이다.

[7] 롱 로즈 클램프(Long Nose Clamp)

자동차 바디 프레임 수리용으로 잡아당길 때 쓰는 클램프이다.

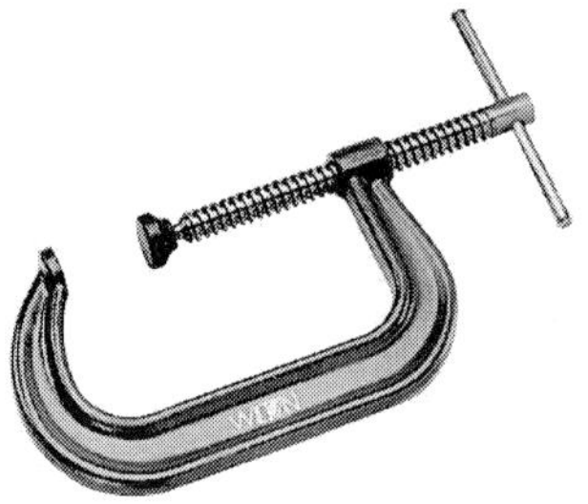

그림 4-83. C-클램프

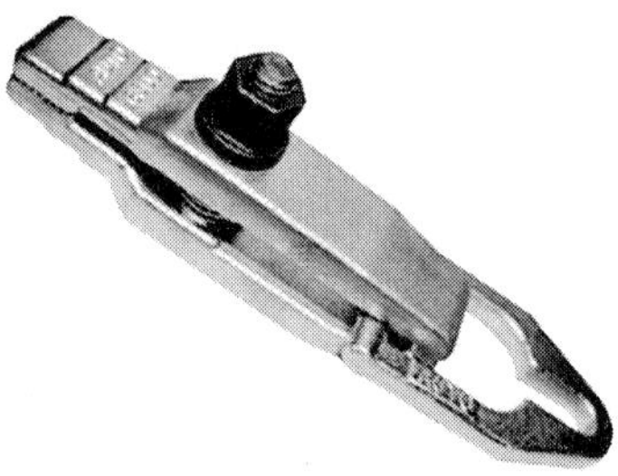

그림 4-84. 롱 로즈 클램프

[8] 오토 레버 클램프(Auto Lever Clamp)

일종의 꺽쇠용 스푼으로 좁은 공간이나 손이 못미치는 곳에서의 작업 및 지렛대 식 받침작업을 할 때 사용한다.

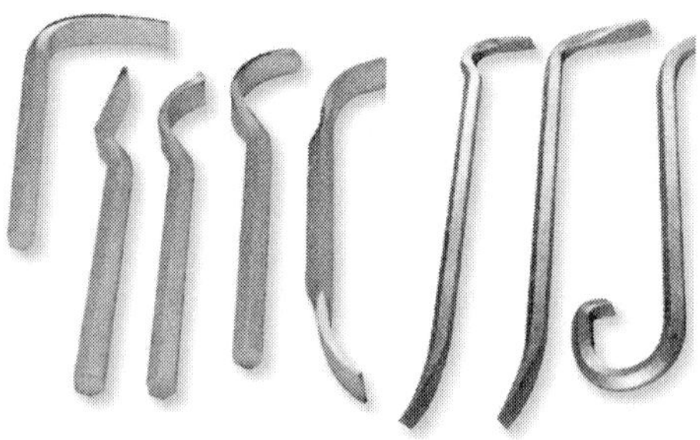

그림 4-85. 오토 레버 클램프

[9] 스텝 클램프(Step Clamp)

금형의 고정작업시 사용되는 클램프의 일종이다.

(a) (b) (c)

그림 4-86. 스텝 클램프

[10] 오토 체인 훅크(Auto Chain Hook)

체인의 길이를 줄일 경우, 동시에 두 곳을 당길 경우, 양방향으로 당길 경우에 사용 된다.

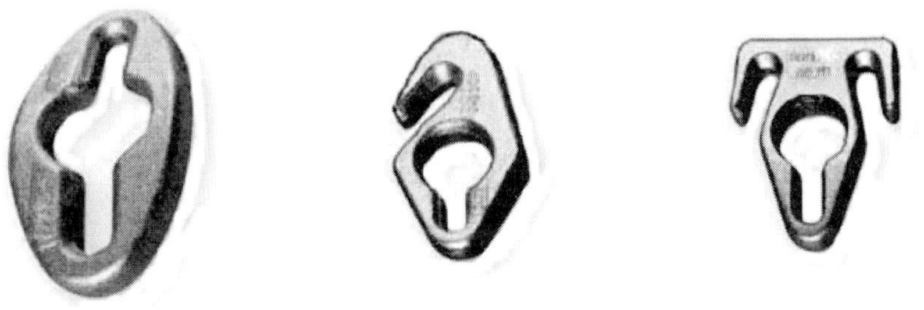

(a) (b) (c)

그림 4-87. 오토 체인 훅크

[11] 단조 레일 훅크(Forged Rail Clamp)

지그레일에 끼우고 체인을 걸어 당길 때 사용한다.

[12] 로커(Rocker)

자동차를 옆에서 보았을 때 도어 아랫부분을 로커 패널이라 말한다. 로커는 슬라이딩 해머로써 밀어 넣고 당겨가며 파손된 부위를 다양한 액세서리를 사용하여 로커 패널을 쉽게 작업을 할 수 있다.

그림 4-88. 단조 레일 훅크

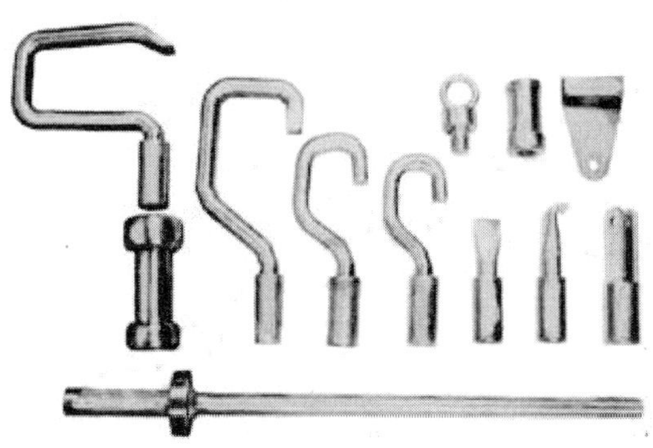

그림 4-89. 로커

[13] 레일 브릿지(Rail Bridge)

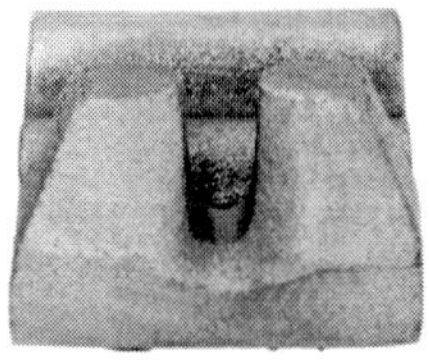

(a) 싱글

(b) 더블

그림 4-90. 레일 브릿지

[14] 수동 덴트 풀러(Manual Mode Of Dent Puller, 슬라이드 해머)

슬라이딩 해머로써 밀어 넣고 당겨가며 파손된 부위를 다양한 액세서리를 사용하여 경판금(판넬 등)에 쉽게 작업을 할 수 있다.

그림 4-91. 수동 덴트 풀러

[15] 단조 체인 걸고리(Chain Hook)

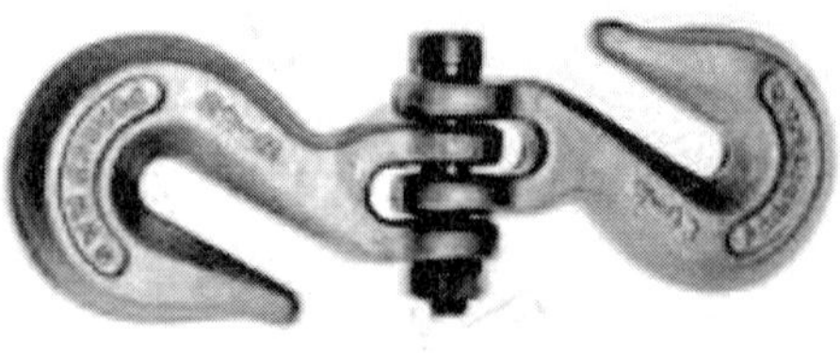

그림 4-92. 단조체인 걸고리

[16] 레버블록(Lever Block)

라쳇레버를 반복 조작하여 로드체인을 감아 들이거나 되감음으로 물체를 감아올리고 감아 내리거나 또는 견인하는 장치이다.

[17] 체인블록(Chain Block)

도르래의 원리를 이용하여 작은 힘으로 무거운 물건을 들어 올리거나 내리는데 사용하는 장치이다.

[18] 수동 원형 폴(Strong Pulling Pole)

차량의 프레임 및 각 부분을 판금작업하고자 할 때 원하는 위치에서 레버블록을 이용하여 잡아당길 때 사용한다.

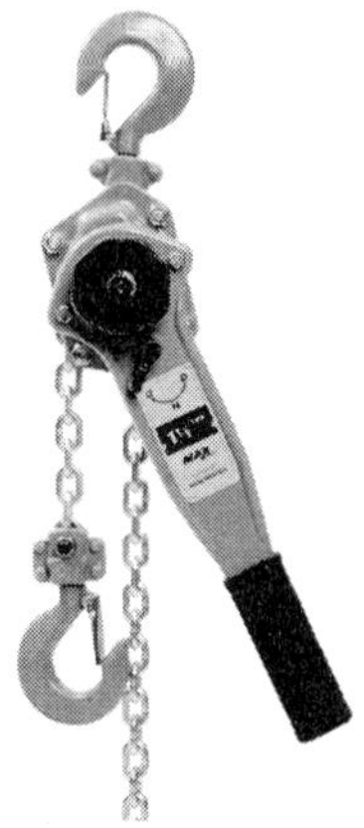

그림 4-93. 레버블록

그림 4-94. 체인블록

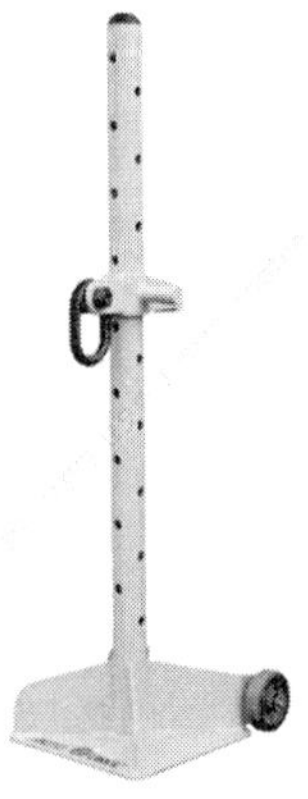

그림 4-95. 수동원형 폴

[19] 사각 스트롱 폴(Pull-Tower)

판금작업 중 중심적 역할을 하는 장비로서 판금수정 작업을 자유롭게 할 수 있으며 구조 및 재질적으로 안전하게 작업을 할 수 있다.

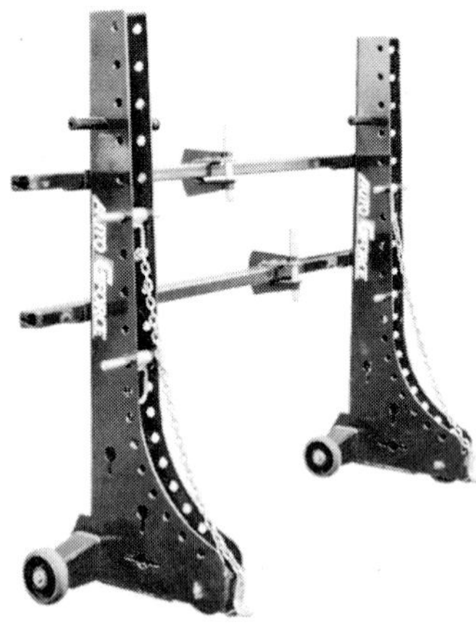

그림 4-96. 사각 스트롱 폴

[20] 판금 계측자(Measuring Stick)

자동차 차체의 변형으로 손상되었을 때 데이터에 의한 계측으로 차체 전 부분을 계측자의 눈금을 보면서 작업을 하기 때문에 변형부분의 방향과 각도에 구애 없이 수리할 수 있는 기계이다.

[21] 체인 메이드(Chain Made)

체인 당김작업 시 체인의 느슨한 정도에 맞게 간단히 당겨 팽창력을 조정하여 주는 공구이다.

그림 4-97. 판금 계측자

그림 4-98. 체인 메이드

[22] 턴버클(Turnbuckles)

판금작업에서 낙줄 또는 체인의 장력을 가감할 필요로 하는 곳에 사용하는 공구로, 래칫, 스패너 등으로 나사 통을 회전 또는 역전하여 쉽게 큰 장력을 걸거나 또는 줄일 때 사용한다.

[23] 에어 흡착기(Suction Cup)

에어를 이용하기 때문에 압착력이 강해 자동차 차체 철판 외면이 약간 들어간 것을 펴줄 때 작업을 한다. 덴트 범위가 경미한 작업에 에어를 이용하지 않고 레버의 작동을 수동으로 하는 흡착기도 있다.

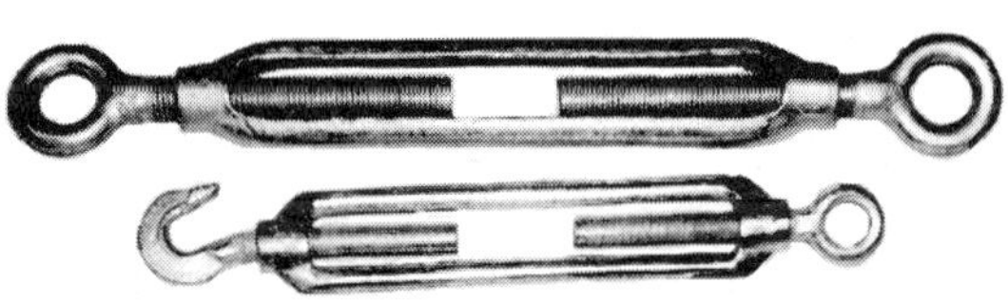

그림 4-99. 턴버클

그림 4-100. 에어 흡착기

[24] 돌리(Dolly)

일명 아데방(일어로 맞닿는 판이라는 의미)으로 불리며 망치로 때리는 철판의 맞은편에 지지하거나 맞대는 용도로 사용한다.

(a) (b) (c)

그림 4-101. 돌리

[25] 낙줄(Tie Down Chain)

판금작업 시 각종 폴 베이스와 클램프를 후크 판에 연결 시 사용한다.

그림 4-102. 낙줄

[26] 에어 스프레이건(Air Spray Gun)

에어컴프레서에서 나오는 압축공기로 스프레이작업을 한다. 공기의 압력이 높아 도료를 미세하게 분사할 수 있어 도장작업용으로 많이 쓰인다. 도장 외에도 공기를 이용하여 청소용도로 사용할 수 있다.

(a) 흡상식

(b) 중력식

그림 4-103. 에어 스프레이건

[27] 산소용접기

[28] 스포트 용접기

[29] 알곤 용접기

[30] 인버터 용접기

[31] CO_2 용접기

그림 4-104. 산소용접기

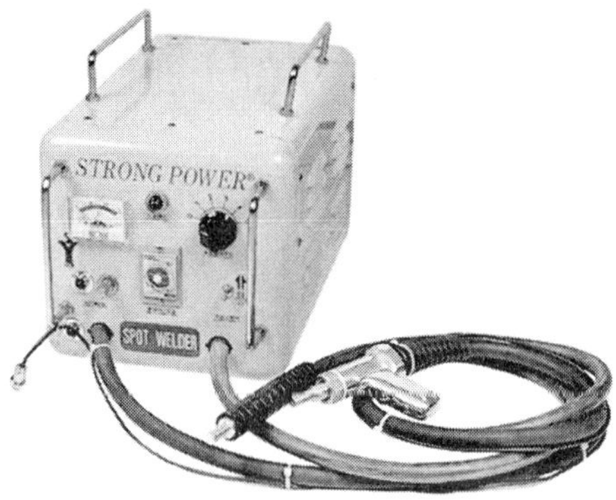

그림 4-105. 스포트 용접기

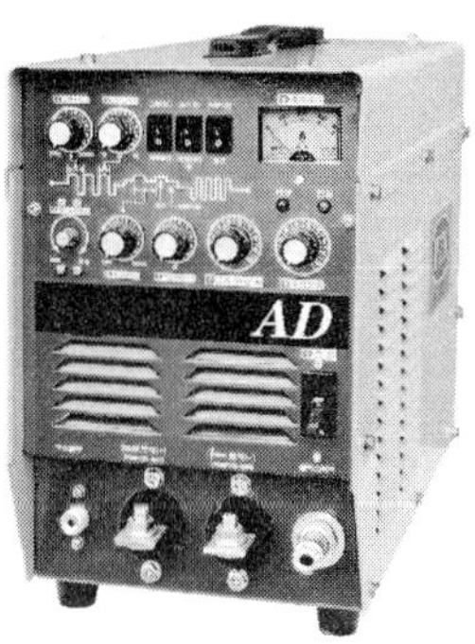

그림 4-106. 알곤 용접기

그림 4-107. 인버터 용접기

그림 4-108. CO_2 용접기

4.2. 자동차 차체의 명칭

[1] 팬더

[2] 시트 크로스멤버

[3] 라디서포트 멤버

[4] 리어 크로스 멤버

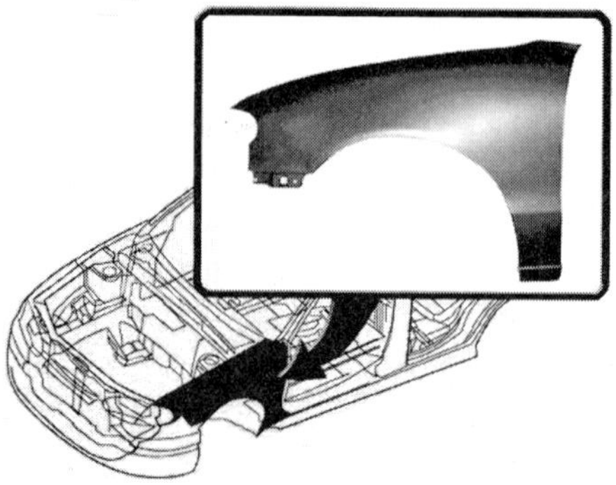

그림 4-109. 팬더

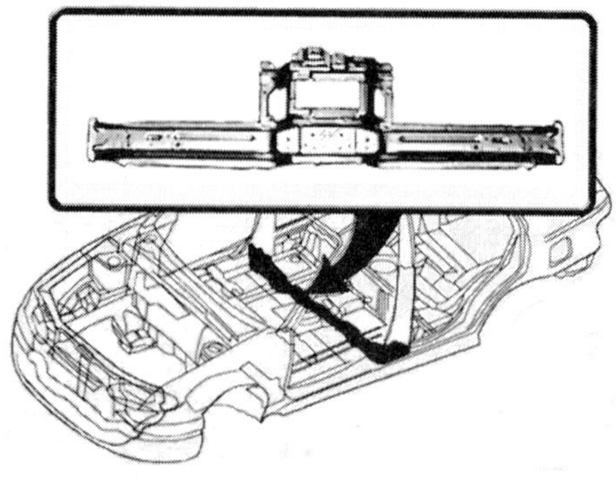

그림 4-110. 시트 크로스멤버

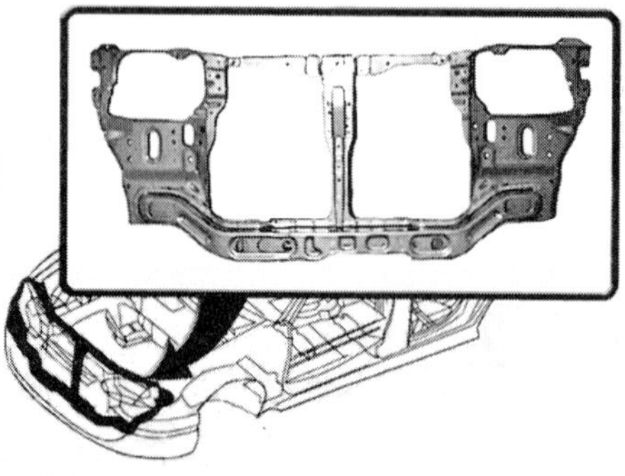

그림 4-111. 라디서포트 멤버

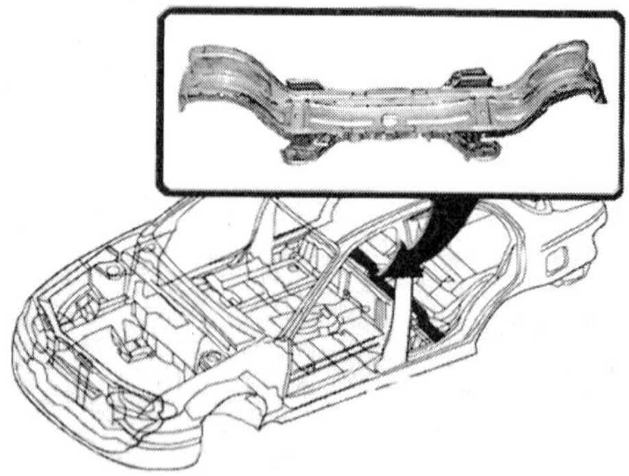

그림 4-112. 리어 크로스멤버

[5] 플로어패널

[6] 프런트필러(A필러)

[7] 센터필러(B필러)

[8] 리어필러(C필러)

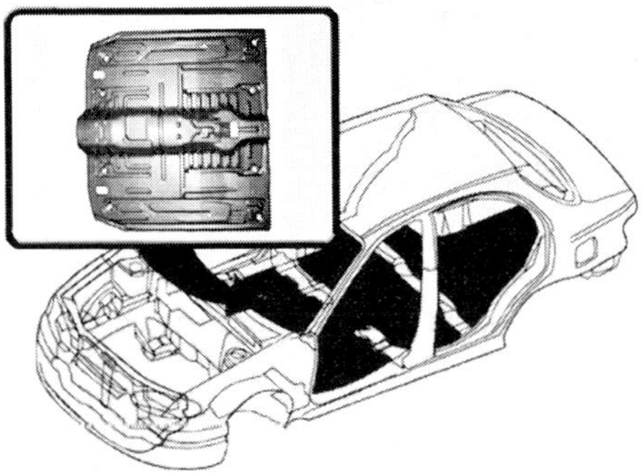

그림 4-113. 플로어패널

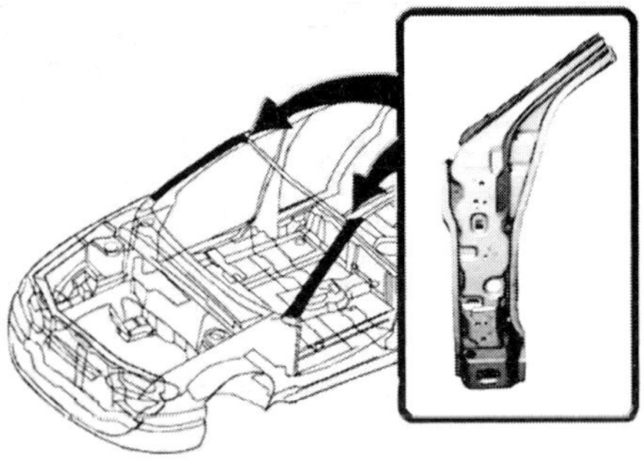

그림 4-114. 프런트필러(A필러)

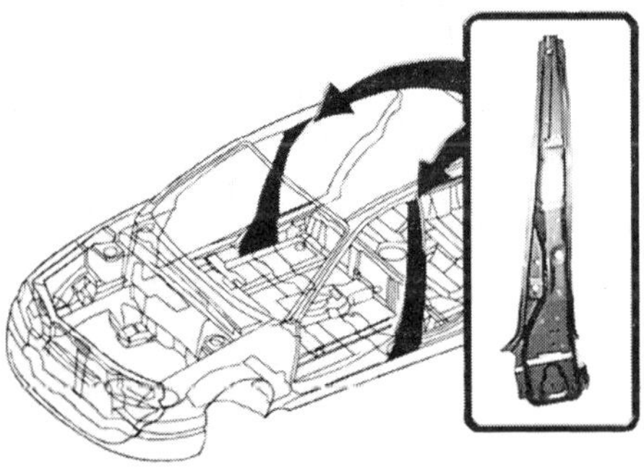

그림 4-115. 센터필러(B필러)

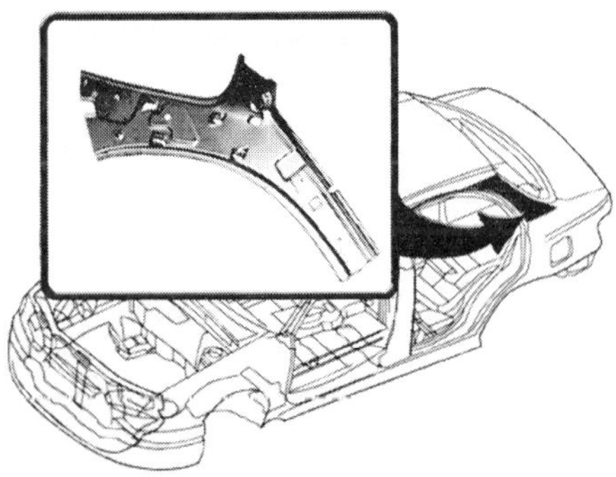

그림 4-116. 리어필러(C필러)

[9] 대쉬패널

[10] 井자프레임

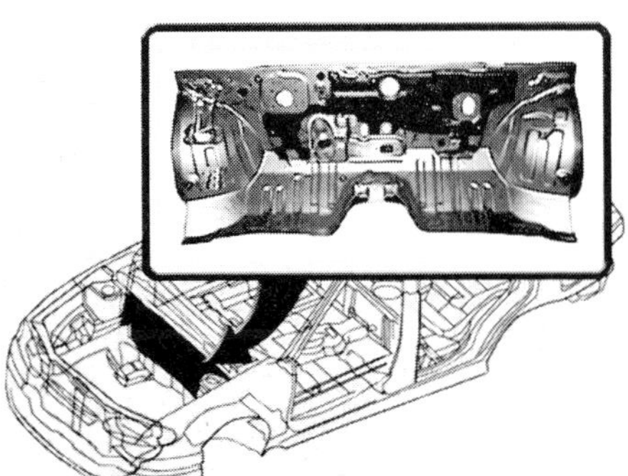

그림 4-117. 대쉬패널

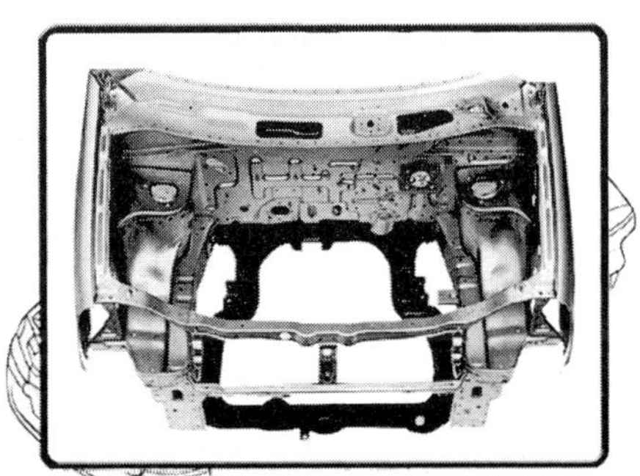

그림 4-118. 井자프레임

[11] 쿼터패널

[12] 루프패널

[13] 휠 하우스

[14] 범퍼

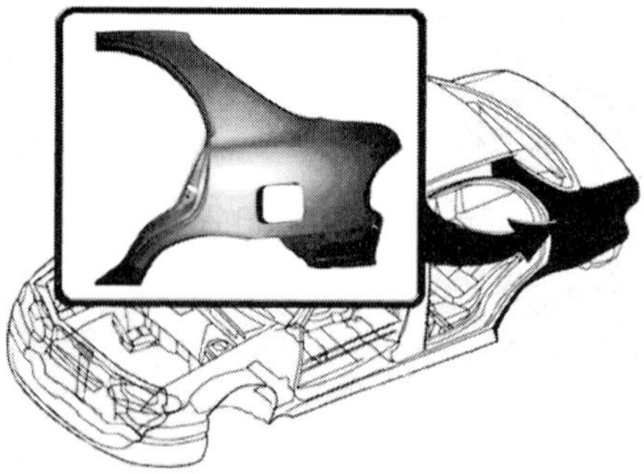

그림 4-119. 쿼터패널

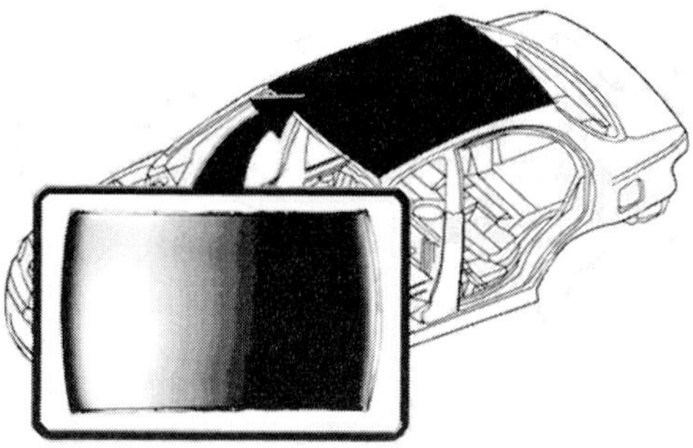

그림 4-120. 루프패널

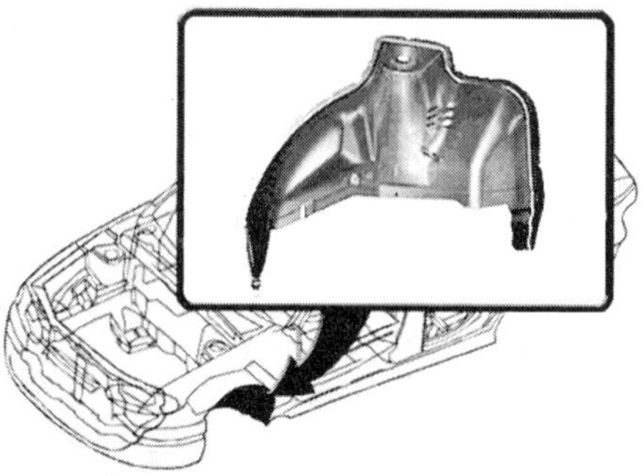

그림 4-121. 휠 하우스

그림 4-122. 범퍼

[15] 라디에이터 그릴

[16] 몰딩

[17] 도어 힌지

[18] 도어 첵커

그림 4-123. 라디에이터 그릴

그림 4-124. 몰딩

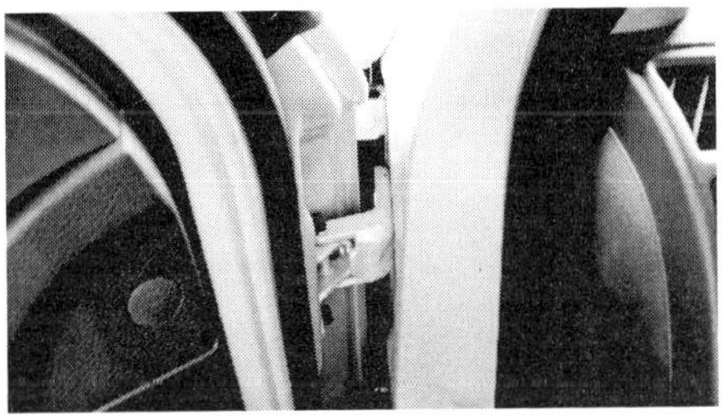

그림 4-125. 도어 힌지

그림 4-126. 도어 첵커

[19] 도어 래치

[20] 스트라이트

그림 4-127. 도어 래치

그림 4-128. 스트라이트

[21] 도어 아웃사이드 핸들

[22] 도어 인사이드 핸들

[23] 도어 밀러

[24] 트렁크 리드

그림 4-129. 도어 아웃사이드 핸들

그림 4-130. 도어 인사이드 핸들

그림 4-131. 도어 밀러

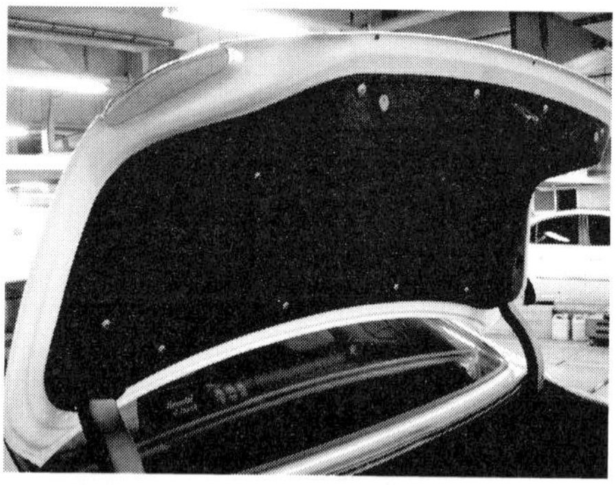

그림 4-132. 트렁크 리드

PART II

자동차 기초

- 자동차 엔진
- 자동차 전기
- 자동차 섀시

Automotive Primary Practice

CHAPTER 01

자동차 엔진

1. 자동차 엔진 일반

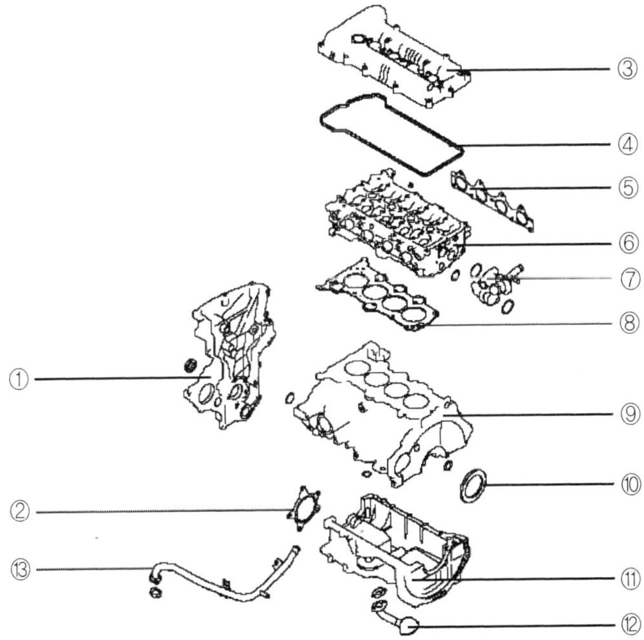

① 타이밍벨트 커버(timing belt cover)
② 워터펌프 개스킷(water pump gasket)　③ 로커 암 커버(rocker arm cover)
④ 로커 암 커버 개스킷(rocker arm cover gasket)
⑤ 배기장치 매니폴드 개스킷(exhaust manifold gasket)
⑥ 실린더헤드(cylinder head)　⑦ 서모스탯 하우징(thermostat housing)
⑧ 실린더헤드 개스킷(cylinder head gasket)
⑨ 실린더블록(cylinder block)　⑩ 오일 실(oil seal)
⑪ 오일 팬(oil pan)　⑫ 오일 스크린(oil screen)
⑬ 히터호스(히터 파이프)(heater hose(heater pipe))

그림 1-1. 엔진의 구조

1.1. 실린더헤드(Cylinder Head)

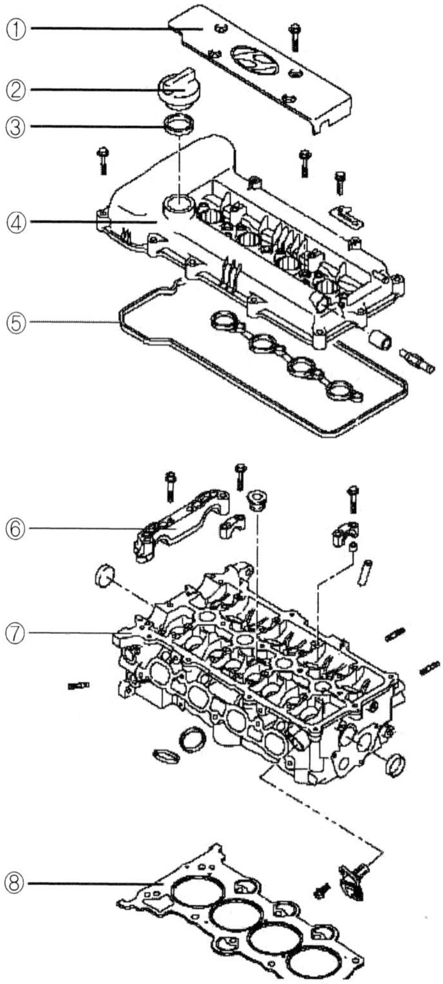

① 스파크플러그 커버(spark plug cover)
② 오일필러 캡(oil filler cap)
③ 오일필터 캡 패킹(리테이너)(oil filler cap packing(retainer))
④ 실린더헤드 커버(cylinder head cover)
⑤ 실린더헤드 커버 개스킷(cylinder head cover gasket)
⑥ 플랜지(flange)
⑦ 실린더헤드(cylinder head)
⑧ 실린더헤드 개스킷(cylinder head gasket)

그림 1-2. 실린더헤드

[1] 스파크플러그 커버(Spark Plug Cover)

엔진에 장착된 스파크플러그와 고압케이블인 하이텐션 케이블 등에 이물질 등이 들어가지 않도록 하고 엔진 위부분의 미관 등을 고려하여 스파크플러그 위 부분을 덮는 커버를 말한다.

[2] 오일필러 캡(Oil Filler Cap)

엔진오일을 교환할 경우 엔진내부에 오일을 주입하기 위해 설치한 일종의 마개로서 엔진오일 주유구 캡이라고도 부른다.

[3] 오일필러 캡 패킹(Oil Filler Cap Packing, 리테이너 : Retainer)

오일 실 혹은 오일 리테이너라고도 부르는데 금속과 금속이 단는 면은 아무리 강하게 조여도 틈이 생겨 기밀유지가 안 되므로 고무제품을 이용하여 만든 일종의 개스킷과 같은 역할을 하는 패킹을 말한다.

[4] 실린더헤드 커버(Cylinder Head Cover)

실린더헤드 위를 덮는 커버를 말한다. 실린더헤드에 이물질 등이 들어가지 않도록 하여 밸브기구를 보호하기 위한 커버이다. 로커 암 커버라고도 한다.

[5] 실린더헤드 커버 개스킷(Cylinder Head Cover Gasket)

실린더헤드와 실린더헤드 커버사이의 기밀을 유지하여 엔진오일이 누유되지 않도록 설치하는 개스킷을 말한다.

[6] 플랜지(Flange)

캠축을 설치하기 위해 지지하는 부품으로 볼트 등을 이용하여 고정하기 위한 부분이다.

[7] 실린더헤드(Cylinder Head)

실린더헤드는 실린더블록 위에 설치된다. 실린더헤드는 2000℃의 고온과 30kgf/cm^2를 넘는 고압의 상태로 되기 때문에 열전도성이 높으며 냉각효과가 높은 것이 요구된다. 그러므로 재질은 알루미늄 합금제가 주류로 되어있다. 그리고 실린더블록과 마찬가지로 냉각수의 통로와 엔진오일의 통로가 설치되어 있다. 피스톤이 가장 높은 위치에 있을 때 피스톤 윗면과 실린더헤드 그리고 실린더블록의 일부에 의하여 구성되는 부분이 연소실이다.

이 공간에서 혼합기가 점화되며, 흡입·배기통로를 개폐하는 밸브기구와 스파크플러그, 인젝터가 설치되어 있다.

[8] 실린더헤드 개스킷(Cylinder Head Gasket)

헤드 개스킷은 실린더헤드와 블록의 접합면사이에 끼워져 양면을 밀착시켜서 압축가스, 냉각수 및 엔진오일이 누출되는 것을 방지하기 위하여 사용되며, 현재는 금속재의 메탈 개스킷이 주류이다. 일반적으로 보통 개스킷과 스틸 개스킷, 스틸 베스트 개스킷 3종류가 주류를 이루고 있다.

1.2. 실린더블록 & 오일 팬(Cylinder Block & Oil Pan)

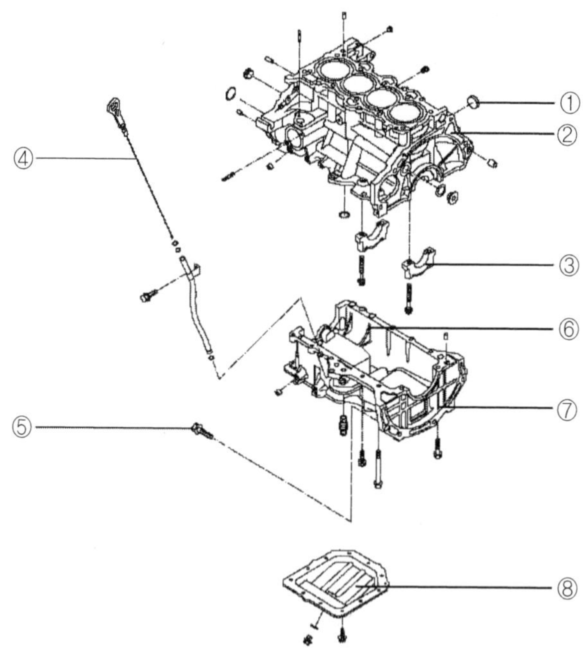

① 코어 플러그(실링 캡)(core plug(sealing cap)) ② 실린더블록(cylinder block)
③ 크랭크샤프트 메인저널 베어링 캡(crank shaft main journal bearing cap)
④ 오일레벨 게이지(oil level gauge)
⑤ 오일레벨 게이지 가이드(oil level gauge guide)
⑥ 오일팬 리브(oil pan rib) ⑦ 오일팬(oil pan)
⑧ 오일팬 로우 커버(oil pan low cover)

그림 1-3. 실린더블록 & 오일 팬

[1] 코어 플러그(Core Plug, 실링 캡 : Sealing Cap)

실린더블록을 주조하기 위하여 모래나 왁스 등을 이용하여 냉각수 통로 등을 만들기 위하여 코어를 만들고 이곳에 주철을 부어 냉각을 시킨 후 냉각수 통로인 워터재킷에 있는 코어를 빼내기 위해 만들어진 구멍을 말한다. 이곳을 연강판을 이용하여 막아 겨울철에 실린더가 동파되는 것을 방지하는 역할도 한다.

[2] 실린더블록(Cylinder Block)

주철이나 알루미늄합금으로 만들어진 엔진의 중심이 되는 부분으로서 주철제는 그대로 피스톤을 넣는 실린더로 되어 있으며, 알루미늄합금으로 만들어져 있을 경우에는 원통형 구멍에 실린더 라이너가 압입 또는 주입되어 있는 것이 일반적이다. 실린더블록과 함께 실린더헤드와 크랭크케이스가 부착되어 있으며, 이 3가지로 엔진의 본체를 구성한다.

[3] 메인저널 베어링 캡(Main Journal Bearing Cap)

메인저널은 크랭크축의 회전중심을 형성하는 축 부분으로 이 메인 저널부분에 베어링이 설치되고 크랭크축의 원활한 회전을 돕고 고정을 시켜주기 위해 설치된 캡을 말한다.

[4] 오일 레벨게이지(Oil Level Gauge)

유면 표시기라고도 부르며 오일 레벨게이지는 오일팬에 저장되어 있는 오일량 및 오염상태를 점검하기 위하여 MAX(F : FULL)와 MIN(L : LOW)의 눈금이 표시되어 있는 금속막대로 정상적인 오일 량은 MAX선에 가까이 있어야 한다.

[5] 오일 레벨게이지 가이드(Oil Level Gauge Guide)

오일 레벨게이지를 안내하거나 이탈을 방지하기 위하여 실린더블록에 볼트로 고정되어 있는 튜브이다.

[6] 오일 팬 리브(Oil Pan Rib)

오일 팬은 변형되거나 파손될 우려가 있어 오일 팬 각 부분에 굴곡을 주거나 돌출 부분을 임으로 코너부분 등에 기둥과 같은 것을 제작하여 설치한 것을 말한다.

[7] 오일 팬(Oil Pan)

오일 팬은 실린더블록의 하단부에 개스킷을 사이에 두고 조립되어 엔진에 사용되는 오일을 저장 및 냉각작용을 한다. 오일 팬에는 측면에 오일을 교환할 때 오일을 배출시키기 위한 드레인 플러그가 설치되어 있으며, 드레인 플러그 중앙에는 금속분말을 침전시키기 위한 영구자석이 설치되어 있는 것도 있다.

또한 자동차가 출발 또는 제동 시에 오일의 유동을 방지하기 위하여 칸막이(배플)가 설치되어 있으며, 자동차가 등판주행 시에 엔진의 오일이 충분히 고여 있도록 하기 위해서 섬프가 설치되어 충분한 오일이 공급되도록 한다.

[8] 오일 팬 로우 커버(Oil pan Low Cover)

도로를 주행할 때 요철부분 도로나 돌 등에 파손을 방지할 목적으로 오일 팬 아래 부분에 설치한 보호판을 말한다.

1.3. 피스톤, 크랭크샤프트 & 플라이휠(Piston, Crank Shaft & Fly Wheel)

[1] 컴프레서 1번 링(Com Pression 1 No Ring, 압축 1번 링)

피스톤 링은 금속제 링의 일부를 잘라서 탄성을 유지하며, 피스톤 링은 2~3개의 압축 링과 1~2개의 오일 링(oil ring)이 피스톤의 링 홈(ring groove)에 설치된다. 피스톤 1번 링은 압축행정 및 폭발행정에서 가스의 누출을 방지하는 기밀작용을 한다.

피스톤 링에는 오일의 흡수력이 좋은 주석 또는 흑연을 도금하여 사용한다. 크롬 도금한 피스톤 링은 크롬 도금한 실린더에 사용하지 않는다. 내마멸성을 향상시키기 위하여 크롬 도금한 피스톤 링은 톱 링에 사용한다.

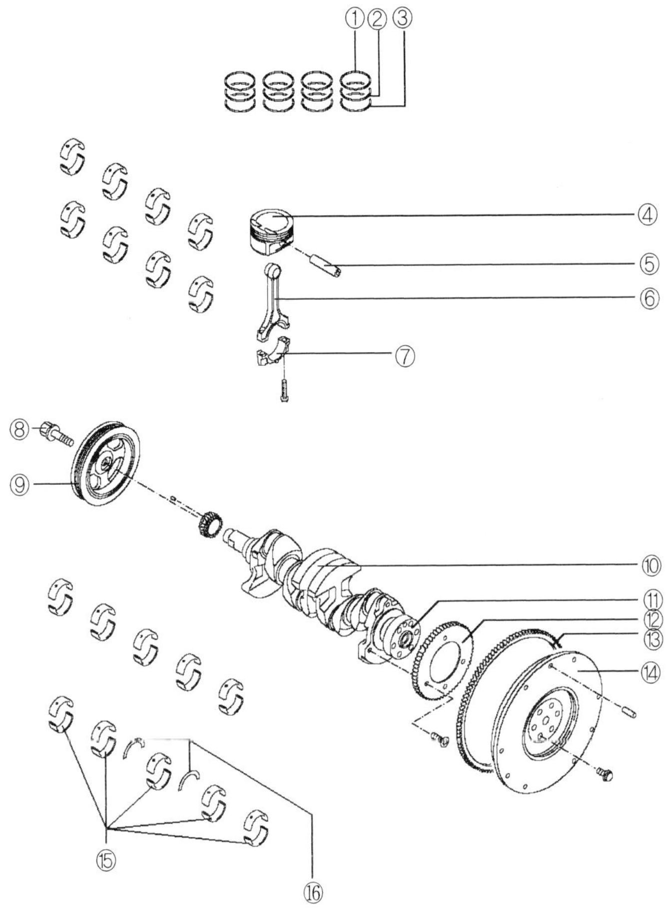

① 컴프레서 1번 링(압축 1번 링)(com pression 1 No ring)
② 컴프레서 2번 링(압축 2번 링)(com pression 2 No ring)
③ 오일 링(oil ring) ④ 피스톤(piston)
⑤ 피스톤 핀(piston pin) ⑥ 커넥팅로드(connecting rod)
⑦ 커넥팅로드 베어링 캡(connecting rod bearing cap)
⑧ 크랭크샤프트 풀리 볼트(crank shaft pulley bolt)
⑨ 크랭크샤프트 풀리(crank shaft pulley) ⑩ 크랭크샤프트(crank shaft)
⑪ 크랭크샤프트 플랜지(crank shaft flange)
⑫ 크랭크샤프트 포지션센서 휠(crank shaft position sensor wheel)
⑬ 플라이휠 링 기어(fly wheel ring gear) ⑭ 플라이휠(fly wheel)
⑮ 크랭크샤프트 메인저널 베어링(crank shaft main journal bearing)
⑯ 크랭크샤프트 스러스트 베어링(crank shaft thrust bearing)

그림 1-4. 피스톤, 크랭크샤프트 & 플라이휠

[2] 컴프레서 2번 링(Com Pression 2 No Ring, 압축 2번 링)

2번 링은 실린더 벽에 비산된 오일을 긁어내려 여분의 오일이 연소실에 유입되지 않도록 하는 오일 제어작용, 피스톤헤드에 받는 열을 실린더 벽에 전달하는 열전도 작용(냉각작용)을 한다.

[3] 오일 링(Oil Ring)

실린더 벽에 비산되는 오일을 긁어내려 연소실로 침입하지 못하도록 하는 링으로 드릴형과 슬롯형, 레이디어스 슬롯형, 웨지 슬롯형, U-플렉스형, 익스팬더 링이 사용되고 있는데, U-플렉스형과 익스팬더 링이 주로 사용된다.

[4] 피스톤(Piston)

피스톤은 실린더 내를 왕복운동하며 동력행정에서 고온(1,500~2,000℃)과 고압(35~45kgf/cm^2)의 가스압력을 받아 커넥팅로드를 통해 크랭크축에 회전력을 발생시키는 일을 한다. 또한 피스톤은 고온, 고압 하에서 약 20(m/s)의 왕복운동을 하므로 실린더 벽과 큰 마찰이 생기므로 가혹한조건 등에 견딜 수 있는 내구성이 뛰어난 재질로 제작되어야 한다.

[5] 피스톤 핀(Piston Pin)

피스톤 핀은 피스톤 보스부에 설치되어 피스톤과 커넥팅로드를 연결하는 핀으로 피스톤이 받는 큰 힘을 커넥팅로드를 통하여 크랭크축에 전달하며 피스톤과 함께 실린더 내를 왕복운동한다.

[6] 커넥팅로드(Connecting Rod)

커넥팅로드는 피스톤과 크랭크축을 연결하여 피스톤의 왕복운동을 크랭크축의 회전운동으로 바꿀 수 있도록 피스톤이 받는 폭발력을 크랭크축에 전달하는 역할을 한다. 커넥팅로드는 대단부와 소단부로 구성되며, 로드는 I형 단면으로 된 것이 많고 윤활을 위한 오일통로가 마련되어 있다.

[7] 커넥팅로드 베어링 캡(Connecting Rod Bearing Cap)

커넥팅로드의 대단부와 크랭크샤프트 핀 저널을 고정시켜 원활한 회전이 이뤄지도록 고정시켜주는 캡으로 특수볼트인 리머 볼트에 너트로 캡을 고정시켜주는 작용을 한다.

[8] 크랭크샤프트 풀리 볼트(Crank Shaft Pulley Bolt)

크랭크샤프트 풀리를 크랭크샤프트에 고정시켜 주는 볼트를 말한다.

[9] 크랭크샤프트 풀리(Crank Shaft Pulley)

크랭크축의 끝에 설치되어 있는 풀리로 여기에 벨트를 걸어 발전기, 워터펌프, 파워 스티어링 펌프, 에어컨 등의 보조 기계를 구동한다.

[10] 크랭크샤프트(Crank Shaft)

피스톤의 왕복운동을 회진운동으로 바꾸는 기능을 한다. 구조는 크랭크 핀, 크랭크 암, 크랭크저널 등이 일체로 되어 있고 회전균형을 유지하기 위한 크랭크 암에 밸런스 웨이트가 부착되어 있다.

또한 크랭크축의 뒤쪽에는 플라이휠을 설치하기 위한 플랜지가 마련되어 있고 앞쪽에는 캠축을 구동하기 위한 타이밍기어, 타이밍 스프로킷과 크랭크 풀리가 부착된다. 크랭크축 내부에는 커넥팅로드 베어링에 오일을 공급하는 오일통로가 뚫려 있어 메인 베어링에 공급되는 오일의 일부가 오일통로를 통하여 압송된다.

[11] 크랭크샤프트 플랜지(Crank Shaft Flange)

플라이휠을 고정하기 위해 크랭크샤프트 뒤 부분에 약간 폭이 넓게 제작된 부분을 말한다.

[12] 크랭크샤프트 포지션센서 휠(Crank Shaft Position Sensor Wheel)

크랭크샤프트 포지션센서는 크랭크샤프트 앵글센서라고도 부르는데 기관의 회전수를 ECU로 입력하는 장치이다.

ECU가 장착된 전자제어 연료분사방식의 차량에서는 ECU가 연료 분사량을 결정하여 엔진 내 연료를 분사하기 위해서는 엔진 회전속도와 엔진 내 흡입되는 공기량 신호가 입력되어야 한다. ECU로 입력된 이 두 신호로 엔진 내 분사할 기본 연료 분사량을 결정하게 된다.

또한 엔진 회전속도 신호는 엔진의 점화시기 결정에도 중요한 역할을 하게 된다. 그러므로 엔진의 회전수 신호가 정상적으로 ECU로 입력되지 않을 경우 ECU는 정상적인 연료분사와 점화시기를 결정하지 못하게 됨으로써 엔진의 시동은 꺼지게 된다. ECU로 입력되는 많은 신호 중에서 엔진 회전수 신호가 가장 중요한 신호라고 할 수 있다. 크랭크축과 함께 센서 휠이 회전하면, 센서코일의 자속이 변화하고, 따라서 교류전압이 유도되어 엔진의 회전수를 ECU로 입력하는 장치가 바로 크랭크 앵글센서이다.

[13] 플라이휠 링 기어(Fly Wheel Ring Gear)

엔진 시동을 걸기 위해 플라이 휠 외부에 설치된 링 기어는 스타팅 모터를 이용하여 작동시키게 된다.

[14] 플라이휠(Fly Wheel)

플라이휠은 엔진의 주기적 변동 하중으로 인한 회전속도의 불 균일을 방지하고, 클러치 마찰 면으로 이용된다. 또한 링 기어가 설치되어 엔진을 기동하게 한다.

[15] 크랭크샤프트 메인저널 베어링(Crank Shaft Main Journal Bearing)

엔진에 사용되는 베어링은 여러 가지가 있으나 커넥팅로드 대단부와 소단부 및 크랭크축저널에 사용되는 베어링을 일반적으로 기관베어링이라 한다. 기관베어링은 축의 표면과 베어링 내면과 면 접촉으로 미끄럼운동을 하는 평면 베어링이 사용되며 크랭크축의 저널부분과 크랭크 핀부분에는 일반적으로 분할형(split type)을 사용하고 커넥팅로드 소단부나 캠축의 저널부분은 원통형의 삽입식 베어링인 부시형(bushing type)이 사용된다.

[16] 크랭크샤프트 스러스트 베어링(Crank Shaft Thrust Bearing)

스러스트 베어링은 크랭크축을 지지하는 중앙부분의 상하 메인베어링 또는 뒤쪽 끝 상하 메인베어링 측면에 설치되어 축방향의 하중을 받는 베어링으로 축방향 움직임(end play)을 방지하는 역할을 한다.

소형자동차의 엔진에는 메인베어링 측면에 돌기부와 같이 제작하는 일체형 스러스트 베어링이 사용되며, 대형 자동차의 엔진에는 메인베어링과 축방향 하중을 받는 베어링으로 분류되어 있는 스러스트 와셔가 사용된다.

1.4. 타이밍체인 & 밸브장치(Timing Chain & Valve Gear)

[1] 타이밍 체인(Timing Chain)

자동차 엔진의 동력 전달방식은 크게 벨트타입과 기어물림 타입, 그리고 체인타입이 있는데, 크랭크샤프트와 캠 샤프트 앞 끝에 스프로킷(sprocket)을 설치하고 그 사이를 타이밍벨트 대신에 체인을 사용하여 캠 샤프트를 구동하는 방식으로서 타이밍벨트와 다른 점은 고무를 재질로 사용하는 것이 아니라 체인을 사용한다는 점이다. 타이밍 체인으로 롤러체인과 사일런트 체인이 사용된다.

[2] 타이밍 체인 가이드(Timing Chain Guide)

실린더블록에 설치되어 타이밍 체인의 원활한 작동을 안내해주는 작용을 한다.

[3] 텐셔너 암(Tensioner Arm)

타이밍 체인의 장력을 자동으로 조절해주는 작용을 하는 텐셔너를 장착하는 부품을 말한다.

[4] 타이밍 체인 텐셔너(Timing Chain Tensioner)

타이밍체인의 장력을 자동으로 조절하여 늘어짐을 조절해 주는 부품을 말한다.

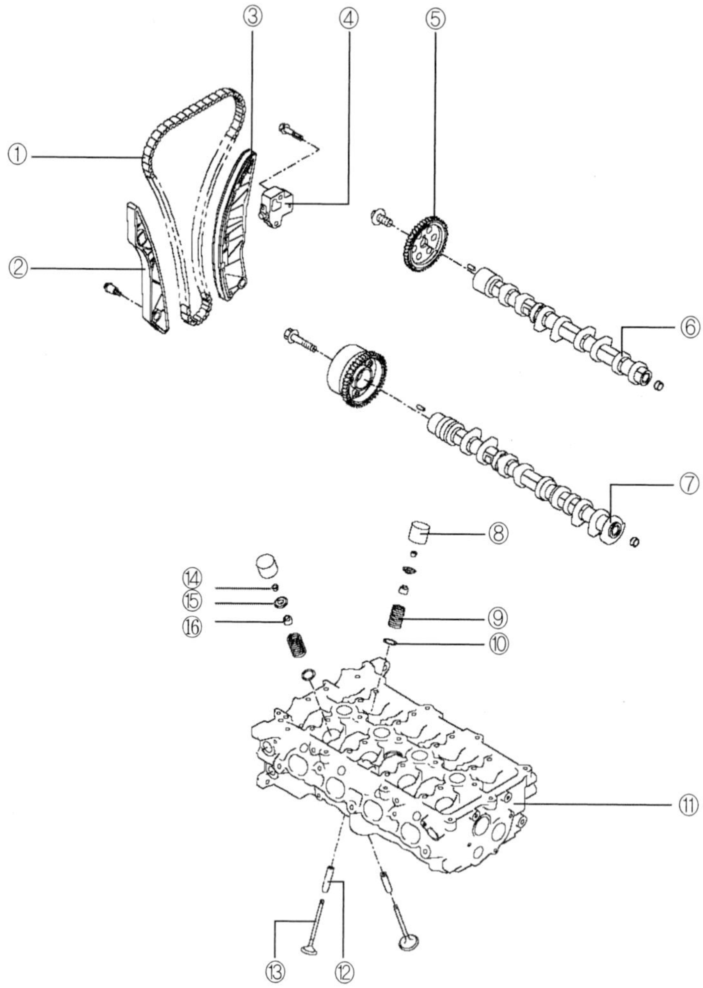

① 타이밍체인(timing chain)
② 타이밍체인 가이드(timing chain guide)
③ 텐셔너 암(tensioner arm)
④ 타이밍체인 텐셔너(timing chain tensioner)
⑤ 캠 샤프트 스프로켓(cam shaft sprocket)
⑥ 배기 캠 샤프트(exhaust cam shaft) ⑦ 흡기 캠 샤프트(intake cam shaft)
⑧ 하이드로릭 태핏(hydraulic tappet) ⑨ 밸브스프링(valve spring)
⑩ 밸브스프링 시트(valve spring seat) ⑪ 실린더헤드(cylinder head)
⑫ 밸브 가이드(valve guide) ⑬ 밸브(valve)
⑭ 밸브스프링 리테이너 록(valve spring retainer lock)
⑮ 밸브스프링 리테이너(valve spring retainer)
⑯ 밸브 스템 실(valve stem seal)

그림 1-5. 타이밍체인 & 밸브장치

[5] 캠 샤프트 스프로켓(Cam Shaft Sprocket)

타이밍체인의 회전을 캠 샤프트로 구동시켜주는 부품으로 캠 샤프트에도 사용되지만 크랭크샤프트에도 스프로켓이 설치되어 있다.

[6] 배기 캠 샤프트(Exhaust Cam Shaft)

DOHC엔신에서 캠이 배열되어 있는 축으로 배기밸브를 작동시키거나 배기밸브용 리프트를 작동시키는 캠 샤프트를 말한다.

[7] 흡기 캠 샤프트(Intake Cam Shaft)

DOHC엔진에서 캠이 배열되어 있는 축으로 흡기밸브를 작동시키거나 흡기밸브용 리프트를 작동시키는 캠 샤프트를 말한다.

[8] 하이드로릭 태핏(Hydraulic Tappet)

하이드로릭 태핏(hydraulic lifter)을 유압식 밸브 리프터라고도 부르는데 벨브간격이 부품의 온도차나 열팽창에 따라 달라지는 것을 자동적으로 알맞게 유지될 수 있도록 하며 항상 밸브 틈새를 0(제로)으로 유지하므로 제로래시 밸브 리프터(zero lash valve lifter)라고도 한다.

[9] 밸브스프링(Valve Spring)

밸브스프링은 밸브가 닫혀 있는 동안 밸브시트에 밀착시켜 압축가스가 누설되지 않도록 하며 밸브가 캠(cam)의 작동으로 열렸다가 닫힐 때 스프링의 장력으로 신속하게 닫히게 하는 역할을 한다.

[10] 밸브스프링 시트(Valve Spring Seat)

흡기 및 배기밸브가 안전하게 설치되는 실린더헤드 부분을 말한다.

[11] 실린더헤드(Cylinder Head)

실린더헤드는 실린더블록 위에 실린더헤드 개스킷(cylinder head gasket)을 사이에 두고 헤드볼트로 고정된다. 실린더헤드의 안쪽 면은 연소실을 형성하며 외부에는 흡기다기관과 배기다기관, 점화플러그 및 밸브기구가 설치되어 있다.

[12] 밸브 가이드(Valve Guide)

밸브의 밀착이 잘되도록 밸브 스템을 안내하는 역할을 하며 실린더헤드나 블록에 구멍을 뚫어 가이드로 만든 직접식과 주철제로 가이드를 만들어 압입하여 사용하는 교환식이 있다.

[13] 밸브(Valve)

흡기밸브와 배기밸브는 실린더헤드의 연소실에 마련된 흡기와 배기구멍을 각각 개폐하여 공기 또는 혼합기를 들여보내고 연소가스를 배출하는 일을 한다. 밸브는 1개의 실린더에 흡입밸브와 배기밸브가 각각 1개 또는 2개씩 설치되어 있으며 자동차용 엔진에는 일반적으로 포핏밸브(poppet valve)가 사용되며 캠축 등으로 구성된 밸브기구에 의해 작동된다.

[14] 밸브스프링 리테이너 록(Valve Spring Retainer Lock)

밸브스프링은 실린더헤드 또는 블록과 스프링 리테이너사이에 끼워진다. 리테이너 록은 원뿔형의 것이 주로 사용되며 리테이너 록 홈에 끼워져 밸브스프링을 고정하고 밸브 작동시 밸브와 함께 운동한다.

[15] 밸브스프링 리테이너(Valve Spring Retainer)

밸브스프링 리테이너는 밸브스프링을 밸브 스템에 고정시키는 부품으로 밸브스프링의 하단부는 실린더헤드에 고정되고 상단부는 리테이너를 리테이너 록에 의하여 밸브 스템에 고정하는 장치를 말 한다.

[16] 밸브 스템 실(Valve Stem Seal)

실린더헤드에 설치된 밸브가이드에서 왕복 작용하는 밸브 스템부분에 엔진오일이 연소실로 침입하지 못하도록 하기 위하여 밸브 스템부분의 오일을 긁어주는 작용을 하는 실로서 밸브가이드 고무라고도 부른다.

1.5. 윤활장치(Lubricating Device)

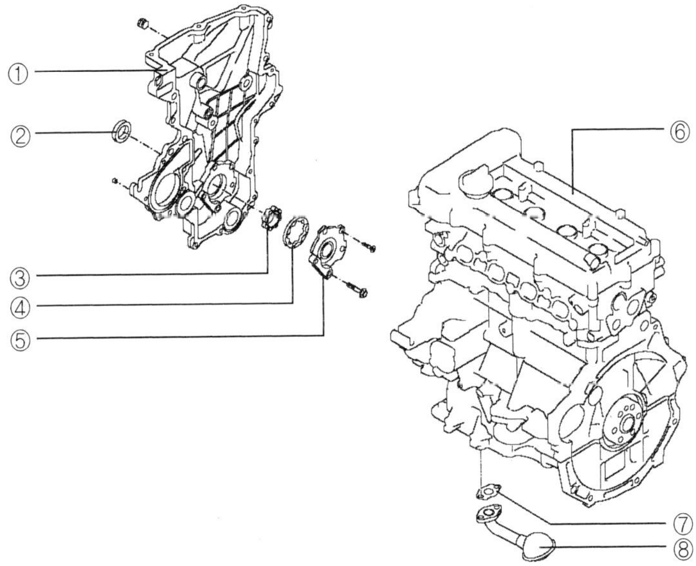

① 타이밍벨트 로워 커버(timing belt lower cover)
② 오일 실(oil seal)
③ 오일펌프 이너 로터(oil pump inner rotor)
④ 오일펌프 아웃터 기어(oil pump outer gear)
⑤ 오일펌프 커버(oil pump cover)
⑥ 엔진(engine)
⑦ 오일 스트레이너 개스킷(oil strainer gasket)
⑧ 오일 스트레이너(oil strainer, 오일 스크린 : oil screen)

그림 1-6. 윤활장치

[1] 타이밍벨트 로워 커버(Timing Belt Lower Cover)

타이밍벨트는 피스톤을 왕복 운동시키고 실린더헤드의 밸브를 여닫기 위해 크랭크 샤프트와 캠 샤프트를 연결하는 구동벨트로서 엔진의 핵심 벨트라고 할 수 있다.

타이밍벨트 종류에는 고무벨트, 체인, 기어방식이 있으나, 승용차에는 고무벨트방식의 타이밍벨트를 많이 사용했다.

최근에 와서는 일부 차량에 체인식을 사용하기도 하지만 고무벨트방식은 소음이 적어 조용하나 일정기간 주행을 하면 벨트의 장력완화, 경화 등으로 파손될 소지가 있어 주기적으로 교체를 해줘야 하기 때문에 점검할 때 타이밍벨트를 점검하기 쉽도록 하기 위해 일체로 만들어졌던 커버를 분리가 가능하도록 위에 설치되는 어퍼 커버와 아래 부분에 설치되는 커버를 말한다.

[2] 오일 실(Oil Seal)

크랭크샤프트를 통해 엔진오일이 누유되는 것을 예방하기 위해 설치한 실을 말한다.

[3] 오일펌프 이너 로터(Oil Pump Inner Rotor)

오일펌프는 오일 팬(섬프)에 저장되어 있는 오일을 빨아올려 엔진 각부로 보내는 장치이다. 로터리펌프(rotary pump) 케이스 내에는 두 개의 로터가 편심되어 설치되어 작용하는데 안쪽에 있는 로터로 크랭크샤프트에 의해 구동된다. 로터리펌프는 안쪽 로터의 이수가 바깥쪽 로터의 이수보다 1개가 적으며 소형화가 가능하여 가장 많이 사용된다.

[4] 오일펌프 아웃터 기어(Oil Pump Outer Gear)

로터리펌프(rotary pump) 케이스 내에는 두 개의 로터가 편심되어 설치되어 작용하는데 바깥쪽에 있는 로터를 말한다.

[5] 오일펌프 커버(Oil Pump Cover)

오일펌프를 보호하는 커버를 말한다.

[6] 엔진(Engine)

엔진(Engine)은 자동차가 주행하는데 필요한 동력을 만들어내는 장치로서 자동차용 엔진으로는 사용연료에 따라 가솔린엔진, 디젤엔진, LPG엔진, CNG엔진, 알콜 엔진, 수소가스 엔진 등으로 구분할 수 있다. 엔진은 엔진본체와 윤활장치, 냉각장치, 연료장치, 흡・배기장치, 시동장치, 점화장치, 충전장치 등 여러 부속장치로 구성되어 있다.

[7] 오일 스트레이너 개스킷(Oil Strainer Gasket)

오일 스트레이너는 오일 팬의 오일 속에 항상 잠겨 있으며 오일 팬에 있는 비교적 굵은 입자의 불순물을 여과하며 얇은 철망으로 되어 있다. 오일 스트레이너를 실린더 블록과 연결 고정할 때 오일이 누유되는 것을 방지하기 위하여 설치되는 개스킷을 말한다.

[8] 오일 스트레이너(오일 스크린)(Oil Strainer(Oil Screen))

오일 스트레이너는 오일 팬의 오일 속에 항상 잠겨 있으며 오일 팬에 있는 비교적 굵은 입자의 불순물을 여과하며 얇은 철망으로 되어 있다. 오일 철망을 오일 스크린이라고도 부른다.

1.6. 엔진 마운팅(Engine Mounting)

[1] 서브 프레임(Sub Frame)

서브 프레임을 크로스멤버(cross member)라고도 부른다. FF차에서는 엔진과 트랜스액슬, 디퍼렌셜 기어가 일체로 되어 있다. 이 유닛을 차체로부터 떼어낸 크로스멤버에 방진지지하고 크로스멤버를 차체에 러버 마운트로 장착하여 진동소음을 2중으로 절연하여 실내의 진동 소음전달을 저감한다.

[2] 엔진 마운팅 브래킷(Engine Mounting Bracket)

공회전과 통상 주행 시의 엔진의 진동 감소 및 가감속시와 변속시의 쇼크나 시동이 나쁠 때 진동을 감소시켜 양호한 운전 감을 얻게 한다.

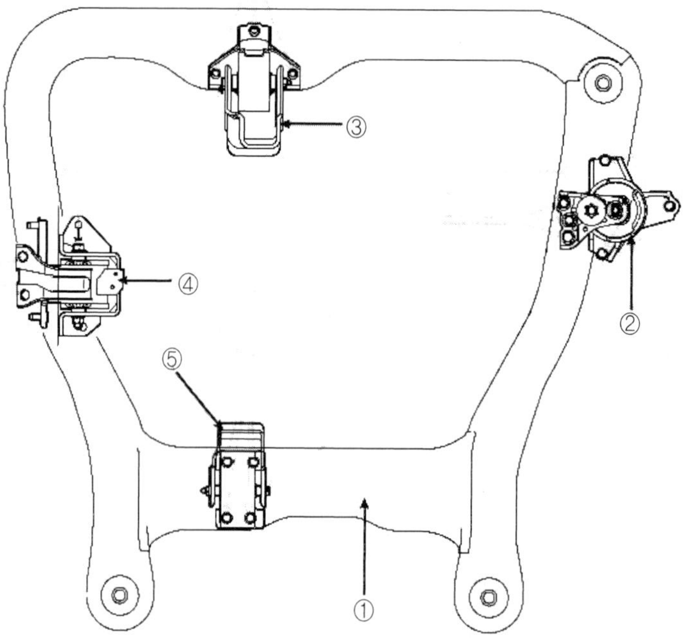

① 서브 프레임(sub frame)
② 엔진 마운팅 브래킷(engine mounting bracket)
③ 프런트 롤 스토퍼 마운팅 브래킷(front roll stopper mounting bracket)
④ 트랜스액슬 마운팅 브래킷(transaxle mounting bracket)
⑤ 리어 롤 스토퍼 마운팅 브래킷(rear roll stopper mounting bracket)

그림 1-7. 엔진 마운팅

[3] 프런트 롤 스토퍼 마운팅 브래킷(Front Roll Stopper Mounting Bracket)

엔진 마운팅 브래킷은 마치 하체부품의 볼 조인트와 같이 생겼지만 프런트 롤 스토퍼 마운팅 브래킷은 둥근모양의 틀 안에 특수고무로 제작되어 엔진과 차체에서 발생되는 충격을 완충작용 한다.

[4] 트랜스액슬 마운팅 브래킷(Transaxle Mounting Bracket)

엔진에 조립되어있는 트랜스액슬을 고정시키고 완충작용을 한다.

[5] 리어 롤 스토퍼 마운팅 브래킷(Rear Roll Stopper Mounting Bracket)

뒤쪽에 설치되어 엔진과 차체에서 발생되는 충격을 완충작용을 한다.

1.7. 냉각수 펌프(Coolant Pump)

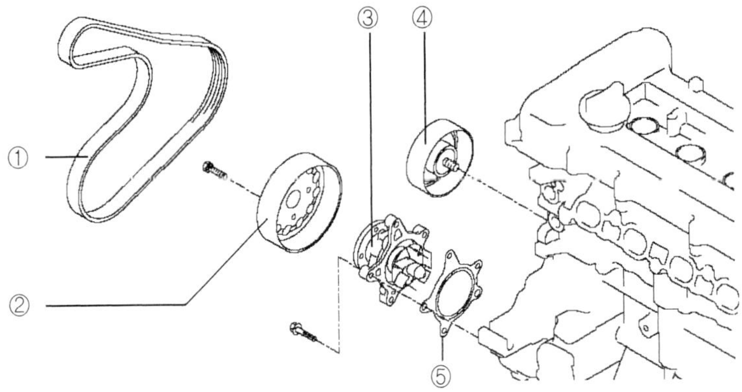

① 리비드 벨트(ribbed belt)
② 냉각수펌프 풀리(coolant pump pulley)
③ 냉각수펌프(coolant pump)
④ 아이들러(idler)
⑤ 워터펌프 개스킷(water pump gasket)

그림 1-8. 냉각수펌프

[1] 리비드 벨트(Ribbed Belt)

크랭크샤프트에 장착되어 있는 벨트로서 오일펌프 등 보조기기의 구동에 사용된다.

[2] 냉각수펌프 풀리(Coolant Pump Pulley)

워터펌프라고도 부르는 냉각수펌프를 작동시키는 풀리로서 크랭크샤프트가 구동시키는 리비드 벨트에 작동된다.

[3] 냉각수펌프(Coolant Pump)

워터펌프라고도 부르는 냉각수펌프는 크랭크샤프트가 구동시키는 리비드 벨트에 의해 엔진 내의 물통로인 워터재킷 내의 냉각수를 순환시키는 작용을 한다.

[4] 아이들러(Idler)

벨트의 장력을 유지하도록 공회전하는 풀리를 말한다.

[5] 워터펌프 개스킷(Water Pump Gasket)

실린더블록 내의 원활한 냉각수 순환을 위해 누수와 기포방지 등을 예방하기 위해 워터펌프사이에 설치하는 개스킷을 말한다.

1.8. 냉각장치(Cooling Systems)

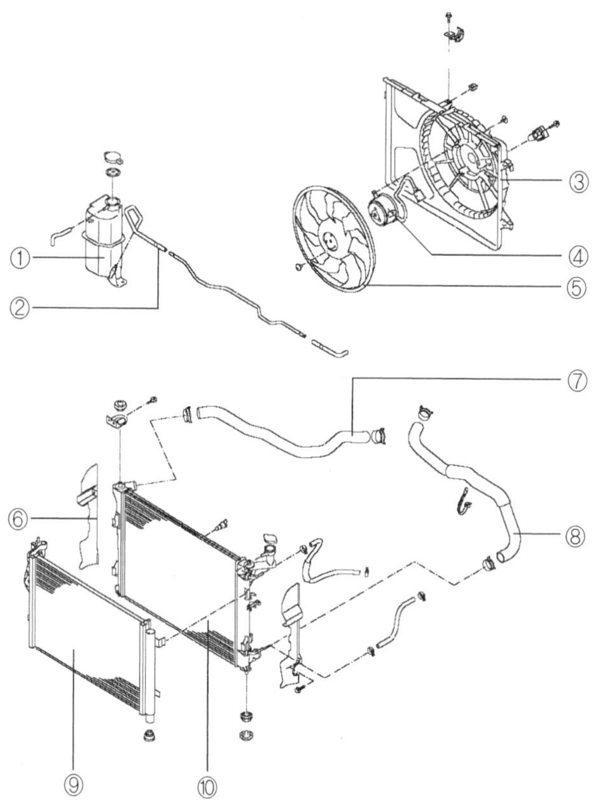

① 라디에이터 리저버 탱크(radiator reservoir tank)
② 라디에이터 리저버 탱크 호스(radiator reservoir tank hose)
③ 라디에이터 슈라우드(radiator shroud)
④ 라디에이터 쿨링 팬 모터(radiator cooling pan motor)
⑤ 쿨링 팬(cooling fan) ⑥ 에어 가드(air guard)
⑦ 라디에이터 어퍼 호스(radiator upper hose)
⑧ 라디에이터 로우 호스(radiator lower hose)
⑨ 쿨러 콘덴서(cooler condenser)
⑩ 라디에이터(radiator)

그림 1-9. 엔진 냉각장치

[1] 라디에이터 리저버 탱크(Radiator Reservoir Tank)

라디에이터 리저버 탱크는 보조탱크라고도 부르는데 냉각수 팽창 시에는 라디에이터 리저버 탱크(보조탱크)에 냉각수를 일시 저장하였다가 압력이 떨어졌을 때 다시 흡입하여 라디에이터 내의 체적이 자동 조정되어 냉각수의 손실을 막고 장기간 냉각수의 보충을 하지 않아도 된다.

[2] 라디에이터 리저버 탱크 호스(Radiator Reservoir Tank Hose)

라디에이터 오버플로 파이프와 리저버 탱크사이에 연결된 호스로 라디에이터와 라디에이터 리저버의 물 통로이다.

[3] 라디에이터 슈라우드(Radiator Shroud)

라디에이터 슈라우드는 냉각 팬을 감싸고 있는 판으로 팬(fan)에서 오는 공기의 흐름을 좋게 하여 냉각효과를 증대시키고 라디에이터를 보호한다.

[4] 라디에이터 쿨링 팬 모터(Radiator Cooling Pan Motor)

라디에이터 쿨링 팬 모터는 전기식 모터(전동기)로 냉각 팬을 회전시키는 형식이다. 축전지의 전원을 이용하며 수온센서에 의해 냉각수 온도를 감지하여 보통 90~100℃ 사이에 팬을 작동시킨다. 일정한 풍량을 항상 확보할 수 있어 공회전시나 번잡한 시가지 주행 시에도 충분한 냉각성능을 가진다.

[5] 쿨링 팬(Cooling Fan)

쿨링 팬은 냉각팬이라고도 부르는데 방열기 전면의 공기를 흡입하여 라디에이터의 냉각을 도와 냉각효과를 높인다.

[6] 에어 가드(Air Guard)

에어 가드는 팬(fan)에서 오는 공기의 흐름을 좋게 하여 냉각효과를 증대시키는 역할을 한다.

[7] 라디에이터 어퍼 호스(Radiator Upper Hose)

라디에이터 어퍼 호스는 라디에이터의 위 탱크와 엔진을 연결해주는 호스를 말하는데 고무재질로 입구파이프라 부르기도 한다.

[8] 라디에이터 로우 호스(Radiator Lower Hose)

라디에이터 로우 호스는 라디에이터 아래탱크와 엔진을 연결해주는 호스를 말하는데 고무재질로 출구파이프라 부르기도 한다.

[9] 쿨러 콘덴서(Cooler Condenser)

쿨러 콘덴서는 에어컨 압축기에서 전달된 고온 고압의 기체냉매를 냉각하여 고압의 액체상태로 전환해 주는 역할을 한다.

[10] 라디에이터(Radiator)

엔진에서 가열되어진 냉각수가 냉각되는 장소로서 대부분 엔진의 앞쪽에 설치된다. 라디에이터의 구조는 위 탱크(upper tank), 아래탱크(lower tank), 코어(core)로 되어 있고 위 탱크에는 라디에이터 캡과 오버플로 파이프가 설치되어있고 아래탱크에는 드레인 콕(drain cock)이 부착되어 있다.

1.9. 냉각 보조장치

[1] 서모스탯(Thermostat)

서모스탯은 엔진의 온도를 항상 일정하게 유지시키기 위하여 엔진에서 라디에이터로 흐르는 물 통로를 개폐하는 역할을 한다. 즉 엔진의 온도가 냉각되어 있으며 수온조절기의 밸브는 냉각수 통로를 막아 냉각수의 유동을 막고 서서히 냉각수 온도가 올라가 약 65℃가 되면 밸브가 조금씩 열려 냉각수가 라디에이터로 빠져나가 냉각되며 냉각수 온도가 85℃가 되면 완전 개방하여 냉각수의 흐름이 자유로워지고 엔진이 과열되는 것을 방지한다.

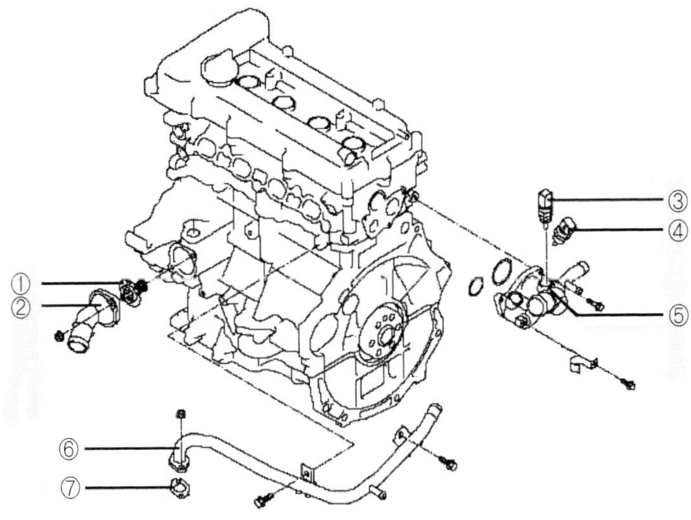

① 서모스탯(thermostat)
② 서모스탯 하우징(thermostat housing, 워터 인렛 피팅 : water inlet fitting)
③ 수온센서(water temperature sensor) ④ 수온게이지 유닛(water gauge unit)
⑤ 워터 아웃렛 피팅(water outlet fitting) ⑥ 히터 파이프(heater pipe)
⑦ 히터 개스킷(heater gasket)

그림 1-10. 냉각 보조장치

[2] 서모스탯 하우징(Thermostat Housing, 워터 인렛 피팅 : Water Inlet Fitting)

서모스탯이 정상적으로 작동하도록 보호하고 라디에이터 로우 호스와 연결되어 있는 하우징을 말한다.

[3] 수온센서(Water Temperature Sensor)

워터재킷 내의 온도를 감지하여 전압신호로 ECU(ECM)로 냉각수온도를 전달하는 센서를 말하며 일종의 서미스터라고도 부른다.

[4] 수온 게이지 유닛(Water Gauge Unit)

엔진의 워터재킷 내의 온도를 감지하여 계기판에 냉각수온도를 표시하도록 하는 게이지이다.

[5] 워터 아웃렛 피팅(Water Outlet Fitting)

라디에이터 어퍼 호스와 연결되어 있는 하우징을 말한다.

[6] 히터 파이프(Heater Pipe)

실린더블록 내의 워터재킷 내의 뜨거운 냉각수를 히터 라디에이터(코어)로 연결해주는 호스이다.

[7] 히터 개스킷(Heater Gasket)

히터 라디에이터와 호스의 연결부분에서의 누수방지를 위해 설치한다.

1.10. 에어 클리너 & 컴퓨터(Air Cleaner & ECU)

[1] 에어 인테크 호스(Air Intake Hose)

에어클리너와 스로틀보디를 연결해주는 공기 흡입호스를 말한다.

[2] 호스 클램프(Hose Clamp)

에어 인테크 호스를 고정시켜주는 작용을 한다.

[3] 블리더 호스(Breather Hose)

통풍관이라고도 부르며 크랭크케이스 내부의 블루바이가스를 통풍시켜주는 역할을 한다. 통풍방식으로는 강제 환기식(PCV : positive crankcase ventilation)에 속한다.

[4] 에어클리너 커버(Air Cleaner Cover)

에어클리너를 보호하는 케이스로 에어 플로우센서나 흡기온도센서에 중요한 작용을 해준다.

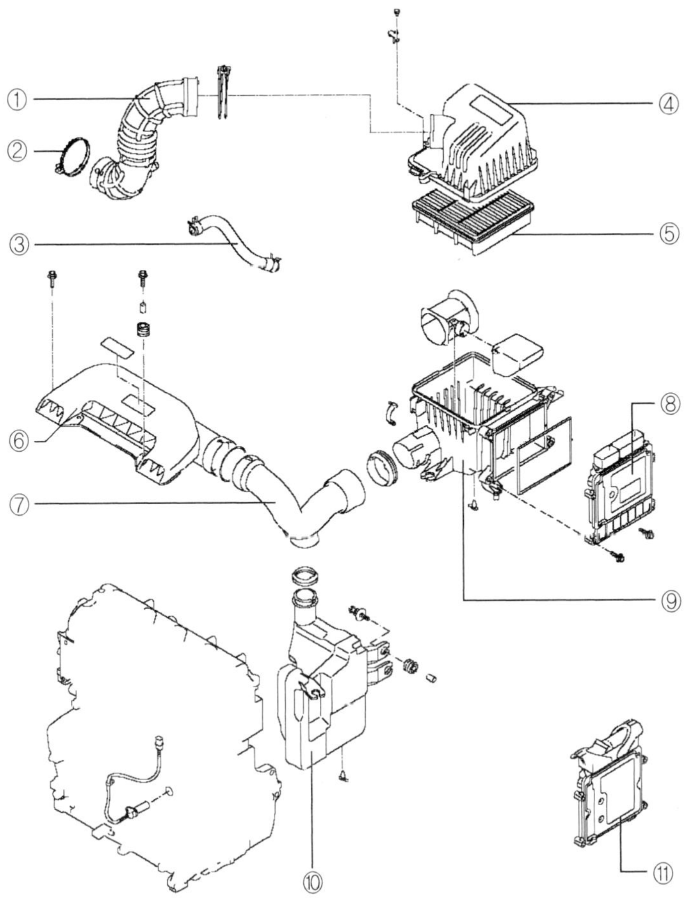

① 에어 인테크 호스(air intake hose) ② 호스 클램프(hose clamp)
③ 블리더 호스(breather hose) ④ 에어클리너 커버(air cleaner cover)
⑤ 에어클리너 필터(air cleaner filter) ⑥ 에어 덕트(air duct)
⑦ 에어 "A" 덕트(air "A" duct)
⑧ 일렉트로닉 컨트롤 유닛(electronic control unit)
⑨ 에어클리너 보디(air cleaner body) ⑩ 레조네이터(resonator)
⑪ 일렉트로닉 컨트롤 유닛 케이스(electronic control unit case)

그림 1-11. 에어 클리너 & 컴퓨터

[5] 에어클리너 필터(Air Cleaner Filter)

에어클리너 엘리먼트 또는 에어필터라고 부른다. 엔진 내로 흡입되는 공기 중에는 많은 먼지와 이물질이 포함되어 있기 때문에 충분히 여과된 후 연소실로 흡입되어야 한다.

만약 여과되지 않고 엔진 내로 흡입되면 연소실 내에서 피스톤과 실린더 벽사이에 흡착된 상태에서 기관이 작동하게 되면 실린더 벽에 많은 마모가 발생되어 엔진의 수명이 단축된다.

또한 기관 오일에 혼합이 되면 베어링 메탈 등의 각종 섭동부분의 마모를 촉진시켜 엔진의 수명을 단축시키게 된다. 이러한 일을 방지하기 위하여 엔진으로 흡입되는 공기는 반드시 에어 클리너를 통과시켜 이물질을 제거해야 한다.

[6] 에어 덕트(Air Duct)

통풍관이라고도 부르며 대기 중의 공기를 흡입하는 공기관을 말한다.

[7] 에어 "A" 덕트(Air "A" Duct)

에어 덕트와 에어클리너를 연결하는 에어 통풍관을 말한다.

[8] 일렉트로닉 컨트롤 유닛(ECU : Electronic Control Unit)

약자로 ECU라고도 부르며 회사마다 다르게 ECM(Electronic Control Module)이라 부르기도 한다. ECU는 차량에 설치된 각종의 센서의 신호를 근거로 엔진상태에 따른 연료 분사량을 결정하고 이 분사량에 따라 인젝터의 분사시간(통전시간)을 제어한다.

[9] 에어클리너 보디(Air Cleaner Body)

에어클리너를 보호는 케이스를 말한다.

[10] 레조네이터(Resonator)

서지탱크에서 발생되는 부압의 크기와 엔진속도에 따라 서로 다른 주파수로 발생되는 흡기소음에 엔진의 속도에 관계없이 유효한 흡기소음 저감효과를 얻기 위한 부품이다.

[11] 일렉트로닉 컨트롤 유닛 케이스(Electronic Control Unit Case)

일렉트로닉 컨트롤 유닛을 차체에 고정시켜 주기도 하고 ECU(ECM)를 냉각시켜 주는 역할도 한다.

1.11. 터보차저 & 인터쿨러(Turbo Charger & Inter Cooler)

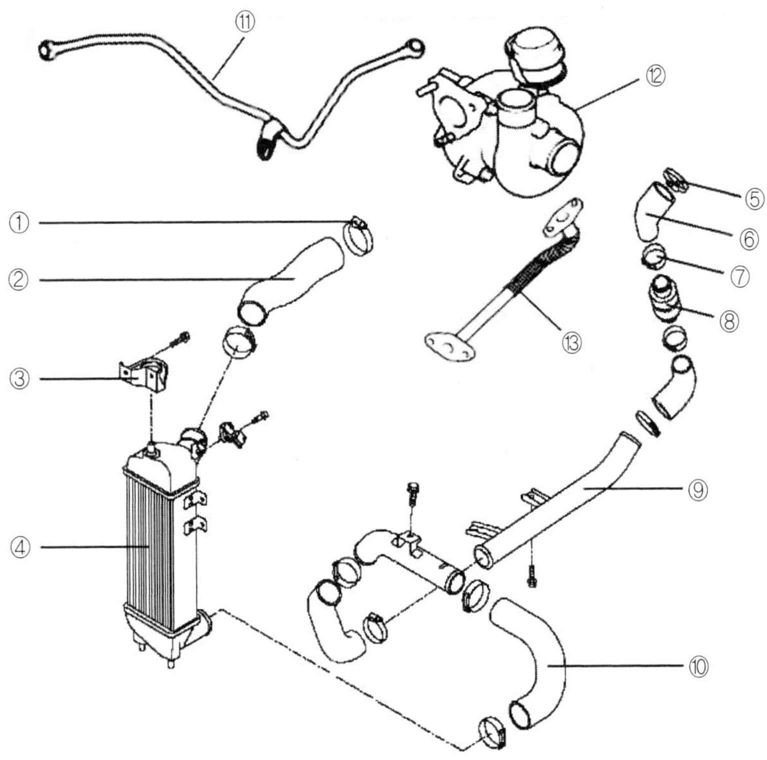

① 클램프(clamp)
② 인터쿨러 호스(inter cooler hose)
③ 인터쿨러 마운팅 브래킷(inter cooler mounting bracket)
④ 인터쿨러(inter cooler)
⑤ 클램프(clamp)
⑥ 호스(hose)
⑦ 호스 클램프(hose clamp)
⑧ 레조네이터(resonator)
⑨ 인터쿨러 인렛 파이프(inter cooler inlet pipe)
⑩ 호스(hose)
⑪ 오일 피드 파이프(oil feed pipe)
⑫ 터보차저(Turbo Charger)
⑬ 오일 리턴파이프(oil return pipe)

그림 1-12. 터보차저 & 인터쿨러

[1] 클램프(Clamp)

인터쿨러 호스를 고정시키기 위한 클램프이다.

[2] 인터쿨러 호스(Inter Cooler Hose)

터보차저(과급기)와 인터쿨러를 연결하는 호스이다.

[3] 인터쿨러 마운팅 브래킷(Inter Cooler Mounting Bracket)

인터쿨러를 차체에 고정시켜주는 부품이다.

[4] 인터쿨러(Inter Cooler)

흡입효율을 높이기 위해서는 공기가 냉각된 상태에서 더 많은 공기를 공급할 수 있기 때문에 터보차저의 압축(과급)에 의해 뜨거워진 흡입공기를 냉각시켜주는 작용을 한다.

[5] 클램프(Clamp)

호스를 서지탱크 쪽에 고정하기 위한 클램프이다.

[6] 호스(Hose)

인터쿨러에서 냉각된 공기를 서지탱크로 보내기 위해 연결되는 호스이다.

[7] 호스 클램프(Hose Clamp)

호스를 리조네이터에 고정하기 위한 클램프이다.

[8] 레조네이터(Resonator)

소음기와 같이 흡기소음이 저감되도록 작용하는 부품이다.

[9] 인터쿨러 인렛 파이프(Inter Cooler Inlet Pipe)

터보차저의 압축공기를 인터쿨러로 보내기 위해 연결된 파이프이다.

[10] 호스(Hose)

인터쿨러 인렛 파이프와 연결되어 인터쿨러에 연결되는 호스이다.

[11] 오일 피드 파이프(Oil Feed Pipe)

터보차저는 고온의 배기가스가 터빈 휠을 회전시키므로 고온에 노출되기 때문에 엔진오일을 이용하여 냉각시킨다. 터보차저를 냉각 및 윤활시키기 위해 엔진오일을 공급하는 파이프이다.

[12] 터보차저(Turbo Charger)

자동차의 출력, 토크를 높이면서 연비향상에 도움을 주는 엔진 보조장치를 말한다. 배출가스의 에너지로 터빈 휠을 회전시키고 컴프레서에 의해 흡입된 공기를 압축하여 실린더로 보낸다.

[13] 오일 리턴 파이프(Oil Return Pipe)

터보차저를 냉각시킨 엔진오일을 리턴시키는 파이프이다.

1.12. 흡기 매니폴드(Intake Manifold)

[1] 딜리버리 파이프(Delivery Pipe)

전자제어 엔진에서 각 인젝터에 연료를 분배하는 파이프로서 일반적으로 분배 파이프라고 부르며, 디젤엔진에서는 커먼레일이라고 부르기도 한다.

[2] PCV호스(포지티브 크랭크케이스 호스 : Positive Crank Case Hose)

크랭크케이스 내의 가스 등을 흡기다기관의 흡입력을 이용하여 강제로 통풍시키는 방식으로 크랭크케이스의 가스 등을 흡기다기관에 보내는 호스이다.

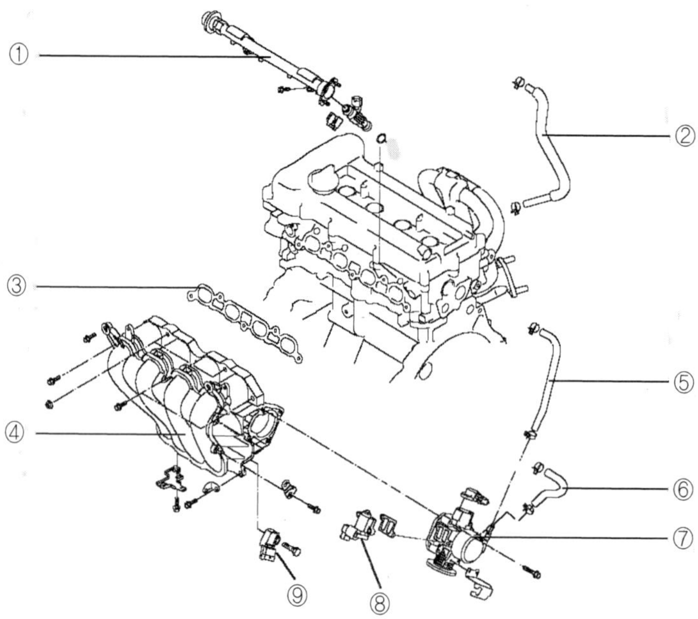

① 딜리버리 파이프(delivery pipe)
② PCV 호스(PCV hose, 포지티브 크랭크케이스 호스 : positive crank case hose)
③ 흡기 매니폴드 개스킷(intake manifold gasket)
④ 흡기 매니폴드(intake manifold) ⑤ 워터호스 "B" (water hose "B")
⑥ 워터호스 "A" (water hose "A") ⑦ 스로틀 보디(throttle body)
⑧ 아이들 스피드 액추에이터(idle speed actuator)
⑨ 맵 센서(MAP sensor)

그림 1-13. 흡기 매니폴드

[3] 흡기 매니폴드 개스킷(Intake Manifold Gasket)

실린더헤드와 흡기 매니폴드와의 사이에 결합되어 에어플로우 미터를 통과하지 않고 흡기 매니폴드와 실린더헤드사이를 통하여 연소실로 직접 흡입되는 것을 예방하기 위해 사용되는 개스킷을 말하며, 직접흡입시 혼합비가 맞지 않아 엔진 부조현상 발생한다.

[4] 흡기 매니폴드(Intake Manifold)

에어클리너에서 정화된 공기는 공기 흡기호스를 통하여 스로틀보디를 통해 흡기 매니폴드로 공급되어 각 실린더로 공급된다. 흡기다기관(多岐管)이라고 하는데 여러 갈래로 갈라져 나온 파이프를 말한다.

[5] 워터호스 “B” (water hose “B”)

스로틀보디에서 냉각수가 리턴되는 워터호스이다.

[6] 워터호스 “A” (Water Hose “A”)

스로틀보디로 냉각수가 유입되는 워터호스이다.

[7] 스로틀보디(Throttle Body)

스로틀보디는 에어 클리너와 흡기다기관사이에 설치되어 운전자의 액셀러레이터 조작에 연동하여 흡기통로의 면적을 변화시켜 흡입공기량을 조절하는 장치로 스로틀밸브의 열린 각을 입력하는 스로틀 포지션센서와 대시포트, 바이패스통로와 통로의 크기를 제어하는 아이들 조정나사(idle adjust screw) 등으로 구성된다.

[8] 아이들 스피드 액추에이터(Idle Speed Actuator)

엔진의 공회전 상태의 인정성을 유지하기 위해 엔진에 부하(에어컨작동 시, 냉간시동 시, 전기부하 시 등)가 발생되었을 때 엔진을 아이들-업시킨다.

[9] 맵 센서(MAP Sensor)

MAP센서는 D-제트로닉방식의 전자제어 연료 분사방식의 차량에서 ECU가 기관 내 흡입되는 공기량을 검출할 수 있도록 흡기다기관 내의 압력을 전기적 신호로 변환하여 ECU로 입력시키는 장치이다.

1.13. 배기 매니폴드(Exhaust Manifold)

[1] 히트 프로텍터(Heat Protector)

자동차 배기다기관에서 발생하는 500℃ 이상의 뜨거운 열이 엔진 상부로 올라오는 걸 막아주는 방열판이다.

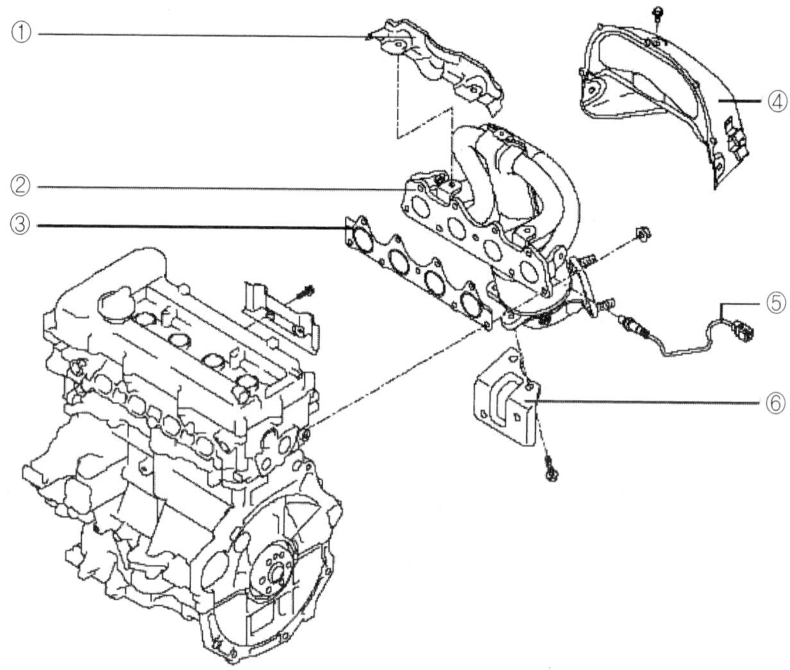

① 히트 프로텍터(heat protector) ② 배기 매니폴드(exhaust manifold)
③ 배기 매니폴드 개스킷(exhaust manifold gasket)
④ A–히트 프로텍터(A–heat protector) ⑤ 옥시겐 센서(산소센서 : oxygen sensor)
⑥ 스테이(stay)

그림 1–14. 배기 매니폴드

[2] 배기 매니폴드(Exhaust Manifold)

배기 매니폴드를 배기다기관이라고도 부르는데 각각의 실린더에서 나오는 연소가스를 모아 배기파이프를 통하여 대기 중으로 방출하는 장치로써 항상 고온에 접하므로 내열성의 주철로써 만들어진다. 배기가스의 흐름을 좋게 하기 위하여 배기파이프를 2개 이상으로 하여 소음기에 연결하는 방식도 있다.

[3] 배기 매니폴드 개스킷(Exhaust Manifold Gasket)

배기다기관 개스킷이라고도 부르는데 실린더헤드와 배기 매니폴드와의 사이에 결합되어 배기가스의 누출을 예방하기 위해 사용되는 개스킷이다.

[4] A-히트 프로텍터(A-Heat Protector)

자동차 배기다기관에서 발생하는 500℃ 이상의 고온이 빠져나가지 않게 막는 부품으로 기존에는 철판 등으로 만든 부품이 조립되었지만 최근 차량에는 무게도 경량화 된 알루미늄 히트 프로텍터을 사용하고 있다.

[5] 옥시겐 센서(Oxygen Sensor, 산소센서)

산소센서라고도 부르는 O_2센서는 배기가스 중의 산소와 대기 중의 산소농도 차에 따라 이론 공연비를 중심으로 농후하거나 희박함에 따라 출력이 즉각적으로 변하는 반응을 이용해서 인젝터 열림시간을 ECU(컴퓨터)가 제어할 수 있도록 피드백시켜 준다.

[6] 스테이(Stay)

강도(强度)가 부족한 부분을 보강하는 것으로 철골 등에 강성을 높이기 위해 설치한 리브와 같은 용도로 사용되며 배기 매니폴드 결합상태가 불완전하여 보강하기 위해 설치한 보강판이라 할 수 있다.

1.14. 배기 파이프(Exhaust Pipe)

[1] 히트 프런트 프로텍터(Heat Front Protector)

방열판이라고도 부르는데 앞쪽에 설치된 히트 프런트 프로텍터는 캐틸리틱 컨버터에서 발생하는 고온으로 인하여 차체나 연료탱크 등에 피해를 방지하기 위한 부품으로 기존에는 철판 등으로 만든 부품이 조립되었지만 최근 차량에는 무게도 경량화 된 알루미늄 히트 프로텍터를 사용하고 있다.

[2] 캐틸리틱 컨버터(Catalytic Converter)

삼원촉매장치라고도 부르는데 여기서 삼원이란 3가지 유해물질(CO, HC, NOx)을 무해한 가스로 변환시키는 것을 의미하며 자기 자신은 변하지 않고 화학적 반응을 가속시키는 물질을 말한다. 자동차에서의 촉매는 산화(백금 촉매), 환원(로듐촉매)에 의해 CO, HC, NOx의 유해물질 수준을 낮추고 무해한 가스로 변환시키는 역할을 한다.

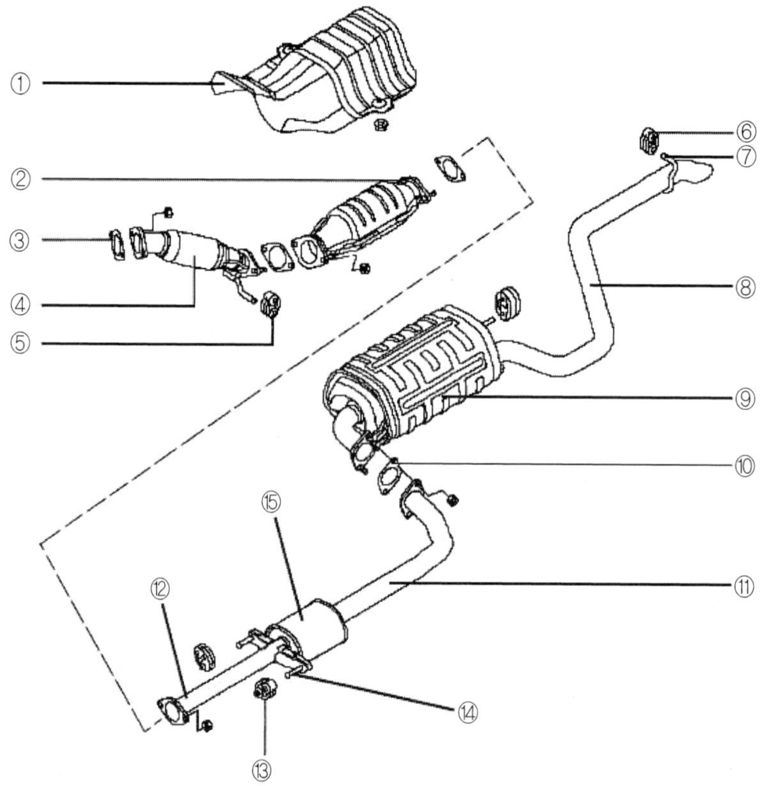

① 히트 프런트 프로텍터(heat front protector)
② 캐털리틱 컨버터(catalytic converter)
③ 배기 파이프 개스킷(exhaust pipe gasket)
④ 프런트 파이프(front pipe)
⑤ 배기 파이프 행거(exhaust pipe hanger)
⑥ 행거(hanger) ⑦ 행거 훅(hanger hook)
⑧ 배기파이프(exhaust pipe) ⑨ 리어 머플러(rear muffler)
⑩ 배기파이프 개스킷(exhaust pipe gasket) ⑪ 배기파이프(exhaust pipe)
⑫ 배기 센터 파이프(exhaust center pipe)
⑬ 행거(hanger) ⑭ 행거 훅(hanger hook)
⑮ 프런트 머플러(front muffler)

그림 1-15. 배기 파이프

[3] 배기파이프 개스킷(Exhaust Pipe Gasket)

배기파이프라고도 부르는 배기파이프와 배기 매니폴드사이에 배출가스의 누출을 막아 주는 개스킷을 말한다.

[4] 프런트 파이프(Front Pipe)

배기파이프 중 앞쪽에 설치된 배기파이프를 말한다.

[5] 배기파이프 행거(Exhaust Pipe Hanger)

주행 시 도로조건 등에 따라 흔들리게 되는 배기파이프를 흔들리지 않게 차체나 프레임에 고징시켜 주는 부품으로 훅과 함께 일체가 되어 충격을 완회시켜주기 위헤 고무 제품으로 제작되어있다.

[6] 행거(Hanger)

맨 뒤에 설치된 배기파이프(배기파이프)를 흔들리지 않게 차체나 프레임에 고정시켜 수는 부품으로 훅과 함께 일체가 되어 충격을 완화시켜주기 위해 고무제품으로 제작되어있다.

[7] 행거 훅(Hanger Hook)

배기파이프 행거와 일체가 되어 배기파이프를 흔들리지 않게 차체나 프레임에 고정시켜 주는 부품이다.

[8] 배기파이프(Exhaust Pipe)

맨 뒤에 설치된 배기파이프이다.

[9] 리어 머플러(Rear Muffler)

뒤쪽에 설치된 머플러로서 머플러는 엔진의 배기장치로 나오는 소음을 줄이기 위한 장치로, 금속제의 원통이나 직사각형의 상자모양을 하고 있다.

작동원리에 따라 가는 관에서 넓은 공간으로 확산시켜 소리를 작게 하는 팽창식, 가는 관의 많은 구멍에서 넓은 공명실(共鳴室)로 확산시켜 서로 음을 상쇄시키는 공명식(共鳴式), 스틸 울(금속을 실 모양으로 한 것)에 흡수시키는 흡수식 및 앞의 세 가지 방식을 혼합한 격벽식(隔壁式) 등이 있다.

[10] 배기파이프 개스킷(Exhaust Pipe Gasket)

중간 배기파이프와 머플러 쪽 파이프와 연결할 때 배기가스의 누출방지를 위해 사용되는 개스킷을 말한다.

[11] 배기파이프(Exhaust Pipe)

중간 배기파이프를 말한다.

[12] 배기센터 파이프(Exhaust Center Pipe)

배기파이프 중 가장 중앙에 설치된 배기파이프를 말한다.

[13] 행거(Hanger)

배기파이프를 흔들리지 않게 차체나 프레임에 고정시켜 주는 부품으로 훅과 함께 일체가 되어 충격을 완화시켜주기 위해 고무 제품으로 제작되어있다.

[14] 행거 훅(Hanger Hook)

배기파이프 행거와 일체가 되어 배기파이프를 흔들리지 않게 차체나 프레임에 고정시켜 주는 부품이다.

[15] 프런트 머플러(Front Muffler)

앞쪽에 설치된 머플러이다.

1.15. 연료탱크(Fuel Tank)

[1] 연료펌프 커버(Fuel Pump Cover)

연료펌프를 연료탱크에 장착하거나 탈거를 쉽게 하도록 만든 커버를 말한다.

[2] 연료펌프 패킹(Fuel Pump Packing)

연료펌프 커버를 설치하면서 연료탱크 내의 연료가 외부로 유출되지 않게 하기 위해 설치한 고무제품의 패킹으로 개스킷과 동일한 작용을 한다.

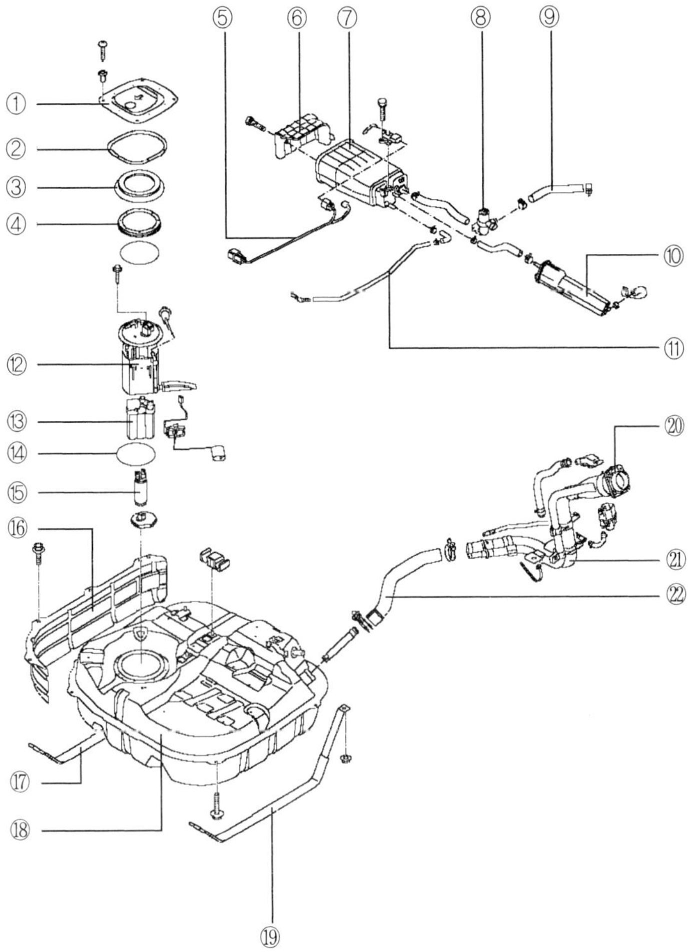

① 연료펌프 커버(fuel pump cover)	② 연료펌프 패킹(fuel pump packing)
③ 그로메트(grommet)	④ 연료펌프 캡 너트(fuel pump cap nut)
⑤ 익스텐션 와이어(extension wire)	⑥ 캐니스터 프로텍터(canister protector)
⑦ 캐니스터(canister)	⑧ 캐니스터 클로즈 밸브(canister close valve)
⑨ 벤트 호스(vent hose)	⑩ 세퍼레이터(separator)
⑪ 베이퍼 퍼지 튜브(vapor purge tube)	⑫ 연료펌프 컴플리트(fuel pump complete)
⑬ 연료필터(fuel filter)	⑭ O-링(O-ring)
⑮ 연료펌프(fuel pump)	⑯ 연료탱크 프로텍터(fuel tank protector)
⑰ 연료탱크 밴드(fuel tank band)	⑱ 연료탱크(fuel tank)
⑲ 연료탱크 밴드(fuel tank band)	⑳ 호스필러 넥(hose filler neck)
㉑ 연료필러 넥(fuel filler neck)	㉒ 연료필러 넥 호스(fuel filler neck hose)

그림 1-16. 연료탱크

[3] 그로메트(Grommet)

연료펌프와 커버사이에 장착되는 고무부품을 말한다.

[4] 연료펌프 캡 너트(Fuel Pump Cap Nut)

연료펌프를 연료탱크에 설치 고정하는 너트를 말한다.

[5] 익스텐션 와이어(Extension Wire)

연료펌프에 연결되는 연결와이어를 말한다.

[6] 캐니스터 프로텍터(Canister Protector)

캐니스터를 외부의 열로 인한 화재발생을 보호하기 위한 방열기를 말한다.

[7] 캐니스터(Canister)

차콜 캐니스터라고 부르는데 내부는 입자상태의 활성탄이 가득 차 있어 엔진이 정지한 상태에서 연료탱크에서 발생하는 연료 증발가스를 가는 호스를 통하여 캐니스터로 흡입시킨 후 활성탄에 흡착 저장한다.

차콜 캐니스터에 흡착된 연료 증발가스는 엔진이 일정조건시 ECU는 퍼지 솔레노이드밸브를 열어 엔진에서 발생하는 부압에 의해 퍼지 공기와 활성탄에 흡착된 연료 증발가스는 활성탄으로부터 분리되어 인테크 매니폴드로 재 흡수되어 연소된다.

[8] 캐니스터 클로즈밸브(Canister Close Valve)

캐니스터 클로즈밸브는 연료탱크 내에 부압이 작용되거나 이상 공압이 작용하는 것을 방지하기 위한 밸브이다.

[9] 벤트 호스(Vent Hose)

ECU에서 퍼지 솔레노이드밸브를 열어 엔진에서 발생하는 부압에 의해 퍼지 공기와 활성탄에 흡착된 연료증발가스를 활성탄으로부터 분리되어 인테크 매니폴드로 보내지도록 연결해주는 호스이다.

[10] 세퍼레이터(Separator)

세페레이터는 어느 곳에 부착되어 있건 수분을 분리하여 보관하는 부품으로 캐니스터와 함께하는 세페레이터는 연료탱크로부터 발생한 증발가스(주로 HC)를 일시적으로 흡착하는 장치인 캐니스터의 내부는 주로 활성탄으로 이루어져 있고, 이 활성탄이 증발가스를 흡착하여 외부에 나가지 않도록 하고 있다.

엔진이 시동되면 에어클리너 쪽으로 공기가 흐르기 때문에 활성탄에 흡착한 가스가 이탈하게 되고 이 가스 속엔 수분이 함유되어 있을 수 있으므로 이 수분을 흡착하기 위한 작용을 하는 작용을 한다.

[11] 베이퍼 퍼지 튜브(Vapor Purge Tube)

연료댕크 안에 발생한 증발가스를 차콜 캐니스터에 흡입시키기 위한 안내하는 듀브를 말한다.

[12] 연료펌프 컴플리트(Fuel Pump Complete)

연료펌프 어셈블리를 말하는데 연료펌프가 완전하게 조립된 상태를 말한다.

[13] 연료필터(Fuel Filter)

연료필터는 연료에 포함되어 있는 수분과 먼지 등을 제거하는 것으로 비분해식의 것이 사용된다. 내부에는 여과면적을 가능한 한 크게 할 수 있도록 만든 엘리먼트(여과)가 들어 있다.

[14] O-링(O-Ring)

압송하는 연료가 누유되지 않도록 기밀작용을 해주는 작용을 한다.

[15] 연료펌프(Fuel Pump)

연료펌프는 배터리로 구동되는 전동기를 사용하며, 연료탱크에서 연료를 빨아 들여 인젝터에 압송하는 일을 한다.

[16] 연료탱크 프로텍터(Fuel Tank Protector)

주행 중에 돌맹이나 기타 뾰족한 물질로부터 손상을 방지하기 위해 연료탱크를 보호하기 위해 설치된 보호판을 말한다.

[17] 연료탱크 밴드(Fuel Tank Band)

연료탱크가 움직이지 않게 하기 위하여 차체에 고정해주는 작용을 한다.

[18] 연료탱크(Fuel Tank)

연료탱크는 연료를 저장하는 것으로 탱크 본체, 주입구 파이프, 연료게이지의 센더 유닛 등으로 구성되어 있다. 내부에는 주행 중 연료의 요동을 방지함과 동시에 강도를 증가시키기 위한 몇 장의 세퍼레이터(격리판)가 용접되어 있다. 또한 탱크 내면은 녹슬지 않도록 방청처리되어 있다.

[19] 호스 필러 넥(Hose Filler Neck)

연료를 연료탱크에 주유하기 쉽도록 된 튜브를 필러 넥이라 하는데 필러 넥과 연결된 호스를 말한다.

[20] 연료필러 넥(Fuel Filler Neck)

연료를 연료탱크에 주유하기 쉽도록 된 튜브를 말한다.

[21] 연료필러 넥 호스(Fuel Filler Neck Hose)

연료를 연료탱크에 주유하기 쉽도록 된 튜브를 필러 넥이라 하는데 필러 넥과 연결된 호스를 말한다.

1.16. LPG/LPI 전자제어장치

LPG(Liquefied Petroleum Gas)는 원유를 정제할 때 나오는 부산물 중의 하나이며, 주성분은 프로판이 47~50%, 부탄 36~42%, 오리핀이 8% 정도이며 저위 발열량은 12,000kcal/kgf이다.

LPG는 냉각이나 가압에 의해 쉽게 액화하고 반대로 가압이나 감압에 의해 기화하는 성질이 있다. 또 기화된 LPG는 공기의 약 1.5~2.0배 정도 무겁다. 순수한 LPG는 색깔과 냄새가 없으며 많은 양을 유입하면 마취되는 수가 있다. 자동차용 연료로 사용되는 LPG는 가스누출의 위험을 방지하기 위하여 착취제(유기황, 질소, 산소화합물 등)를 첨가하여 특이한 냄새가 나도록 하고 있다.

최근에 사용하는 LPG는 겨울철에는 엔진의 시동성능을 향상시키기 위해 프로판 30%와 부탄 70%의 혼합가스를, 여름철에는 출력을 향상시키기 위하여 부탄 100%인 가스를 사용한다. LPG연료를 사용하는 엔진시스템에는 LPG엔진과 LPI엔진으로 구분할 수 있다.

1.16.1. LPG(Liquefied Petroleum Gas)

[1] LPG 봄베(LPG Bombe)

LPG를 보관할 수 있는 고압용기이다. 봄베는 충전밸브(녹색), 기체 송출밸브(황색), 액체 송출밸브(적색) 등 3가지의 밸브와 충전량 지시장치인 액면 표시계와 플로트 세이지가 있다. 충전량은 안전을 위하여 봄베 용량의 85%까지만 충전하도록 한다.

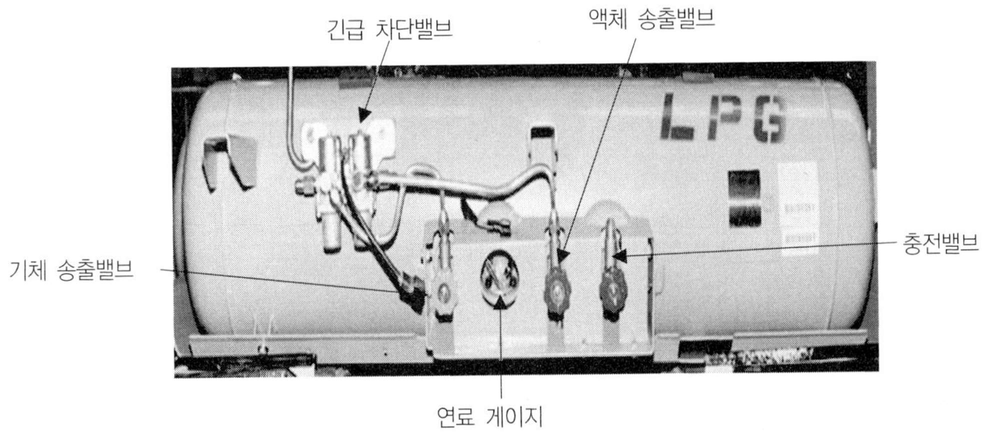

그림 1-17. 봄베

(1) 긴급 차단밸브

주행 중 돌발사고로 엔진이 정지하면 연료를 차단하여 화재 위험을 방지한다(엔진룸의 액·기상 솔레노이드밸브와 병렬로 연결).

(2) 과충전 방지밸브(안전밸브)

연료 주입시 85%가 충전되면 연료의 유입을 차단한다(봄베내의 압력이 24kgf/cm^2 이상 되면 연료를 방출시키고, 16kgf/cm^2 정도로 저하되면 다시 닫혀 봄베 내의 압력을 일정하게 유지시킨다).

[2] 솔레노이드밸브(Solenoid Valve)

엔진의 온도(15℃)에 따라서 액체나 기체상태의 연료를 공급 또는 차단하며, 전기적인 신호로 제어되는 일종의 전자석이다. LPG여과기는 솔레노이드밸브 아래에 장착되어 연료내의 불순물을 제거한다.

[3] 베이퍼라이저(Vaporizer)

봄베에서 공급되는 액체 연료를 강제로 증발시켜서 엔진이 필요로 하는 기체 LPG를 공급하는 작용을 한다. LPG를 강제로 증발시키기 위하여 감압(減壓)작용과 기화작용 그리고 압력을 조정하는 작용을 한다.

그림 1-18. 솔레노이드밸브

그림 1-19. 베이퍼라이저

[4] LPG 믹서(Mixer)

공기와 가스를 혼합시켜 주는 장치로서 전기장치나 에어컨 등을 사용하여 엔진부하가 증가하면 이를 보상해주는 장치도 같이 장착된다.

그림 1-20. 믹서

1.16.2. LPI(Liquid Petroleum Injection)

LPI(liquid petroleum injection)장치는 LPG를 고압의 액체상태(5~15bar)로 유지하면서 엔진 ECU(컴퓨터)에 의해 제어되는 인젝터를 통하여 각 실린더로 분사하는 방식이다. 즉, LPG가 각각의 실린더에 독립적으로 공급 제어되는 방식이다.

[1] 봄베(Bombe)

LPI 차량용의 봄베는 충진밸브, 연료펌프 어셈블리, 연료펌프 드라이버, 연료 송출밸브, 수동밸브, 연료 차단 솔레노이드밸브, 과류 방지밸브, 유량계 등이 부착되어 있다. 충전량은 안전을 위하여 봄베 용량의 85%까지만 충전하도록 한다.

[2] 연료펌프(Fuel Pump)

연료펌프는 봄베 내에 들어있으며, 봄베 내의 액체상태의 LPG를 인젝터로 압송하는 작용을 한다.

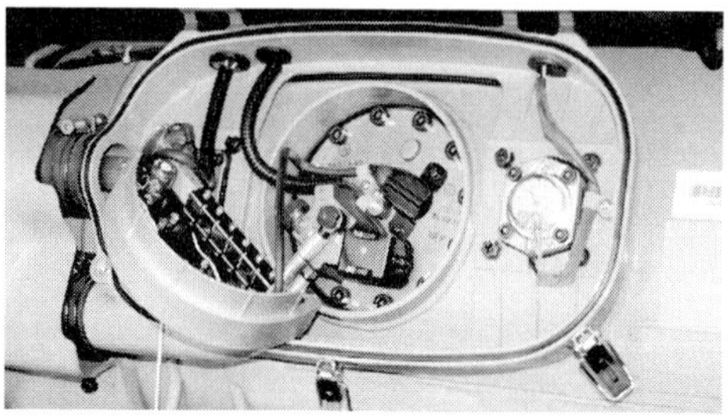

그림 1-21. LPI 봄베

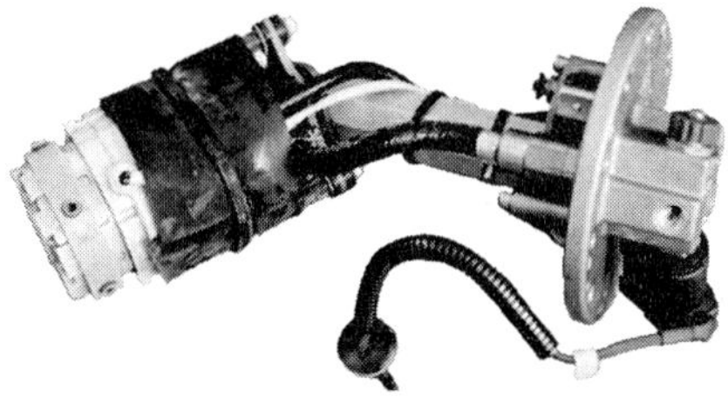

그림 1-22. LPI 연료펌프

[3] 연료차단 솔레노이드밸브(Cut-Off Solenoid Valve)

연료차단 솔레노이드밸브는 멀티밸브에 설치되어 있으며, 엔진 시동을 ON/OFF할 때 작동하는 ON/OFF방식이며, 시동을 OFF로 하면 봄베와 인젝터사이의 연료라인을 차단하는 작용을 한다.

[4] 인젝터(Injector)

인젝터 니들밸브가 열리면 연료압력조절기를 통하여 공급된 높은 압력의 LPG는 연료파이프의 압력에 의해 분사된다. 이때 분사량 조절은 인젝터의 출구 면적이 일정하기 때문에 인젝터 통전시간 제어를 통하여 이루어지며, 이것은 LPG 공급압력을 감지한 IFB(인터페이스박스)에 의해 제어된다.

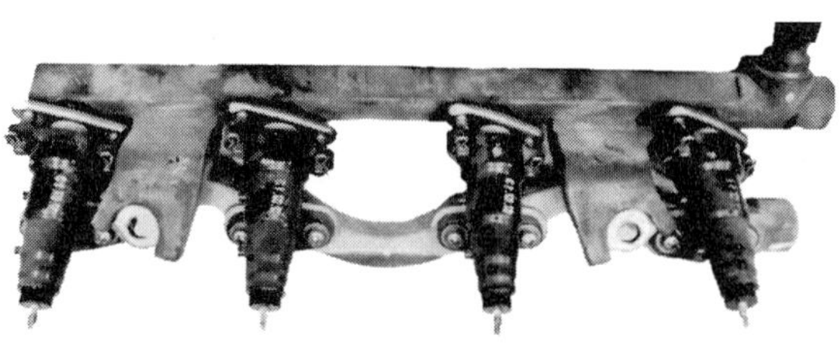

그림 1-23. LPI 인젝터

[5] 연료압력 조절기(Fuel Pressure Regulator)

봄베에서 송출된 높은 압력의 LPG를 다이어프램과 스프링의 균형을 이용하여 LPG 공급라인 내의 압력을 항상 5bar로 유지시키는 작용을 한다.

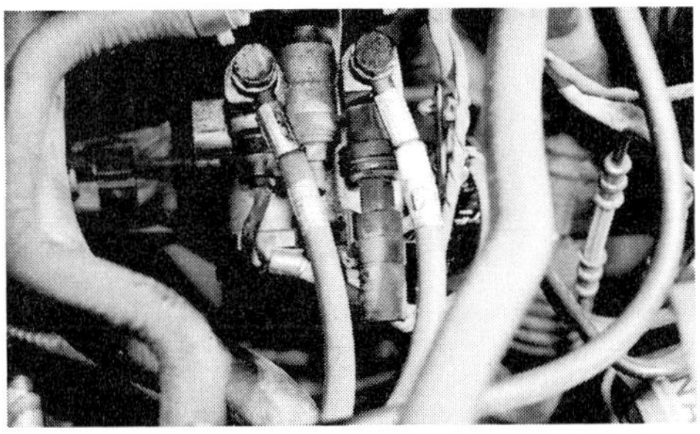

그림 1-24. LPI 연료압력 조절기

또 연료압력 조절기 이외에 분사량을 보상하기 위한 가스압력 측정센서, 가스온도 측정센서 및 연료차단 솔레노이드밸브를 내장하고 있어 LPG 공급라인의 공급 및 차단을 제어하는 작용을 한다.

1.17. 커먼레일(CRDI : Common Rail Direct Injection)

커먼레일 분사장치에서는 분사압력의 발생과 분사과정이 완전히 별개로 이루어진다. 이렇게 압력발생과 분사를 분리하기 위해서는 고압을 유지할 수 있는 고압 어큐뮬레이터(High-pressure Accumulator)나 레일(Rail)이 필요하게 된다.

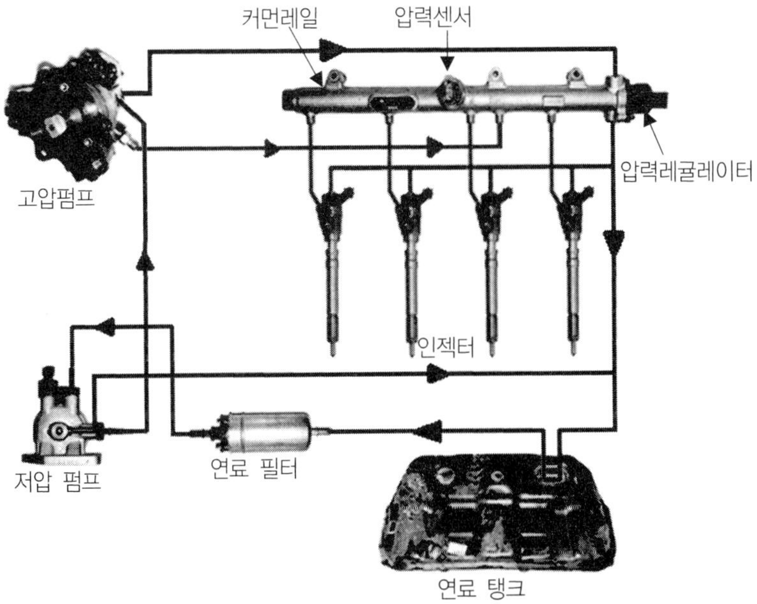

그림 1-25. 커먼레일시스템 기계식 저압펌프의 구성도

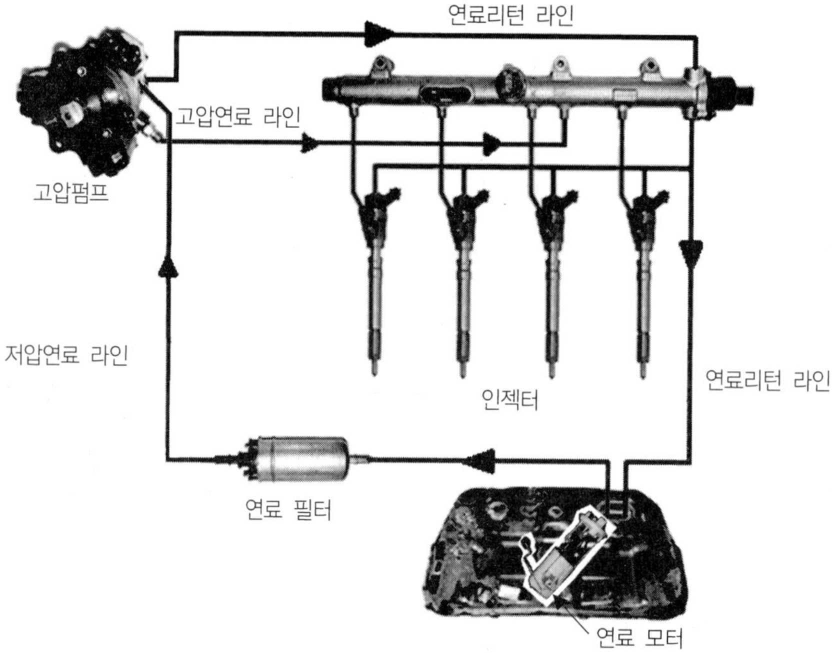

그림 1-26. 커먼레일시스템 전기식 저압펌프의 구성도

이 시스템에서는 종래의 노즐홀더 위치에 솔레노이드가 부착된 노즐이 장착되고, 고압은 레디얼 피스톤펌프(Radial Piston Pump)에 의해서 생성되는데, 일정한 범위 내에서는 엔진 회전수와는 독립하여 자유롭게 회전속도를 조정할 수 있다. 이에 따라 엔진효율이 높아지고, 공해물질이 적게 배출된다.

[1] 저압 연료펌프(Low Pressure Fuel Pump)

(1) 전기식 저압 연료펌프

전기식 저압 연료펌프는 연료탱크 내에 장착되어 있으며, 연료를 연료필터로 보내어지고 연료필터를 지난 연료는 고압펌프로 공급하는 역할을 한다. ECU에 구동되며, IG ON시에 3~5초간 작동한 다음 엔진회전수(CKP) 신호를 입력받아 시동 ON상태에서 계속 작동하게 된다.

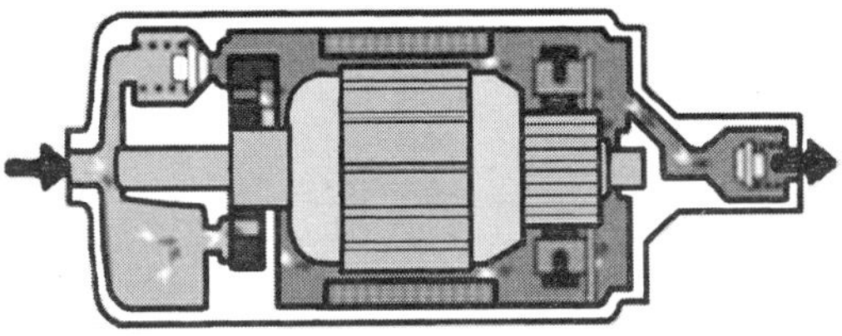

(a) 전기식

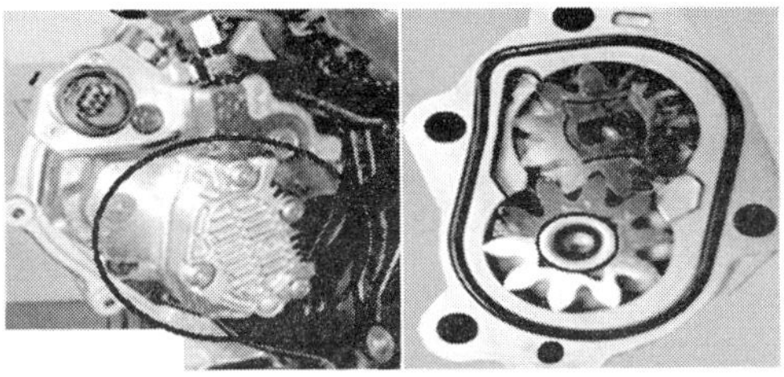

(b) 기계식

그림 1-27. 저압 연료펌프

(2) 기계식 저압 연료펌프

기계식 저압 연료펌프는 기어타입으로 고압펌프와 일체로 구성되어 있다. 엔진의 회전과 동시에 타이밍체인 또는 벨트로 연결된 고압펌프가 회전하면 고압펌프 내부의 구동 샤프트에 의해 구동되며 이때 연료탱크 내의 연료는 저압펌프에 의해 흡입되어 진다. 흡입된 연료는 연료압력 조절밸브에 의해 조절되어 필요한 양의 연료가 고압펌프로 압송된다.

[2] 연료필터 및 히팅장치(Fuel Filter & Heating System)

연료필터는 연료 속에 함유되어 있는 수분이나 이물질을 여과하여 고압펌프의 손상을 방지하고 고압펌프에서 원활한 작용이 이루어지도록 한다.

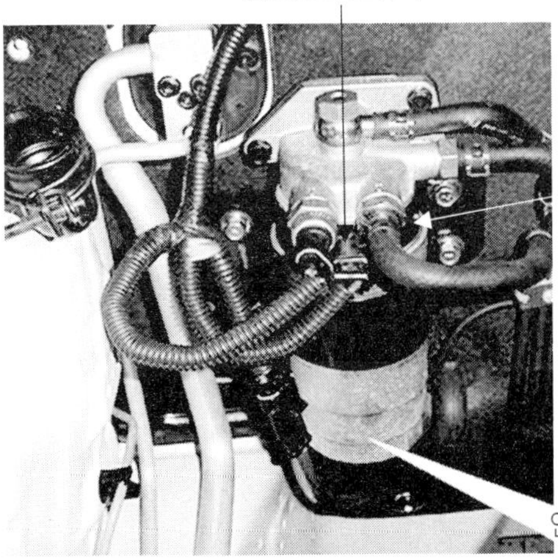

그림 1-28. 연료필터

그림 1-29. 고압 연료계통

또한 연료 히팅은 냉간시 연료 속에 이물질 생성 및 응고가 되는 것을 방지하여 시동성 이나 가속성 및 내구성을 향상시킨다.

[3] 고압펌프(High Pressure Pump)

고압의 연료를 커먼레일에 공급하는 기능이며 구동방식은 기존 인라인 인젝션펌프와 동일하다.

그림 1-30. 고압펌프

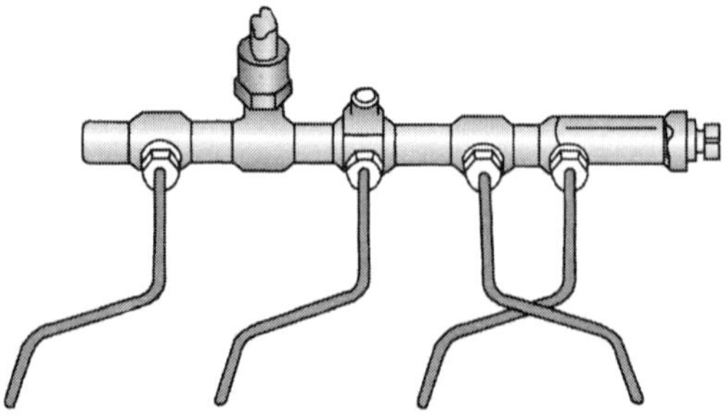

그림 1-31. 커먼레일

[4] 고압 어큐뮬레이터(High Pressure Accumulator, 커먼레일)

고압펌프로 부터 공급되는 고압의 연료를 저장하고 축압되는 곳으로 연료가 공급될 때와 분사될 때의 압력변화는 레일체적과 내부압력으로 감쇄시킨다. 레일에는 연료의 압력을 감지하는 레일압력센서(RPS), 연료의 압력을 제어하는 압력 조절밸브(D엔진), 연료 제한밸브(A엔진) 및 인젝터 라인으로 구성되어 있다.

[5] 레일압력 조절밸브(pressure control valve)

고압의 연료를 ECU의 목표 압력으로 분사하기 위해서 커먼레일의 축압된 고압의 연료를 일정하게 유지하고 제어하는 역할을 한다.

[6] 인젝터(Injector)

인젝터는 연료를 연소실에 분사하는 기구이며, ECU 내부 구동 드라이브에서 높은 전압 및 전류에 의해 제어되고 분사개시와 분사된 연료량은 전기적으로 작동되는 인젝터에 의해 조절된다.

작동원리는 ECU에서 코일에 전류를 공급하면 볼 밸브가 연료의 압력으로 들어 올려진 후 컨트롤 챔버를 통해 연료를 배출하고 그와 동시에 니들과 노즐이 상승되면서 고압의 연료가 연소실로 분사되는 원리이다.

[7] 연료 온도센서(Fuel Temperature Sensor)

연료 온도센서(FTS)는 연료라인에 설치되어 있으며 부특성 서미스터를 이용하여 연료의 온도를 측정하여 ECU로 보낸다. ECU는 이 신호를 받아 연료온도가 규정(120℃) 이상 높아질 경우 연료 온도를 낮추기 위해 최고 회전수를(2500~3500rpm으로) 제한한다. 연료 온도센서가 장착된 주 목적은 고압펌프를 보호하기 위해서이다.

그림 1-32. 연료 온도센서

[8] 레일 압력센서(Rail Pressure Sensor)

레일 압력센서(RPS)는 커먼레일의 중앙에 장착되어 있으며 반도체 피에조 압전소자 방식으로 커먼레일 내의 연료압력을 측정하여 ECU로 보낸다. ECU는 이 신호를 받아 연료 분사량, 분사시기를 보정하는 신호로 사용한다.

그림 1-33. 레일 압력센서

2. 자동차 엔진 분해 · 조립

2.1. 엔진 부속장치 분해

① 고압케이블, 점화코일, 점화플러그, 기동전동기, AC발전기, 에어컨 컴프레서, 연료파이프, 연료리턴 파이프, 팬벨트 등 기관 부속장치를 탈거한다.

그림 1-34. 점화코일 및 고압 케이블 탈거

② 각종센서 및 배선을 탈거한다.

그림 1-35. 캠 포지션센서, ISA 탈거

그림 1-36. 크랭크각 센서 및 오일압력스위치 탈거

그림 1-37. 파워 스티어링 펌프 및 오일게이지 탈거

그림 1-38. 벨트 탈거

③ 딜리버리 파이프 및 인젝터를 탈거한다.

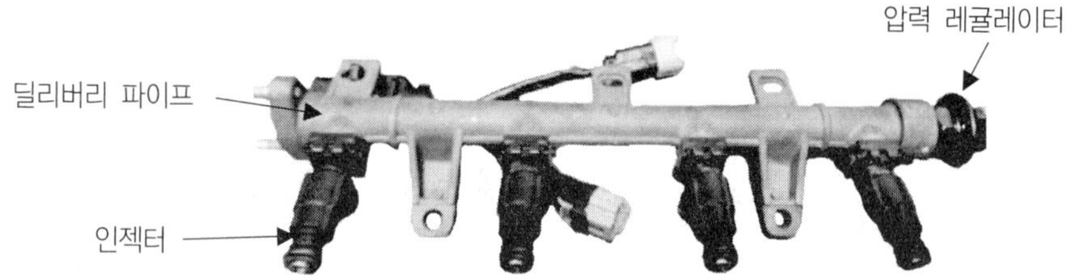

그림 1-39. 딜리버리 파이프 및 인젝터 탈거

④ 오일배출 및 오일필터를 탈거한다.

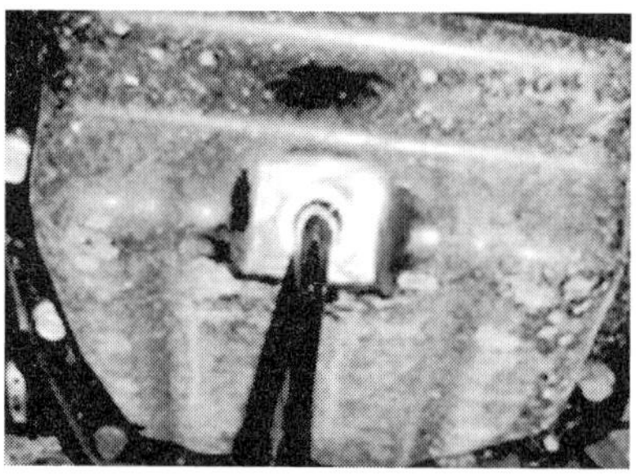

(a) 오일배출

(b) 오일필터 탈거

그림 1-40. 오일배출 및 오일필터 탈거

⑤ 흡기다기관, 배기다기관을 탈거한다.

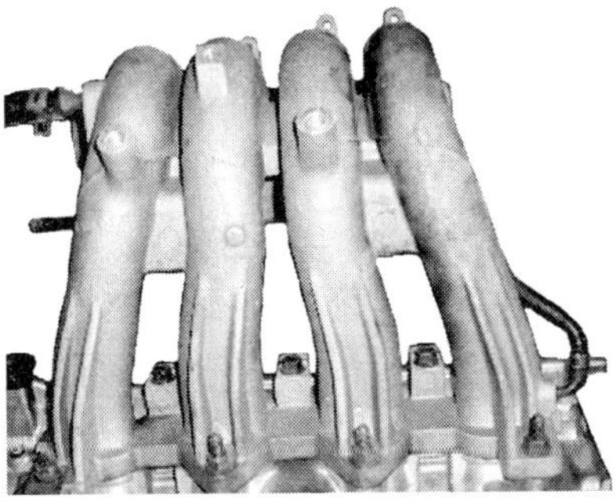

(a) 흡기다기관

(b) 배기다기관

그림 1-41. 흡・배기다기관 탈거

⑥ 물펌프 풀리는 벨트 탈착하기 전에 볼트를 이완시킨 후 벨트 탈거 후 탈거한다.

⑦ 크랭크축 풀리를 탈거한다.

그림 1-42. 물 펌프 풀리 탈거

그림 1-43. 크랭크축 풀리 탈거

⑧ 타이밍벨트 커버(상부커버, 하부커버)를 탈거한다.

(a) 상부커버

(b) 하부커버

그림 1-44. 타이밍 커버 탈거

2.2. 엔진 주요부 분해

① 크랭크축을 시계방향으로 돌려 1번 실린더의 피스톤을 압축행정의 상사점에 있도록 타이밍마크를 맞춘다.

② 타이밍벨트 텐셔너 장력을 해제시킨 후 워터펌프 반대쪽으로 이동시켜 임시로 고정시킨다.

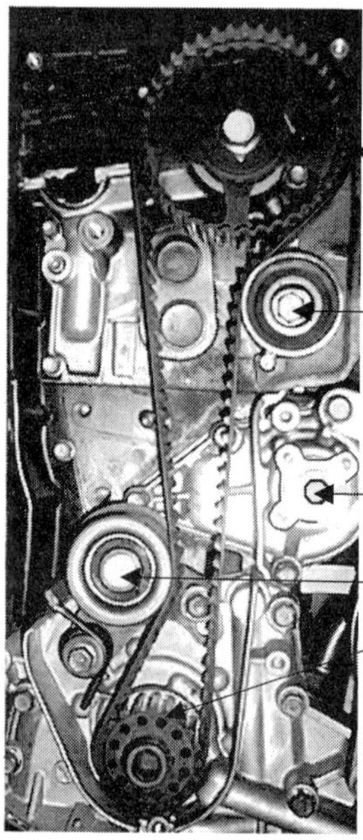

그림 1-45. 기관 주요부

③ 타이밍벨트를 탈거한다. 타이밍벨트를 재사용할 때는 회전방향에 화살표를 표시하여 둔다.

④ 크랭크샤프트 스프로킷 볼트를 탈거하고 크랭크샤프트 스프로킷과 플랜지를 탈거한다.

⑤ 아이들러 베어링을 탈거한다.

그림 1-46. 크랭크샤프트 스프로킷과 플랜지 탈거

그림 1-47. 아이들러 베어링 탈거

⑥ 타이밍벨트 텐셔너를 탈거한다.

⑦ 물 펌프를 탈거한다.

그림 1-48. 텐셔너 탈거

그림 1-49. 물 펌프 탈거

⑧ 브리더 호스와 PCV밸브, 에어호스를 탈거하고 로커암 커버를 탈거한다.

그림 1-50. 로커암 커버 탈거

⑨ 캠 샤프트 스프로킷 볼트를 풀고 캠 샤프트 스프로킷을 탈거한다.

⑩ 캠 샤프트 베어링 캡을 탈거한다.

그림 1-51. 캠 샤프트 스프로킷 볼트 탈거

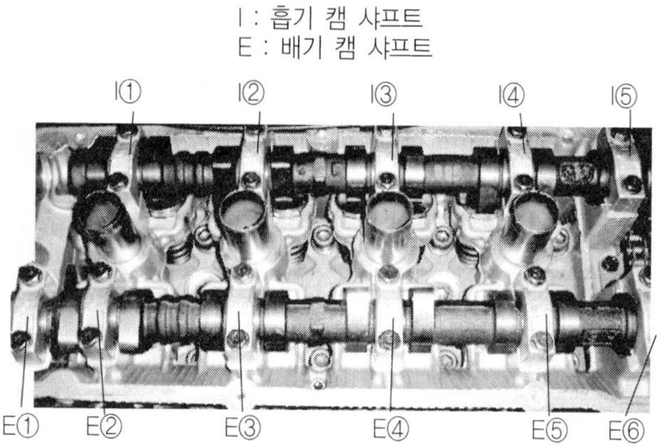

그림 1-52. 캠 샤프트 베어링 캡 탈거 순서

⑪ 타이밍체인을 탈거한다.

그림 1-53. 타이밍체인 탈거

⑫ HLA(하이드로릭 래시 어저스터)를 탈거한다.

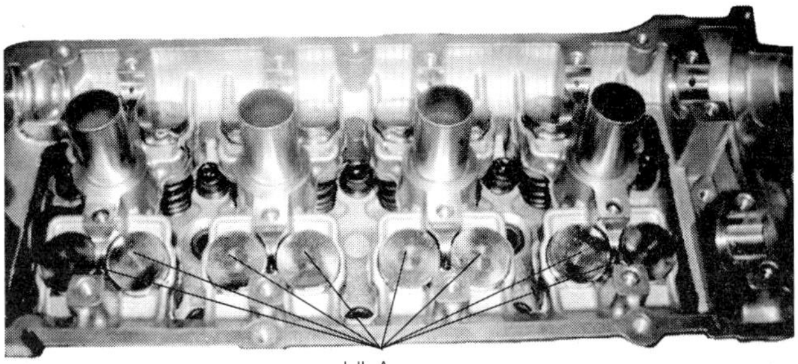

그림 1-54. HLA 탈거

⑬ 실린더헤드를 탈거한다.

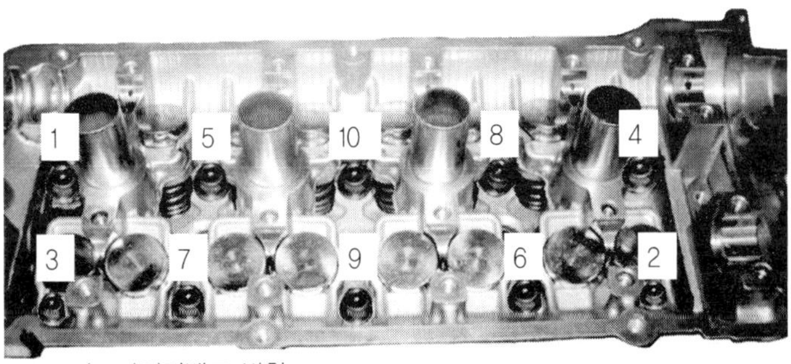

그림 1-55. 실린더헤드 볼트 탈거순서

⑭ 실린더블록을 옆으로 눕힌 다음 오일 팬을 탈거한 후 오일스트레이너를 탈거한다.

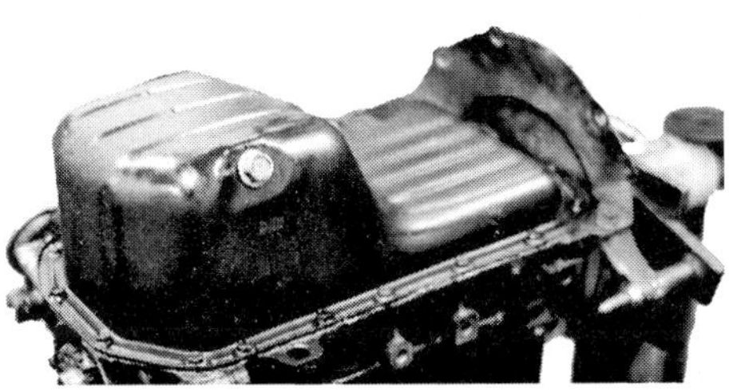

그림 1-56. 오일 팬 탈거

그림 1-57. 오일 스트레이너 탈거

⑮ 피스톤 베어링 캡을 탈거한다.

⑯ 피스톤을 탈거한다.

그림 1-58. 피스톤 베어링 캡 탈거

그림 1-59. 피스톤 탈거

⑰ 프런트 커버(오일펌프 하우징) 및 리어 오일실을 탈거한다.

그림 1-60. 프런트 커버 탈거

그림 1-61. 리어 오일실 탈거

⑱ 메인베어링 캡을 탈거한다.

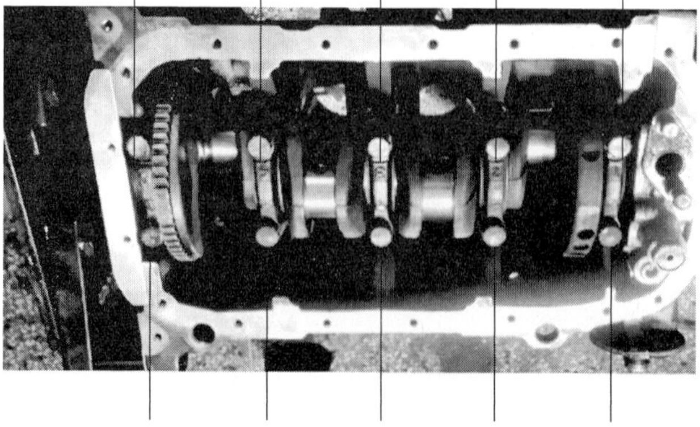

그림 1-62. 메인베어링 캡 탈거순서

⑲ 크랭크축을 탈거한다.

그림 1-63. 크랭크축 탈거

2.3. 엔진 주요부 조립

① 실린더블록에 어퍼 메인베어링을 장착한다.

② 크랭크샤프트를 장착하고 엔진오일을 저널과 핀에 도포한다.

③ 베어링 캡을 장착하고 규정토크(5.5~6.0kgf·m)로 중앙에서 부터 순서적으로 캡 볼트를 2~3단계에 걸쳐 균일하게 조인다.

그림 1-64. 메인저널 베어링 캡 조립순서

④ 프런트 커버(오일펌프 하우징) 및 리어 오일실을 조립한다.

⑤ 피스톤을 블록에 장착하고 피스톤 베어링 캡을 규정토크(3.5kgf·m)로 조립한다.

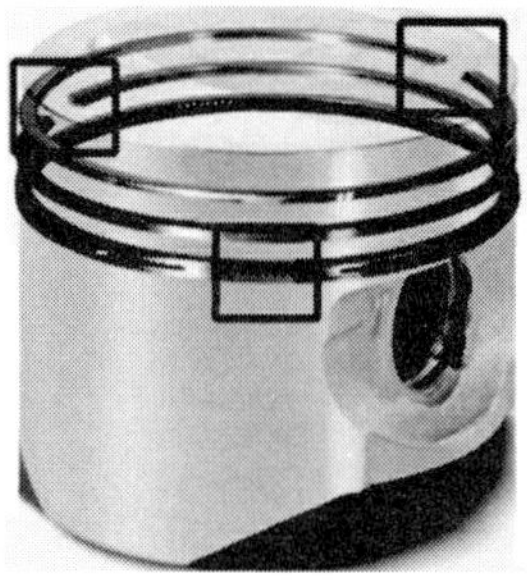

그림 1-65. 피스톤링 절개구 방향

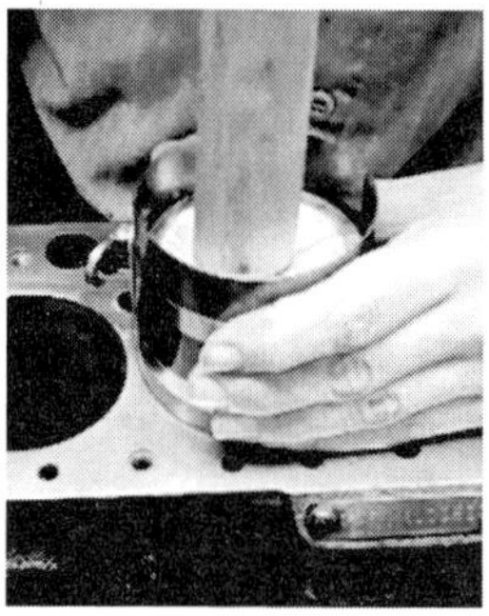

그림 1-66. 피스톤 조립

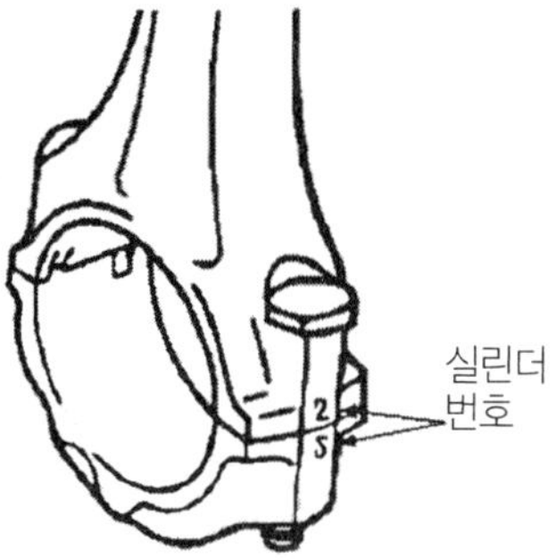

그림 1-67. 피스톤 베어링캡 조립

⑥ 오일스트레이너를 조립하고 오일 팬을 조립한다.

⑦ 실린더블록과 실린더헤드의 면을 깨끗이 청소한다.

⑧ 실린더 개스킷에 실런트를 바르지 말고 실린더블록에 새로운 실린더 개스킷을 식별기호가 위로 향하도록 올려놓고 좌우, 상하가 바뀌지 않도록 주의한다.

그림 1-68. 헤드 개스킷 설치 및 식별기호

⑨ 실린더헤드를 실린더블록에 올려놓고 볼트의 나사부에 소량의 엔진오일을 도포하고 볼트에 와셔를 삽입하여 실린더헤드에 삽입한 후 토크렌치를 이용하여 규정토크(7~7.5kgf·m)로 2~3단계에 걸쳐 균일하게 조인다.

그림 1-69. 실린더헤드 조임순서

⑩ HLA(하이드로릭 래시 어져스터)를 조립한다.

그림 1-70. HLA(하이드로릭 래시 어져스터) 조립

⑪ 흡・배기 캠샤프트와 타이밍체인의 타이밍마크를 맞추고 조립한 후 실린더헤드에 장착하고 캠축 캡을 조립한다.

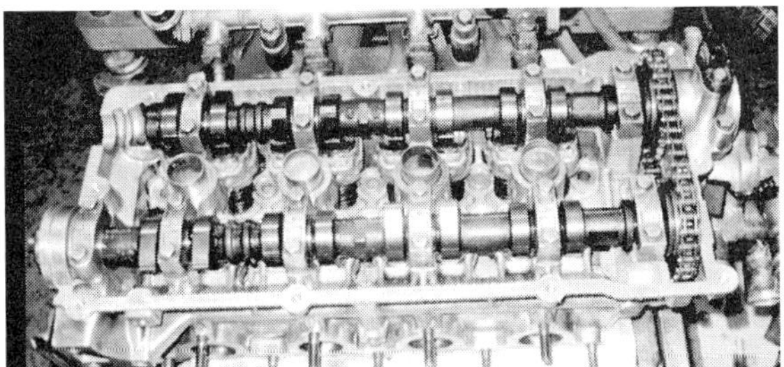

그림 1-71. 캠축, 타이밍체인 조립

⑫ 캠 샤프트 스프로킷을 설치하고 캠 샤프트 스프로킷 볼트를 규정토크(8~10kgf·m)로 조립한다.

⑬ 로커 암 커버를 조립하고 브리더호스와 PCV밸브, 에어호스를 조립한다.

⑭ 물 펌프 개스킷 및 물 펌프를 조립한다.

⑮ 아이들러 베어링을 장착하고 규정토크(4.3~5.5kgf·m)로 조인다.

⑯ 텐셔너, 스프링 및 스페이서를 장착하고 볼트를 일시적으로 조인 후 텐셔너의 긴 구멍 축 와셔와 볼트를 임시로 조인다.

⑰ 플랜지와 크랭크샤프트 스프로킷을 설치하고 볼트를 일시적으로 조인다.

그림 1-72. 텐셔너, 크랭크샤프트 스프로킷 조립

⑱ 프런트 케이스에 스프링의 아래 끝을 장착한다.

(a) 드라이버를 이용하여 스프링 설치

(b) 설치상태

그림 1-73. 스프링 설치

⑲ 캠 샤프트 스프로킷을 돌려 서 노크핀 ∅4.5구멍에 CAM CAP의 빨간색 타이밍 마크가 중앙에 위치하도록 맞춘다.

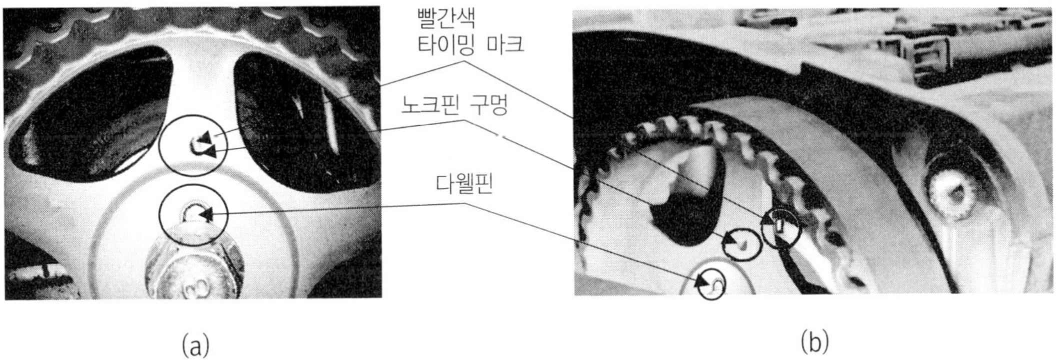

그림 1-74. 캠 샤프트 스프로킷 타이밍 마크정렬

⑳ 크랭크샤프트 스프로킷을 돌려 스프로킷 타이밍마크와 프런트 케이스의 타이밍 마크를 일치시킨다.

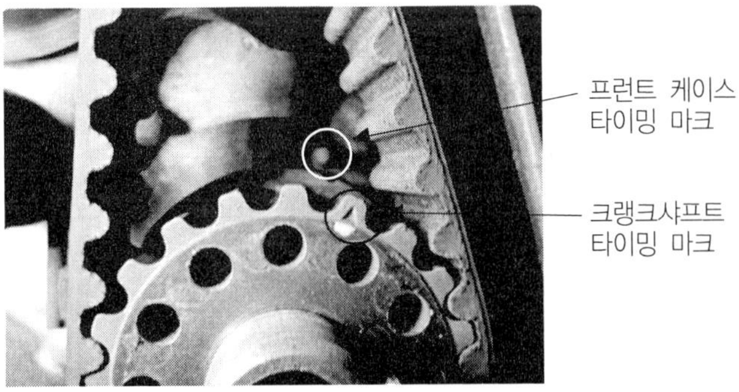

그림 1-75. 크랭크샤프트 스프로킷 타이밍마크 정렬

㉑ 타이밍마크가 정열된 상태에서 벨트를 인장측부터 장착한 다음 텐셔너를 밀면서 벨트를 장착한다.

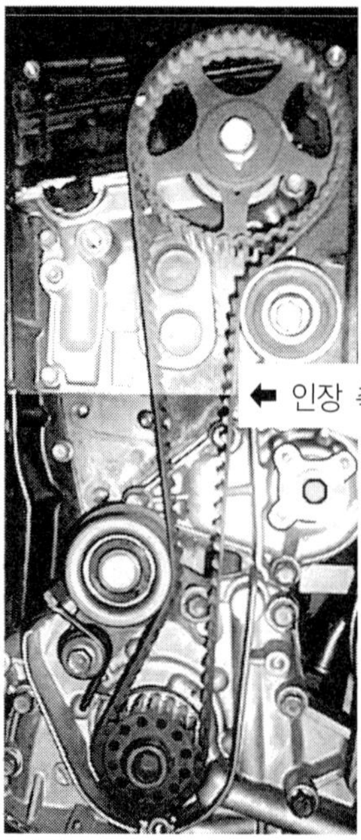

그림 1-76. 타이밍벨트 인장 측

㉒ 크랭크샤프트를 시계방향으로 스프로킷의 2이빨을 돌려 장력이 팽팽한가 확인 후 텐셔너의 슬롯측 볼트, 피벗측 볼트를 규정장력(2.0~2.7kg · m)으로 순서대로 조여 준다.

㉓ 벨트의 장력은 텐셔너 측을 밀었을 때 타이밍벨트의 이빨 끝이 볼트 중앙에서 볼트 직경의 1/4만큼 위치해야 한다.

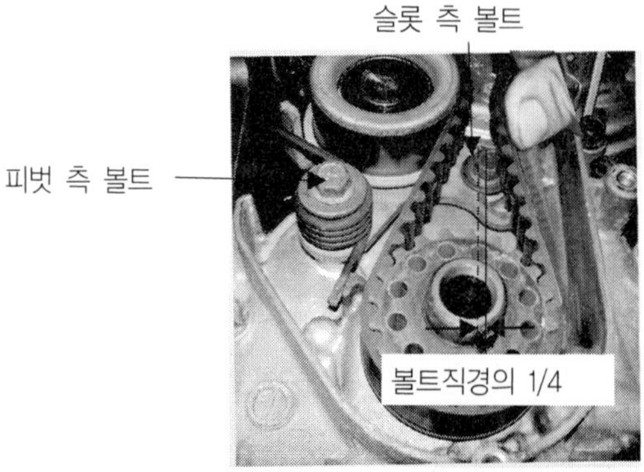

그림 1-77. 타이밍벨트 장력의 조절

㉔ 로커 암 커버를 조립하고 브리더 호스와 PCV밸브, 에어호스를 조립한다.

㉕ 타이밍벨트 커버(상부커버, 하부커버)를 조립한다.

㉖ 크랭크축 풀리를 조립하고 볼트를 규정토크(14~15kgf · m)로 조인다.

㉗ 물펌프 풀리를 조립한다.

㉘ 흡기 매니폴드, 배기다기관을 조립한다.

㉙ 오일필터를 조립한다.

㉚ 딜리버리 파이프 및 인젝터를 조립한다.

㉛ 각종센서 및 배선을 조립한다.

㉜ 고압케이블, 점화코일, 점화플러그, 기동전동기, AC발전기, 에어컨 컴프레서, 연료파이프, 연료리턴 파이프, 팬벨트 등 기관 부속장치를 조립한다.

Automotive Primary Practice

CHAPTER 02

자동차 전기

1. 자동차 전기 일반

1.1. 배터리(Battery)

자동차의 전기장치는 엔진이 시동되어 있을 때는 발전기가 전력을 공급하지만, 엔진이 정지하고 있거나 시동할 때의 필요한 전력은 축전지에 의존하게 된다. 그리고 배터리는 엔진이 운전되고 있을 경우에도 발전기의 출력이 부족하거나 전압 변동이 있을 때에 이를 보상하여 전력의 공급이 안정되게 한다.

[1] 배터리 터미널(Battery Terminal)

터미널(단자기둥)은 납합금으로 축전지 케이블과 확실히 접속되도록 테이퍼로 되어 있으며, ⊕극과 ⊖극을 역으로 접속할 수 없도록 양극 터미널이 음극 터미널보다 굵다.

구 분	양극 터미널	음극 터미널
터미널의 직경	크다	작다
터미널의 색	적갈색	회색
표시 문자	+ 또는 P	– 또는 N
터미널에 발생되는 부식물	많다	적다

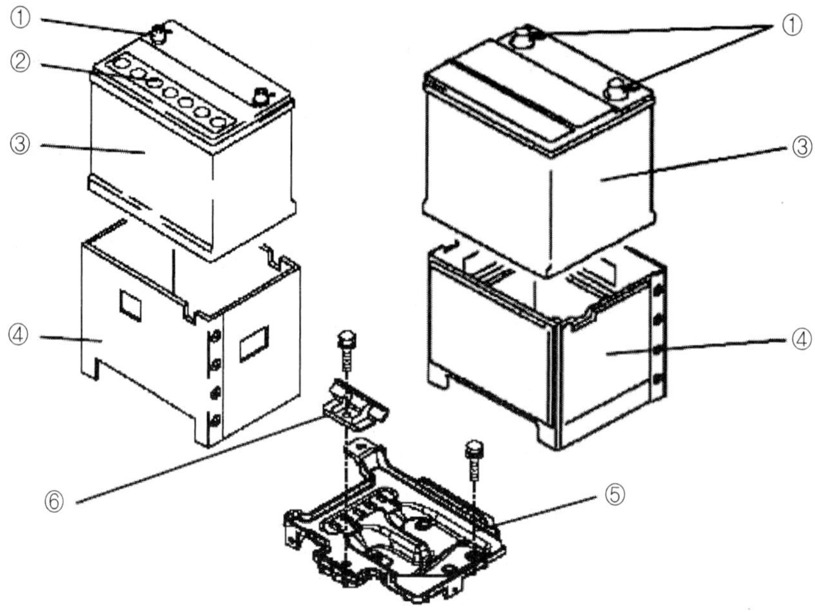

① 배터리 터미널(battery terminal)
② 배터리 벤트플러그(battery bent plug)
③ 배터리(battery)
④ 배터리 인슐레이션 패드(battery insulation pad)
⑤ 배터리 트레이(battery tray)
⑥ 배터리 클램프(battery clamp)

그림 2-1. 배터리

[2] 배터리 벤트플러그(Battery Bent Plug)

필러플러그(filler plug)라고도 하며 축전지 커버 중앙부에 설치되어 전해액이나 증류수를 보충하고 전해액의 비중을 측정하기 위하여 비중계를 넣기 위한 주입구와 주입구를 막기 위한 필러 플러그가 있다.

축전지를 충전할 때에는 양극판에서 산소가스가 발생되고 음극판에서 수소가스가 발생되므로 필러 플러그의 중앙이나 옆 부분에 작은 통기구멍을 설치하여 축전지 내부에서 발생되는 가스를 배출시킨다.

[3] 배터리(Battery)

축전지는 전극의 작용물질과 전해액이 가지는 화학적 에너지를 전기적 에너지로 변환시키는 역할을 하며, 반대로 전기적 에너지를 공급하면 다시 화학적 에너지로 변환된다.

① 축전지는 기관을 시동할 때 기동장치에 전기부하를 부담한다.

② 주행 중 충전장치에 고장이 발생된 경우 자동차의 주행을 확보하기 위한 전원으로 작동한다.

③ 발전기의 출력과 자동차의 주행상태에 따른 부하와의 언밸런스를 조정한다.

[4] 배터리 인슐레이션 패드(Battery Insulation Pad)

배터리를 엔진룸에 설치할 경우 엔진 열로 인하여 과열될 수 있으므로 열을 차단시켜 주는 재질로 케이스를 만들어 차체에 고정시켜주는 부품을 말한다.

[5] 배터리 트레이(Battery Tray)

배터리를 올려놓기 위한 장치를 말한다.

[6] 배터리 클램프(Battery Clamp)

배터리가 움직이지 않도록 배터리 인슐레이션 패드를 고정하는 장치를 말한다.

1.2. 점화장치(Ignition System)

점화장치란 가솔린엔진의 연소실 내에 압축된 혼합기가 연소실에 설치된 점화플러그를 통하여 고압의 전기적 불꽃으로 점화하여 연소를 일으키는 장치를 말한다. 점화장치는 축전지, 점화스위치, 점화코일, 배전기, 고압케이블 및 점화플러그 등으로 구성되어 있다.

최근에는 반도체의 발달로 전 트랜지스터 점화방식, HEI, DLI 등이 사용되고 있다.

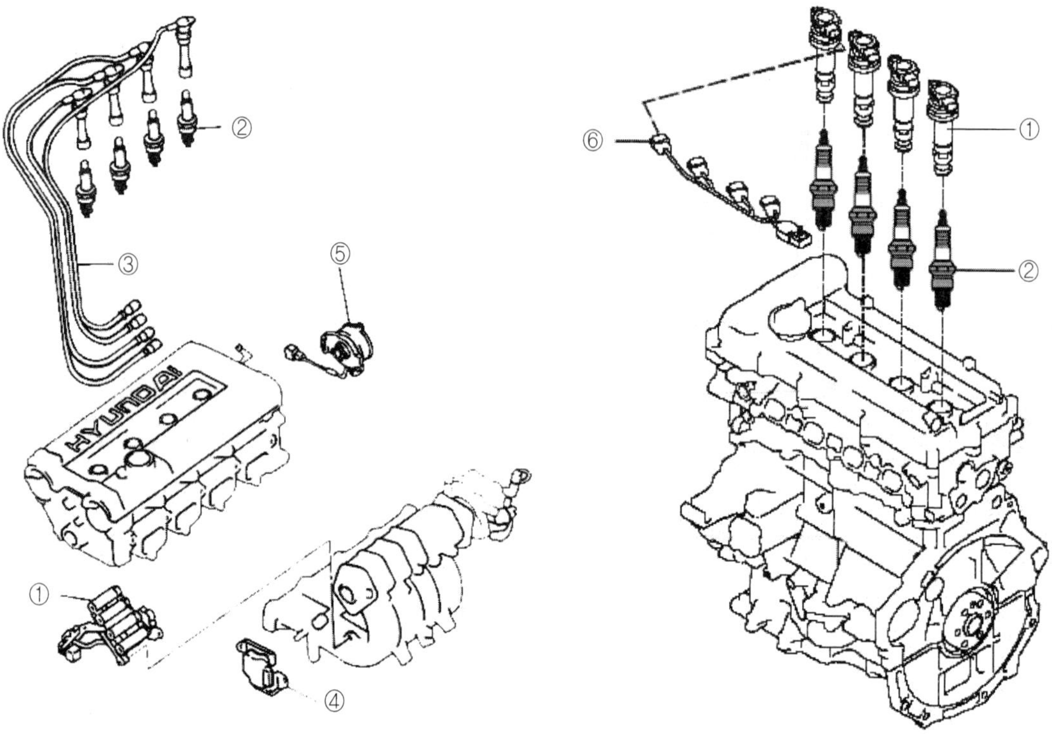

① 점화코일(ignition coil) ② 스파크플러그(spark plug)
③ 스파크플러그 케이블(spark plug cable) ④ 파워 트랜지스터(power transistor)
⑤ 크랭크 각 센서(crank angle sensor)
⑥ 점화코일 커넥터(ignition coil connecter)

그림 2-2. 점화장치

[1] 점화코일(Ignition Coil)

점화코일은 연료를 점화하기 위해 점화플러그에 전기스파크를 생성하는데 필요한 높은 전압을 발생시키는 승압 변압기로 자기유도작용과 상호유도작용을 이용하며, 철심과 1차코일 및 2차코일 등으로 구성되어 있다. 점화코일에서 배전기로 가는 케이블과 배전기에서 각 점화플러그로 가는 고전압 케이블이 있다.

[2] 스파크플러그(Spark Plug)

각 실린더헤드의 연소실에 설치되어 압축된 혼합기에 점화코일에서 발생된 고전압의 전류를 공급받아 불꽃을 발생하여 착화 연소시키는 역할을 한다.

스파크플러그는 전극, 절연체, 셸로 구성되어 있으며 전극은 중심전극과 접지전극으로 구성되어 이들 사이에는 0.7~1.1mm 간극이 있으며 간극조정은 접지전극으로 구부려서 조정한다.

[3] 스파크플러그 케이블(Spark Plug Cable)

점화코일의 중심단자와 점화플러그를 연결하는 절연전선이다. 스파크플러그에 고전압이 흐를 때 고주파전류가 발생되어 대기 중으로 방출되기 때문에 고주파 전류에 의해서 라디오나 무선통신기 등에 고주파 소음을 발생시키는 원인이 된다. 따라서 고주파의 전파를 감쇠시켜 고주파소음을 방지하기 위하여 TVRS 코드를 사용한다. TVRS 코드는 코드 전체에 걸쳐 10kΩ 의 저항을 둔 것으로 라디오나 무선통신기의 고주파 소음을 방지하는 역할을 한다.

[4] 파워 트랜지스터(Power Transistor)

파워 트랜지스터는 ECU에서 신호를 받아 점화코일의 1차 전류를 단속하는 작용을 한다. 구조는 ECU에 의해 제어되는 베이스, 점화코일과 접속되는 컬렉터 그리고 접지되는 이미터단자로 구성된 NPN형이다.

[5] 크랭크 각 센서(Crank Angle Sensor)

크랭크샤프트의 회전각을 상사점 기준으로 검출하는 센서. 주위에 슬릿을 설치한 원반을 회전시켜 포토트랜지스터(phototransistor)에 의한 광학식과, 전자픽업과 돌기에 의해서 검출하는 전자식이 있다. 이전에는 광학식이 넓게 사용되었던 적이 있지만 신뢰성 면에서 전자식이 주류가 되고 있다.

상사점 기준의 전자 픽업식에서도 크랭크 포지션과 회전수를 동시에 검출가능하다. 엔진 회전수와 크랭크위치(회전 각)를 ECU로 산출하고 엔진을 제어한다.

[6] 점화코일 커넥터(Ignition Coil Connecter)

점화코일에 전기를 공급해주고 ECU로 점화시기를 전송해 준다.

1.3. 스타터 모터(Starter Motor)

엔진 시동용 모터로 토크를 발생하는 전기부와 토크를 전달하는 기계부로 구성되어 있다. 시동 때에는 시동모터의 피니언이 엔진의 플라이휠 링 기어에 맞물려 엔진을 회전시키다가 시동이 된 후에는 맞물림이 풀어지면서 피니언을 원위치 시키게 된다.

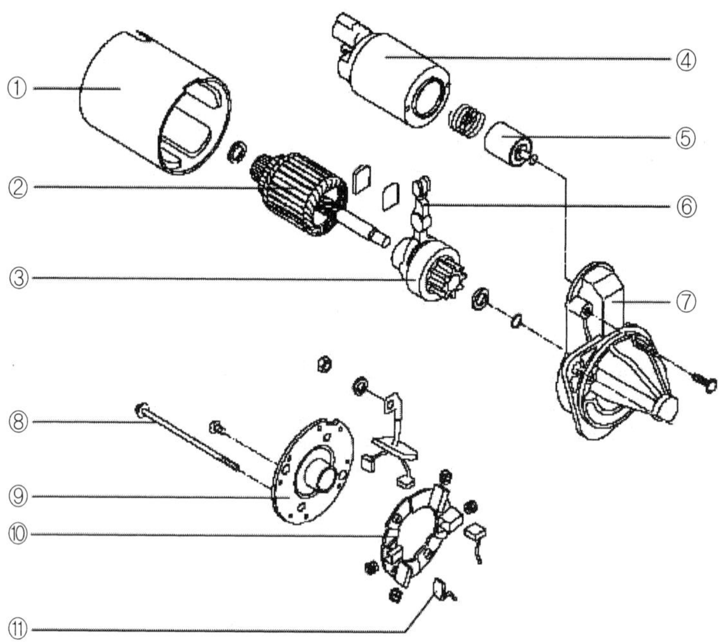

① 스타터 모터 요크(starter motor yoke)　② 아마추어(armature)
③ 오버러닝 클러치(over running clutch)　④ 솔레노이드스위치(solenoid switch)
⑤ 플런저(flanger, 플레이트 : plate)
⑥ 시프트 레버(shift lever)
⑦ 스타터 프런트 브래킷(starter front bracket)
⑧ 서드 볼트(thread bolt)
⑨ 스타터 리어 브래킷(starter rear bracket)
⑩ 브러시 홀더(brush holder)
⑪ 브러시(brush)

그림 2-3. 스타터 모터

[1] 스타터모터 요크(Starter Motor Yoke)

계철(yoke)이라고도 부르는데 원통형으로 된 전동기의 프레임으로 자력선의 통로 역할을 하며, 안쪽 면에는 계자코일을 지지하여 자극이 형성되는 계자철심이 스크루에 의해서 고정되어 있다.

[2] 아마추어(Armature)

전기자 코일은 전기자를 회전시키는 역할을 하며, 코일의 한 쪽은 S극 쪽에 다른 한 쪽은 N극 쪽이 되도록 전기자 철심의 홈에 설치되어 각각 코일의 양끝은 정류자에 납땜되어 있다. 따라서 모든 전기자 코일에 전류가 흐르면 발생되는 회전력이 합세되어 전기자가 회전한다.

[3] 오버러닝 클러치(Over Running Clutch)

오버러닝 클러치는 시동 시 전동기의 회전력을 기관의 플라이휠에 전달하고 시동 후에는 기관의 플라이휠에서 전동기로 회전력이 전달되는 것을 방지하는 역할을 하는 것으로 피니언 축, 이너 레이스, 아웃 레이스 및 클러치 롤러로 구성되어 있고 이너 레이스와 아웃 레이스사이에 설치되어 있는 쐐기형 홈에 롤러가 압입되어 쐐기형 홈의 좁은 쪽으로 스프링의 장력에 의해서 밀려져 있다.

[4] 솔레노이드 스위치(Solenoid Switch)

마그네틱 스위치(magnetic switch)라고도 하는데 피니언 기어를 링 기어에 물리게 하는 것으로 풀인코일, 홀딩코일, 리턴스프링, 플런저 및 메인접점으로 구성되어 있다. 플런저를 흡인하면 플런저 축을 누르는 스틸 볼을 통하여 피니언 축이 플라이휠의 링 기어 쪽으로 밀려져 피니언 기어가 링 기어와 맞물리게 된다.

[5] 플런저(플레이트)(Flanger(Plate))

플런저(플레이트)가 작동되어 플런저를 흡인하면 플런저 끝 부분에 설치된 부분이 시프트레버를 당겨서 지렛대 원리에 의해서 피니언 기어를 플라이휠의 링 기어 쪽으로 밀어 주는 작용을 한다.

[6] 시프트 레버(Shift Lever)

솔레노이드 스위치가 시프트로 밀어 주는 레버를 말한다.

[7] 스타터 프런트 브래킷(Starter Front Bracket)

스타터 모터를 엔진에 고정시키기 위해 조립되는 부분을 말한다.

[8] 서드 볼트(Thread Bolt)

관통볼트라도 부르며 스타터 리어 브래킷과 스타터 프런트 브래킷을 고정시켜주는 볼트를 말한다.

[9] 스타터 리어 브래킷(Starter Rear Bracket)

엔드 커버라고도 부르는데 스타터 프런트 브래킷에 서드 볼트를 통하여 스타터 모터 요크를 고정시켜 작용이 원활히 잘 되도록 끝에 있는 커버를 말한다.

[10] 브러시 홀더(Brush Holder)

브러시 홀더는 브러시를 지지하고, 브러시 스프링은 정류자에 브러시를 0.5~1.0 kgf/cm^2의 압력으로 압착시키는 역할을 한다.

[11] 브러시(Brush)

정류자를 통해 전기자 코일에 전류를 공급하며 4각기둥으로 2개의 절연브러시와 2개 또는 1개의 접지브러시가 있으며 재질은 흑연계 구리이다.

1.4. 제너레이터(Generator)

제너레이터는 차량운행 중 각종 전기장치에 전력을 공급하는 전원인 동시에 축전지에 충전전류를 공급하는 장치. 엔진에 의해 구동되는 발전기로 발생되는 충전전압은 축전지 전압조절기에 의하여 조정된다.

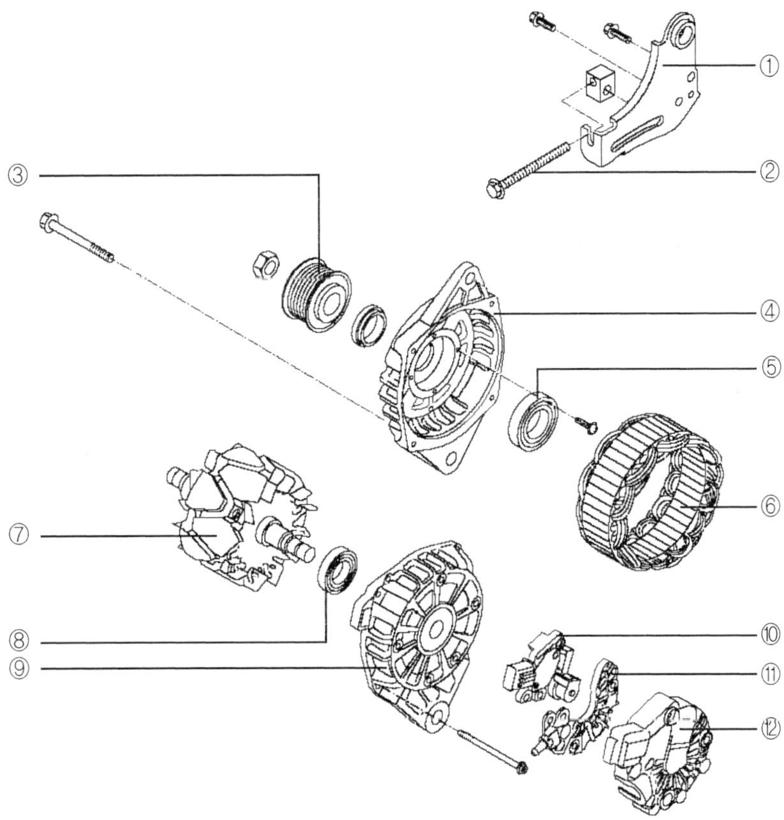

① 제너레이터 브래킷(generator bracket)
② 제너레이터 어저스트 볼트(generator adjust bolt)
③ 제너레이터 풀리(generator pulley) ④ 제너레이터 하우징(generator housing)
⑤ 프런트 베어링(front bearing) ⑥ 제너레이터 스테이터(generator stator)
⑦ 제너레이터 로터(generator rotor) ⑧ 리어 베어링(rear bearing)
⑨ 제너레이터 브래킷 렉티파이어(generator bracket rectifler)
⑩ 제너레이터 레귤레이터(generator regulator)
⑪ 제너레이터 레귤레이터 프레임(generator regulator frame)
⑫ 제너레이터 커버(generator cover)

그림 2-4. 제너레이터

[1] 제너레이터 브래킷(Generator Bracket)

알터레이터 또는 AC발전기라고 부르는 제너레이터를 엔진에 고정하기 위한 설치대를 말한다.

[2] 제너레이터 어저스트 볼트(Generator Adjust Bolt)

제너레이터 V벨트의 장력을 조정하기 위한 볼트를 말한다.

[3] 제너레이터 풀리(Generator Pulley)

제너레이터를 회전시켜 발전을 하도록 하기 위하여 크랭크샤프트의 구동력을 이용하여 벨트를 돌리기 위한 부품을 말한다.

[4] 제너레이터 하우징(Generator Housing)

제너레이터 케이스라고도 부른다.

[5] 프런트 베어링(Front Bearing)

로터의 원활한 회전을 도와주기 위해 앞쪽 설치된 베어링을 말한다.

[6] 제너레이터 스테이터(Generator Stator)

스테이터는 스테이터 철심과 스테이터 코일로 구성되어 있으며 3상 교류가 발생하는 곳이다. 성형결선(Y결선, 스타결선은 A, B, C 각 코일의 한 끝을 한 점(중성점)에 모아 연결시킨 결선방법이다. 삼각결선(△결선, 델타결선)은 A, B, C 각 코일의 시작과 끝을 서로 연결하고 각 접속점에서 외부단자로 연결한 결선방법이다.

자동차용 교류발전기는 저속회전시 높은 전압발생과 중성점의 전압을 이용할 수 있는 장점이 있는 성형결선을 많이 사용하고 있다.

[7] 제너레이터 로터(Generator Rotor)

로터(rotor)는 로터-철심(core), 로터코일(계자코일), 슬립 링, 로터 축으로 구성되며, 로터 축 끝에 풀리와 크랭크축 풀리가 V벨트로 연결되어 함께 회전한다.

로터코일은 브러시와 슬립 링을 통해 들어온 여자전류로 자장을 발생하는 부분이며, 슬립 링에 각각 연결되어 있고 슬립 링은 브러시와 연결되어 있다. 로터 철심은 로터 코일에서 발생한 자장으로 자석이 되는 부분이며 자극수(磁極數)에 따라 4극식, 6극식 등이 많이 사용된다.

[8] 리어 베어링(Rear Bearing)

로터의 뒤쪽을 지지해주며 원활한 회전을 도와주는 베어링을 말 한다.

[9] 제너레이터 브래킷 렉티파이어(Generator Bracket Rectifler)

제너레이터 뒤 하우징을 말하며 전압조정기와 다이오드 등이 이곳에 고정된다.

[10] 제너레이터 레귤레이터(Generator Regulator)

축전지에서 공급되는 전류와 전압을 조정하여 발전기의 출력을 조정한다.

[11] 제너레이터 레귤레이터 프레임(Generator Regulator Frame)

전압조정기의 케이스가 되며 로터에 입력되는 전류가 입력되는 단자가 설치되어 있다.

[12] 제너레이터 커버(Generator Cover)

제너레이터, 레귤레이터, 프레임 등이 고정되도록 하는 부품을 말한다.

1.5. 글로우 플러그(Glow Plug)

디젤엔진은 압축착화 방식이므로 한랭한 상태에서는 연료(경유)가 잘 착화하지 못해 시동이 어렵다. 글로우 플러그는 연소실 내의 공기를 미리 가열하여 시동을 쉽도록 하는 장치이다.

[1] 글로우 플러그(Glow Plug, 예열플러그)

예열플러그방식은 연소실 내의 압축공기를 직접 예열하도록 된 것이며 예열플러그는 실린더헤드에 설치되어 있다.

[2] 글로우 플러그 플레이트(Glow Plug Plate)

예열플러그라고도 부르는 글로우 플러그를 병렬로 연결한 판을 말한다.

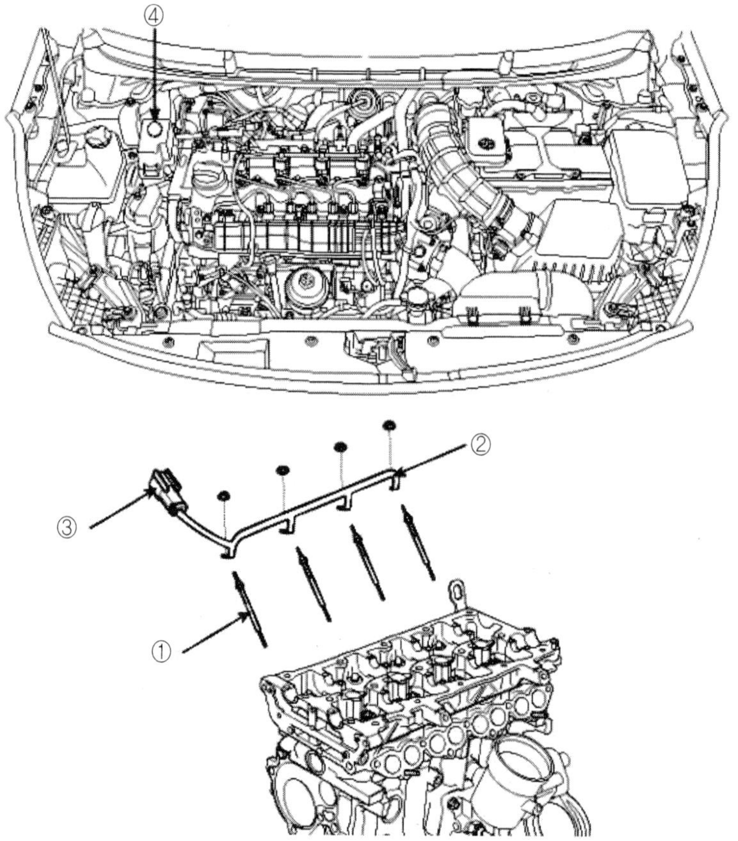

① 글로우 플러그(glow plug, 예열플러그)
② 글로우 플러그 플레이트(glow plug plate)
③ 글로우 플러그 와이어 링(glow plug wiring)
④ 글로우 플러그 릴레이(glow plug relay)

그림 2-5. 글로우 플러그

[3] 글로우 플러그 와이어 링(Glow Plug Wiring)

예열플러그 배선 혹은 히팅 플러그 배선이라도 부르는데 글로우 플러그에 전원을 공급하기 위한 배선을 말한다.

[4] 글로우 플러그 릴레이(Glow Plug Relay)

글로우 플러그에 흐르는 전류가 크기 때문에 점화스위치의 소손(燒損)을 방지하기 위해 사용하는 것이다.

1.6. 등화장치(Lighting System)

등화장치의 종류에는 조명용(전조등, 안개등, 후진등, 실내등, 계기등), 표지용(주차등, 차폭등, 후미등, 번호판등), 신호용(방향지시등, 제동등, 비상점멸 표시등, 위험신호등) 등이 있다.

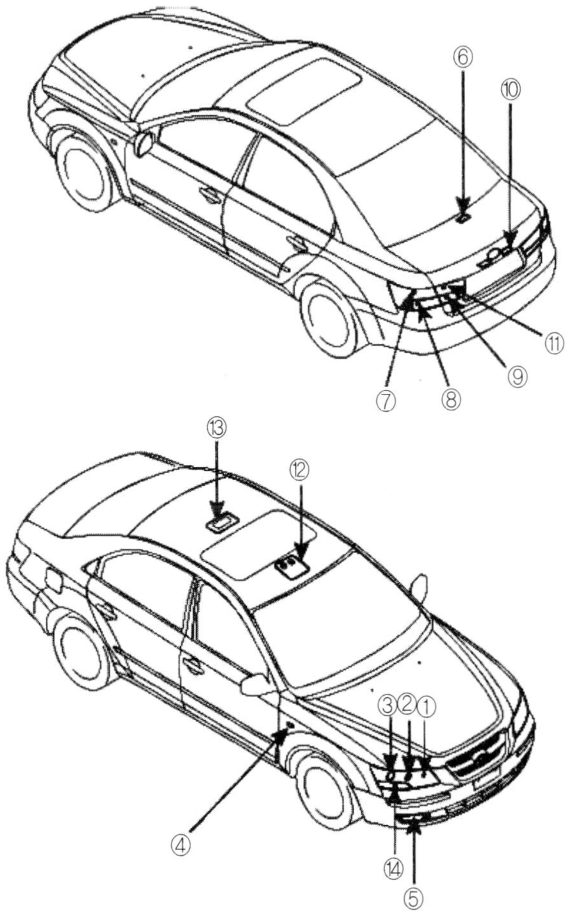

① 전조등(상향)(head light(high), head lamp(high))
② 전조등(하향)(head light(low), head lamp(low))
③ 방향지시등(turn signal lamp) ④ 사이드 방향지시등(side turn signal lamp)
⑤ 안개등(fog lamp) ⑥ 러기지 램프(luggage room lamp)
⑦ 미등, 정지등(tail lamp, stop lamp) ⑧ 방향지시등(turn signal lamp)
⑨ 후진등(back up lamp) ⑩ 번호판등(license plate lamp)
⑪ 미등(tail lamp) ⑫ 맵 램프(map lamp)
⑬ 실내등(room lamp, room light) ⑭ 차폭등(position lamp, side lamp)

그림 2-6. 등화장치

전조등은 백색이어야 하고 제동등은 적색으로서, 주제동 브레이크와 연동하여, 자동적으로 점등되는 구조이어야 한다. 후퇴등은 후진 변속할 때, 자동적으로 점등되어야 한다. 대부분의 승용자동차는 후퇴등, 제동등, 후미등, 방향지시등 등을 하나의 케이스 내에 집적시킨 형태의 콤비네이션(combination)을 사용한다.

[1] 전조등(Head Light, Head Lamp)

(1) 상향(High)

헤드램프로서 대향(對向) 차량이 없는 도로를 주행할 때 원거리 조명으로 사용되는 전조등이다.

(2) 하향(Low)

근거리 조명으로 낮게 비추는 하향의 전조등이다.

[2] 방향지시등(Turn Signal Lamp)

운전자의 조작으로 점멸시켜 다른 차에게 좌 또는 우회전의 신호를 하는 것이다.

[3] 사이드 방향지시등(Side Turn Signal Lamp)

보디 측면에 붙어 있는 방향지시등으로 옆에서 주행하고 있는 뒤차에 진행방향이 바뀌는 것을 알리는 램프이다.

[4] 안개등(Fog Lamp)

자동차의 전조등보다 아래에 설치되는 램프로 전조등과 함께 시야를 확보하며, 특히 눈비가 오거나 안개가 끼는 등 날씨가 좋지 않을 때 유용하다.

[5] 러기지 룸 램프(Luggage Room Lamp)

트렁크 안을 조명하는 램프로, 트렁크 룸 램프라고도 한다.

[6] 미등, 정지등(Tail Lamp, Stop Lamp)

차량 뒤쪽에 있는 램프를 말하며, 미등은 야간에 차량의 존재를 알리는 등이고 제동등(브레이크 램프)은 제동할 때 점등된다.

[7] 방향지시등(Turn Signal Lamp)

운전자의 조작으로 점멸시켜 다른 차에게 좌 또는 우회전의 신호를 하는 것이다.

[8] 후진등(Back Up Lamp)

변속기 레버를 후진위치로 하였을 때 점등되는 후진방향의 조명등이다. 후퇴등 이라고도 한다.

[9] 번호판등(License Plate Lamp)

자동차 뒷면에 설치되어 번호판을 야간식별이 가능하도록 조명하는 등으로, 번호등이라고도 한다.

[10] 미등(Tail Lamp)

야간에 차량의 존재를 알리는 등이다.

[11] 맵 램프(Map Lamp)

자동차 실내에서 책 등을 읽기 위한 조명등이다.

[12] 실내등(Room Lamp, Room Light)

자동차 실내 천장의 중앙이나 윈드 실드 가까운 장소에 설치되어 실내를 조명하기 위한 등으로, 룸 라이트 또는 룸 램프라고도 한다.

[13] 차폭등(Position Lamp)

야간 전방에 차의 존재와 너비를 표시하는 램프로, 전면의 양쪽에 부착한다. 스몰 라이트 또는 클리어런스 램프라고도 한다.

1.7. 윈드 실드 와이퍼 & 와셔(Windshield Wiper & Washer)

윈드 실드 와이퍼는 비 또는 눈이 올 때 운전자의 시계(視界)가 방해되는 것을 막기 위해 운전석 앞면 유리를 닦아내는 일을 하는 장치이고 창유리에 먼지나 이물질이 묻었을 때 그대로 와이퍼로 닦으면 블레이드와 창유리가 손상됩니다. 이를 방지하기 위해 윈드 실드 와셔를 부착하고 와이퍼가 작동하기 전에 세정액을 분사하는 일을 한다.

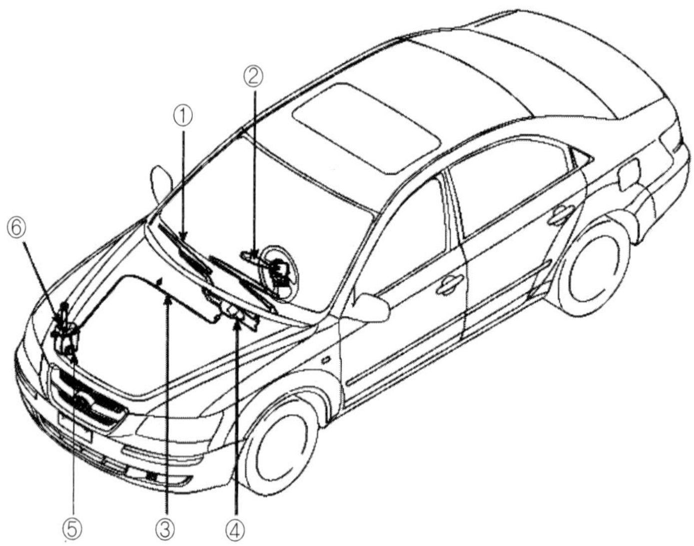

① 윈드 실드 와이퍼 암 & 블레이드(windshield wiper arm & blade)
② 와이퍼 & 워셔 스위치(wiper & washer switch)
③ 윈드 실드 워셔 호스(windshield washer hose)
④ 윈드 실드 와이퍼 모터 & 링 케이지(windshield wiper motor & linkage)
⑤ 워셔 모터(washer motor)
⑥ 워셔 리저버(washer reservoir)

그림 2-7. 윈드 실드 와이퍼 & 와셔

[1] 윈드 실드 와이퍼 암 & 블레이드(Windshield Wiper Arm & Blade)

윈드 실드 와이퍼 암은 와이퍼 블레이드와 와이퍼 모터 링키지와 연결되어 회전력을 직선운동으로 바꾸는 것을 말한다.

블레이드는 전후 유리 바깥 면에 밀착되어 유리에 부착되는 이물질을 닦아내는 부품으로, 유리면에 직접 접촉되는 면은 연질의 고무로 되어 있고, 이 고무를 설치하고 유리에 밀착시키는 형태의 케이스로 구성되어 있다.

[2] 와이퍼 & 워셔 스위치(Wiper & Washer Switch)

윈드 실드 와이퍼 작동 또는 워셔액을 분사하기 위한 스위치이다.

[3] 윈드 실드 워셔 호스(Windshield Washer Hose)

워셔액을 분사시 워셔액을 워셔 리저버에서 와이퍼 노즐까지 송출할 수 있도록 하는 호스이다.

[4] 윈드 실드 와이퍼 모터 & 링 케이지(Windshield Wiper Motor & Linkage)

비 또는 눈이 올 때 운전자의 시계(視界)가 방해되는 것을 막기 위해 운전석 앞면 유리를 닦아내는 일을 하는 장치로, 배터리에서 공급되는 진원에 의해 전동모디를 회전시키는 전기식이 주로 사용된다.

[5] 워셔 모터(Washer Motor)

워셔액을 분사시 워셔액을 워셔 리저버에서 와이퍼 노즐까지 송출할 수 있도록 하는 모터이다.

[6] 워셔 리저버(Washer Reservoir)

워셔액을 담는 용기이다.

1.8. 경음기(Horn)

경음기는 다른 자동차나 보행자에게 주의를 주고자 할 때 사용하며 현재 일반 차량에서 많이 사용하는 전기식과 전자식 그리고 버스나 트럭 등 대형 차량에서 사용하는 공기식이 있다.

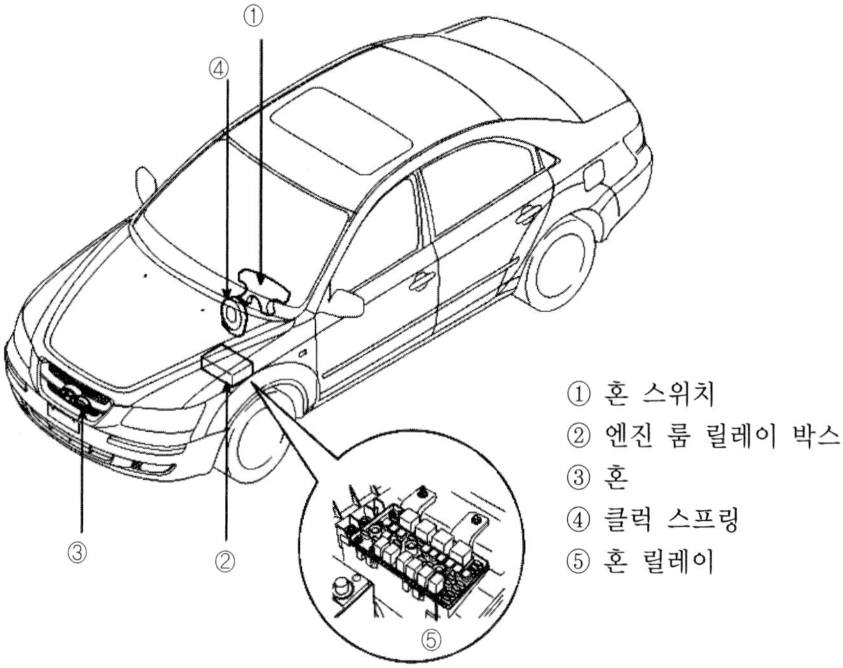

그림 2-8. 경음기

[1] 혼 스위치(Horn Switch)

경음기를 작동시키기 위한 스위치이다.

[2] 엔진 룸 릴레이박스(Engine Room Relay Box)

각종 퓨즈 및 릴레이가 설치되어 있는 박스이다.

[3] 혼(Horn)

자동차나 보행자에게 주의를 주고자 할 때 사용하기 위하여 소리를 낼 수 있게 만든 장치이다.

[4] 클럭 스프링(Clock Spring)

핸들은 돌리기 때문에 배선이 꼬이게 되므로 꼬이지 않게끔 미리 감아 놓은 것으로 고장시 핸들 리모컨이 안 되거나 에어백 경고등이 점등되었거나 혼이 울리지 않는 현상의 원인이 되는 관련 부품이다.

[5] 혼 릴레이(Horn Relay)

경음기 스위치 접점의 소손(燒損)을 방지하고 경음기회로에서 불필요한 전압의 강하를 방지하는 역할을 하여 경음기회로를 개폐하는 장치이다.

1.9. 에어컨디셔너(Air Conditioner)

여름에 자동차 내부의 온도를 낮추어 자동차의 운전자와 승객들을 쾌적하게 하기 위한 것이다.

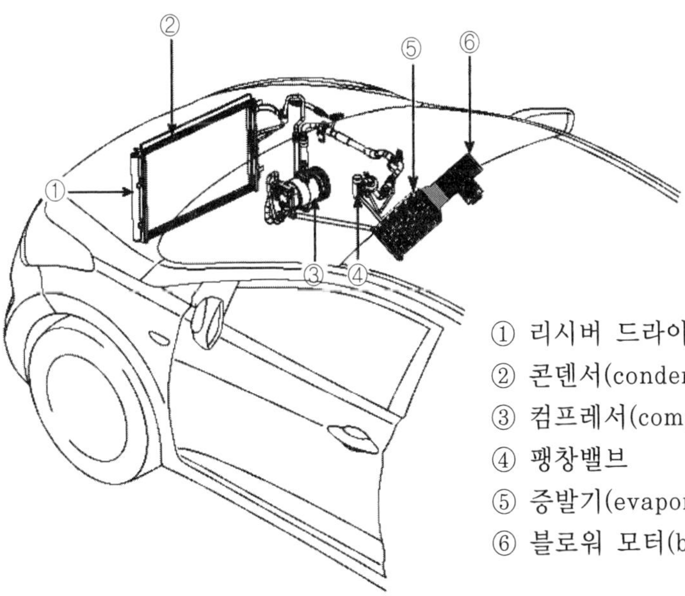

① 리시버 드라이어(Receiver drier)
② 콘덴서(condenser)
③ 컴프레서(compressor)
④ 팽창밸브
⑤ 증발기(evaporate)
⑥ 블로워 모터(blower motor)

그림 2-9. 에어컨디셔너

[1] 리시버 드라이어(Receiver Drier)

응축기에서 들어온 냉매를 저장하고 냉매 중에 함유되어 있는 약간의 수분이나 이물질을 제거하며 항상 액체상태의 냉매를 팽창밸브로 보내는 역할을 하며, 냉매 순환량은 사이클의 조건변화에 따라 변화한다. 이와 같은 냉매 순환량의 변화에 대응해서 냉방 사이클이 원활히 작동되도록 필요한 양의 냉매를 저장하여 놓는다.

[2] 콘덴서(Condenser)

주행속도와 냉각팬에 의해 고온, 고압 기체상태의 냉매를 응축시켜 고온, 고압의 액상 냉매상태로 만든다.

[3] 컴프레서(Compressor)

저온, 저압의 가스냉매를 고온 고압가스로 만들어 콘덴서로 보낸다.

[4] 팽창밸브(Expansion Valve)

감지통 안의 가스압력에 따라 개폐되는 밸브로 냉매를 증발기에 갑자기 팽창시켜 액체(안개모양)로 만든다.

[5] 증발기(Evaporate)

안개상태의 냉매가 기체로 변화는 동안 냉각팬의 작동으로 핀을 통과하는 공기 중의 열을 빼앗아 주위를 차가워지게 한다.

[6] 블로워 모터(Blower motor)

차내의 부압 공기를 증발기로 전달하며 냉각된 공기를 차내로 공급한다.

2. 자동차 전기 분해 · 조립

2.1. 스타터 모터 분해 · 조립

① 솔레노이드 스위치 M단자(또는 F단자라고도 함)의 커넥터를 분리한 후, 고정 스크루를 풀고 솔레노이드 스위치를 분리한다.

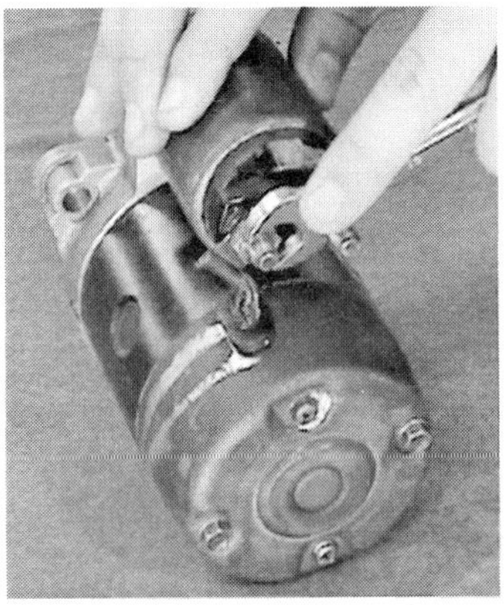

그림 2-10. M단자 분리

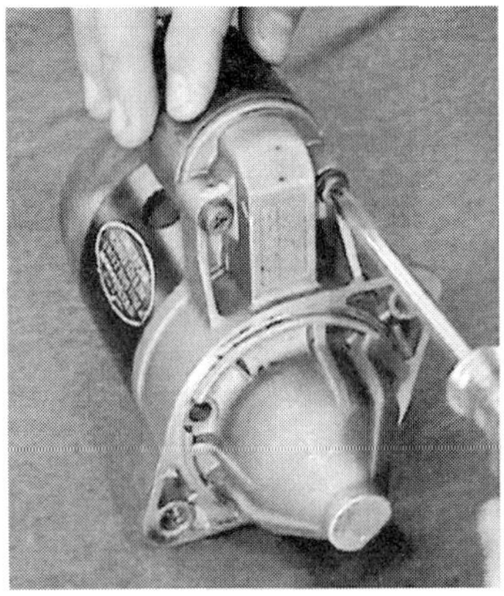

그림 2-11. 솔레노이드스위치 분리

② 관통볼트(2개)를 풀고 계철을 분리하고 프런트 하우징을 탈거한다.

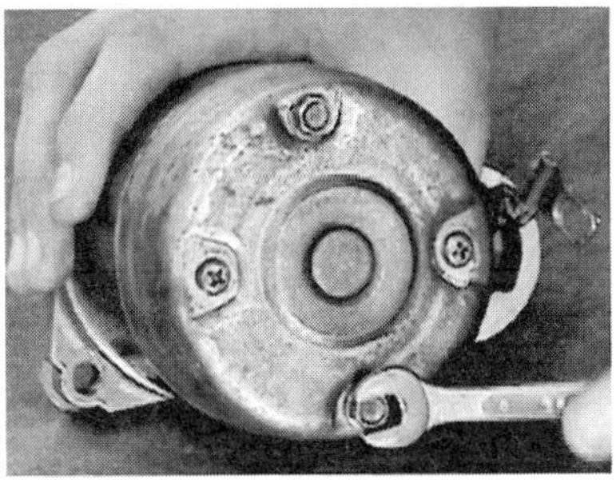

그림 2-12. 관통볼트 탈거

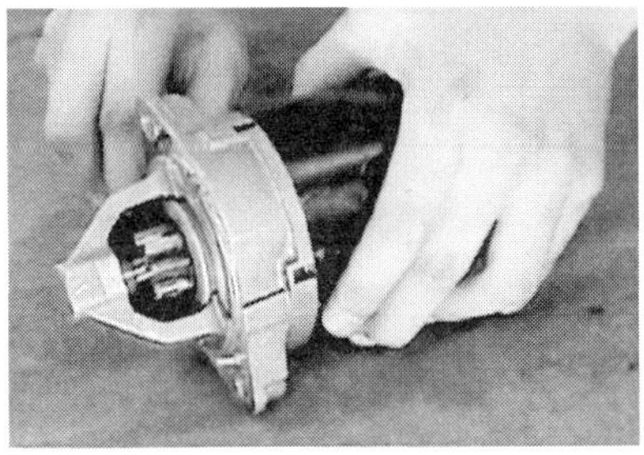

그림 2-13. 프런트 하우징 탈거

③ 시프트 레버와 전기자 어셈블리를 분리한다.

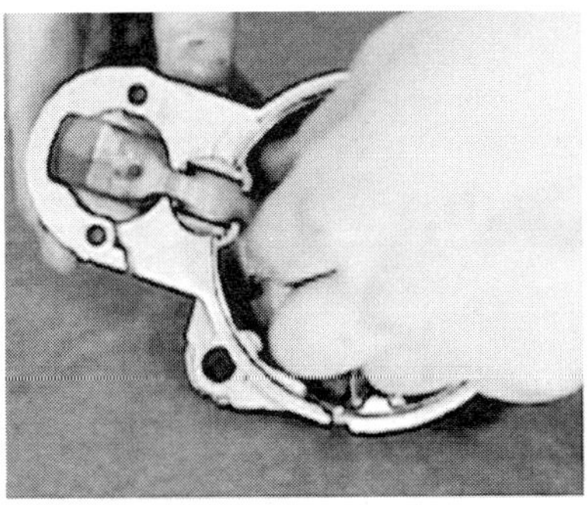

그림 2-14. 시프트 레버 탈거

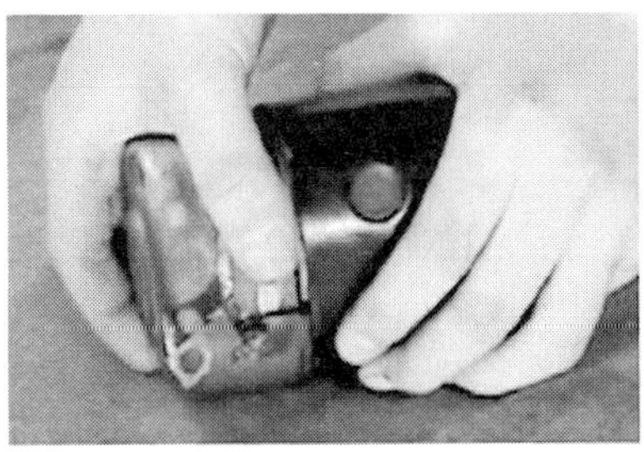

그림 2-15. 리어 브래킷 탈거

④ 계철 뒤쪽에서 접지 스크류를 풀고 리어 브래킷을 분리한다.

그림 2-16. 계철과 전기자 분리

그림 2-17. 브러시 탈거

⑤ 브러시 홀더에서 브러시를 분리한다.

⑥ 조립은 분해의 역순으로 작업한다.

2.2. 제너레이터 분해 · 조립

2.2.1. 분해

① 관통볼트를 푼 다음 그림 2-18과 같이 프런트 브래킷과 스테이터사이에 드라이버를 넣고 분리한다. 이때 스테이터 코일을 손상시킬 염려가 있으므로 드라이버를 너무 깊게 넣지 않도록 한다.

그림 2-18. 관통볼트 탈거

그림 2-19. 프런트 브래킷과 스테이터 분리하기

② 로터를 바이스에 물린 후 고정너트를 풀고 풀리를 분리한다. 이때 로터에는 헝겊이나 구리판 등을 대고 바이스에 물리도록 한다. 또한 불필요한 경우에는 풀리의 분해는 생략한다.

그림 2-20. 풀리 탈거

그림 2-21. 로터 탈거

③ 스테이터와 다이오드 접합 납땜부분을 분리한다.

④ 스테이터를 분리한다.

⑤ 전압조정기 및 다이오드 고정용 볼트를 푼다.

⑥ 전압조정기를 분리한 후 단자 L, B 접합 납땜부분을 분리한다.

그림 2-22. 스테이터와 다이오드 접합 납땜부분을 분리

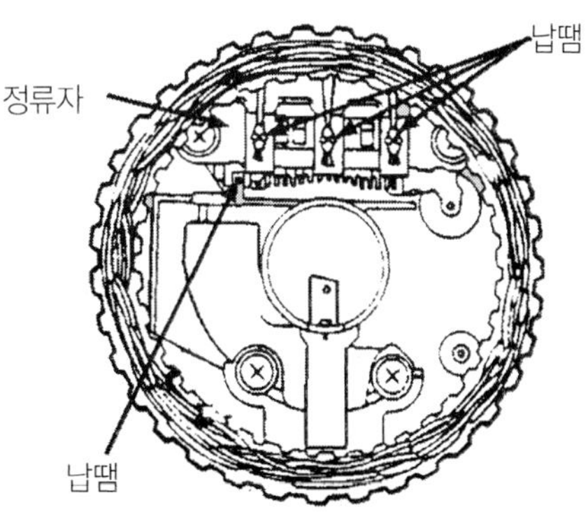

그림 2-23. 다이오드 납땜부분

그림 2-24. 전압조정기 분리

그림 2-25. L, B 접합 납땜부분을 분리

2.2.2. 조립

조립은 분해의 역순으로 시행하되 다음 사항을 주의한다.

① 로터를 리어 브래킷에 설치하기에 앞서 와이어를 리어 브래킷 작은 구멍에 넣어 브러시를 잡아준다.

② 로터를 조립한 후에는 와이어를 빼낸다.

그림 2-26. 와이어를 끼운 상태

Automotive Primary

CHAPTER 03 자동차 섀시

1. 자동차 섀시 일반

자동차를 구성하고 있는 부분을 크게 나누면 차체(body)와 섀시(chassis)로 분리할 수 있다. 먼저 차체는 운전자나 승객 및 화물을 실을 수 있는 부분으로 차의 용도와 성능에 따라 다양한 디자인으로 설계가 이루어지고 있다.

섀시는 차량의 차체를 탑재하지 않은 상태로 섀시만으로도 주행은 가능하다. 구성요소에는 동력발생장치, 동력전달장치, 현가장치, 제동장치, 조향장치 등으로 이루어진다.

1.1. 클러치(Clutch)

엔진의 동력을 잠시 끊거나 이어주는 장치로 자동차의 경우 수동 변속장치에서 기어를 변속할 때 클러치 페달을 밟아 동력을 차단한 뒤 변속을 위해 기어를 바꾼다.

[1] 클러치 디스크(Clutch Disc)

플라이휠과 압력판 사이에 끼워져 고정되므로 엔진의 동력을 전달하는데 중심부 허브에는 변속기의 입력축이 끼워지므로 변속기로 동력을 전달되도록 한다.

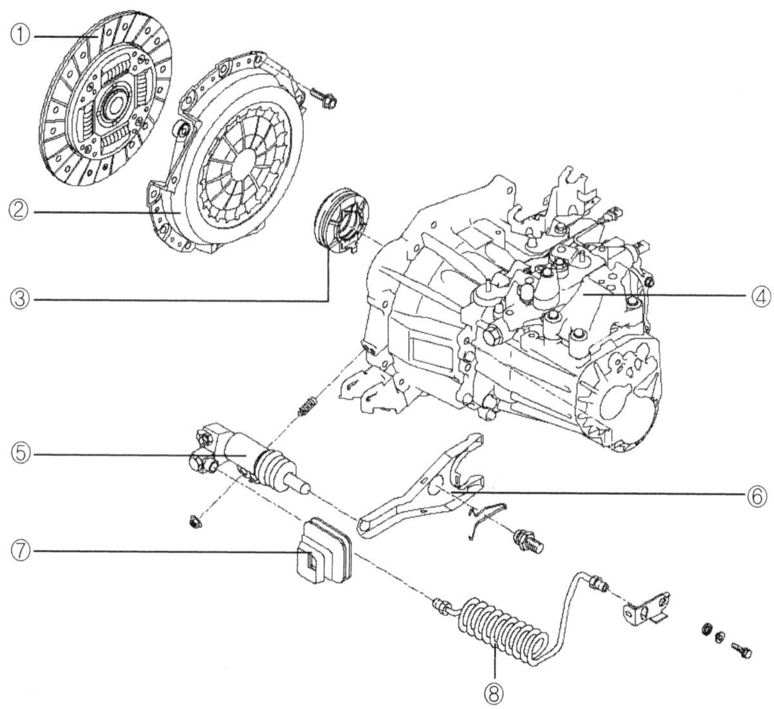

① 클러치 디스크(clutch disc)
② 클러치 커버 어셈블리(clutch cover ass′y)
③ 클러치 릴리스 베어링(clutch release bearing)
④ 트랜스액슬(transaxle)
⑤ 클러치 릴리스 실린더(clutch release cylinder)
⑥ 클러치 릴리스 포크(clutch release fork)
⑦ 클러치 릴리스 실린더 부트(clutch release cylinder boot)
⑧ 클러치 오일 튜브(clutch oil tube)

그림 3-1. 클러치

[2] 클러치 커버 어셈블리(Clutch Cover Ass′y)

플라이휠에 고정되며 내부에 압력판과 압력스프링. 릴리스레버가 설치된다.

[3] 클러치 릴리스 베어링(Clutch Release Bearing)

릴리스 레버와 릴리스포크사이에서 클러치를 끊을 때 클러치 릴리스 포크에서 누르는 힘을 받아서 회전하고 있는 클러치 릴리스 레버로 누르는 힘을 전달하는 역할을 하는 베어링이다.

[4] 트랜스액슬(Transaxle)

변속기와 종감속장치가 함께 설치되어 있는데 일반적으로 FF차량인 앞 엔진 앞 구동방식에 많이 사용한다.

[5] 클러치 릴리스 실린더(Clutch Release Cylinder)

클러치 오페라 실린더(clutch opera cylinder)라고도 한다. 유압식 클러치에서 사용되며 마스터실린더에서 보내어진 유압을 전달받아 기계적인 동력으로 변환시켜 클러치를 조작한다.

[6] 클러치 릴리스 포크(Clutch Release Fork)

클러치하우징의 외부에서 클러치 릴리스 실린더에 힘을 받아 릴리스 베어링으로 힘을 전달하는 포크 형상의 레버이다.

[7] 클러치 릴리스 실린더 부트(Clutch Release Cylinder Boot)

일반적으로 외부의 먼지나 이물질이 클러치 속으로 유입되는 것을 막을 목적으로 설치되며 주름이 만들어져 신축성을 좋게 제작한다.

[8] 클러치 오일 튜브(Clutch Oil Tube)

마스터실린더의 오일을 릴리스 실린더로 공급하는 역할을 한다.

1.2. 트랜스액슬(Transaxle, 수동변속기)

자동차는 일정한 속도로 전진만 하는 것이 아니라 때로는 엔진의 동력전달을 끊어야 하고, 후진할 때는 회전방향을 바꾸기 위해 운전자가 손으로 변속레버를 직접조작하는 변속기를 수동변속기라고 한다.

1.2.1. 트랜스액슬 케이스(Transaxle Case)

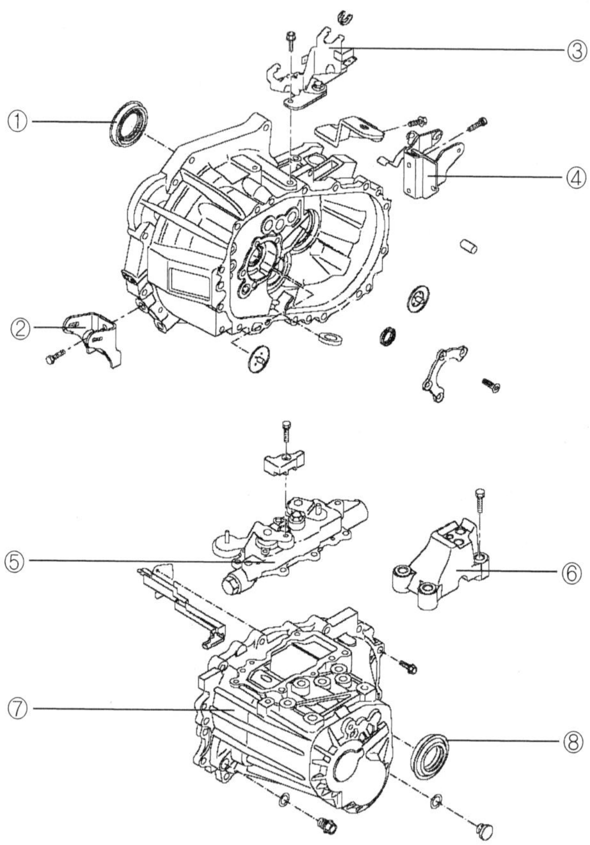

① 프런트 오일실(front oil seal) ② 트랜스액슬 브래킷(transaxle bracket)
③ 트랜스액슬 어퍼 브래킷(transaxle upper bracket)
④ 트랜스액슬 사이드 브래킷(transaxle side bracket)
⑤ 트랜스액슬 컨트롤(transaxle control)
⑥ 트랜스액슬 마운팅 브래킷(transaxle mounting bracket)
⑦ 트랜스액슬(수동변속기)(transaxle)
⑧ 리어 오일실(rear oil seal)

그림 3-2. 트랜스액슬 케이스(수동변속기)

[1] 프런트 오일실(Front Oil Seal)

프런트 오일 리테이너(front oil retainer)라고도 한다. 클러치와 변속기사이에 설치되어 변속기의 오일이 클러치 쪽으로 누설되는 것을 방지한다.

[2] 트랜스액슬 브래킷(Transaxle Bracket)

트랜스액슬 서포트(transaxle support)라고도 한다. 트랜스액슬을 자동차 프레임에 설치하는 부품을 말한다.

[3] 트랜스액슬 어퍼 브래킷(Transaxle Upper Bracket)

트랜스액슬 어퍼 서포트(transaxle upper support)라고도 한다. 트랜스액슬을 자동차 프레임에 설치할 때 윗부분을 고정하는 부품을 말한다.

[4] 트랜스액슬 사이드 브래킷(Transaxle Side Bracket)

트랜스액슬 사이드 서포트(transaxle side support)라고도 한다. 트랜스액슬을 자동차 프레임에 설치할 때 옆 부분을 고정하는 부품을 말한다.

[5] 트랜스액슬 컨트롤(Transaxle Control)

컨트롤 케이블에 의해 시프트 레일을 작동시켜 기어변속을 할 수 있도록 한다.

[6] 트랜스액슬 마운팅 브래킷(Transaxle Mounting Bracket)

트랜스액슬을 자동차 프레임에 설치할 때 고정하는 부품을 말한다.

[7] 트랜스액슬(수동변속기)(Transaxle)

트랜스미션과 파이널 드라이브의 합성어로, 트랜스미션과 파이널 드라이브가 하나로 되어 있는 것으로 기계적으로 달리는 속도에 따라 운전자가 직접 기어를 조작하는 변속기이다.

[8] 리어 오일실(Rear Oil Seal)

리어 오일 리테이너(rear oil retainer)라고도 한다. 변속기 뒤쪽의 오일이 출력축 쪽으로 누설되는 것을 방지한다.

1.2.2. 트랜스액슬 기어(Transaxle Gear)

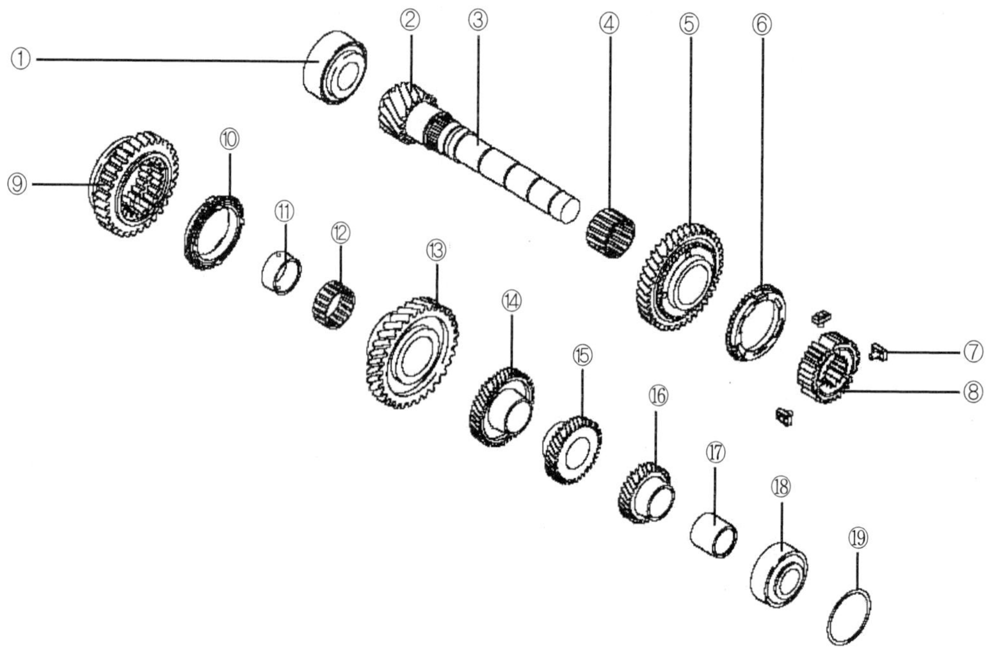

① 테이퍼 롤러 베어링(taper roller bearing)
② 아웃 샤프트 헬리컬 기어(out put shaft helical gear)
③ 아웃 샤프트(out put shaft, 출력축) ④ 니들롤러 베어링(needle roller bearing)
⑤ 퍼스트 스피드 기어(1단 기어)(fest speed gear)
⑥ 싱크로나이저 링(synchronizer ring) ⑦ 싱크로나이저 키(synchronizer key)
⑧ 싱크로나이저 허브(synchronizer hub)
⑨ 싱크로나이저 슬리브(synchronizer sleeve) ⑩ 싱크로나이저 링(synchronizer ring)
⑪ 더블 콘(2ND)(double cone(2ND)) ⑫ 니들 롤러 베어링(needle roller bearing)
⑬ 2ND(단) 스피드기어(2ND speed gear)
⑭ 3RD 스피드 아웃 풋 기어(3RD speed out put gear)
⑮ 4TH 스피드 아웃 풋 기어(4TH speed out put gear)
⑯ 5TH 스피드 아웃 풋 기어(5TH speed out put gear)
⑰ 스페이서(spacer)
⑱ 아웃 풋 샤프트 기어 베어링(out put shaft rear bering)
⑲ 스페이서(spacer)

그림 3-3. 트랜스액슬 기어(수동변속기)(1)

[1] 테이퍼 롤러 베어링(Taper Roller Bearing)

축을 지지하는 베어링으로 전동베어링 중 가장 전달력이 좋다.

[2] 아웃 샤프트 헬리컬 기어(Out Put Shaft Helical Gear)

외부로 동력을 전달하는 기어로 헬리컬 기어 형식이다.

[3] 아웃 샤프트(Out Put Shaft, 출력축)

트랜스액슬 내에서 감속한 회전수를 디퍼렌셜로 동력을 전달하기 위한 출력축을 말한다.

[4] 니들롤러 베어링(Needle Roller Bearing)

전동베어링 중에서 가장 약하나 고속이나 틈이 적은 쪽에 사용한다.

[5] 퍼스트 스피드 기어(Fest Speed Gear, 1단 기어)

1단을 변속해주는 속도기어이다.

[6] 싱크로나이저 링(Synchronizer Ring)

싱크로나이저슬리브가 허브외부에서 슬라이딩하여 스피드기어와 물리기 전에 축의 속도와 스피드기어사이를 동기시켜 부드럽게 연결되도록 한다.

[7] 싱크로나이저 키(Synchronizer Key)

동기물림식 변속기에서 변속할 때 변속이 원활하게 작동되도록 하며 기어가 물릴 때만 사용된다.

[8] 싱크로나이저 허브(Synchronizer Hub)

동력전달축에 설치되어 슬리브에 의해서 공전하는 속도기어와 축사이를 연결해 준다.

[9] 싱크로나이저 슬리브(Synchronizer Sleeve)

레일 위를 섭동하며 움직이는 시프트포크에 의해 허브의 위를 섭동하며 변속을 한다.

[10] 싱크로나이저 링(Synchronizer Ring)

싱크로나이저 슬리브가 허브외부에서 슬라이딩하여 스피드기어와 물리기 전에 축의 속도와 스피드기어사이를 동기시켜 부드럽게 연결되도록 한다.

[11] 더블 콘(2ND)(Double Cone(2ND))

싱크로나이저 링이 설치되어 2단 변속 시 싱크로나이저 링을 지지한다.

[12] 니들 롤러 베어링(Needle Roller Bearing)

전동베어링 중에서 가장 약하나 고속이나 틈이 적은 쪽에 사용한다.

[13] 2ND(단) 스피드기어(2ND Speed Gear)

2단을 변속해주는 속도기어이다.

[14] 3RD 스피드 아웃 풋 기어(3RD Speed Out Put Gear)

3단 기어이다.

[15] 4TH 스피드 아웃 풋 기어(4TH Speed Out Put Gear)

4단 기어이다.

[16] 5TH 스피드 아웃 풋 기어(5TH Speed Out Put Gear)

5단 기어이다.

[17] 스페이서(Spacer Bushing)

나란히 조립되는 부품과 부품이 직접 접촉되지 않고 일정한 간격을 유지하기 위하여 중간에 설치하는 부품이다.

[18] 아웃 풋 샤프트 기어 베어링(Out Put Shaft Rear Bering)

[19] 스페이서(Spacer Bushing)

나란히 조립되는 부품과 부품이 직접 접촉되지 않고 일정한 간격을 유지하기 위하여 마지막 속도기어와 너트사이에 설치되어 있다.

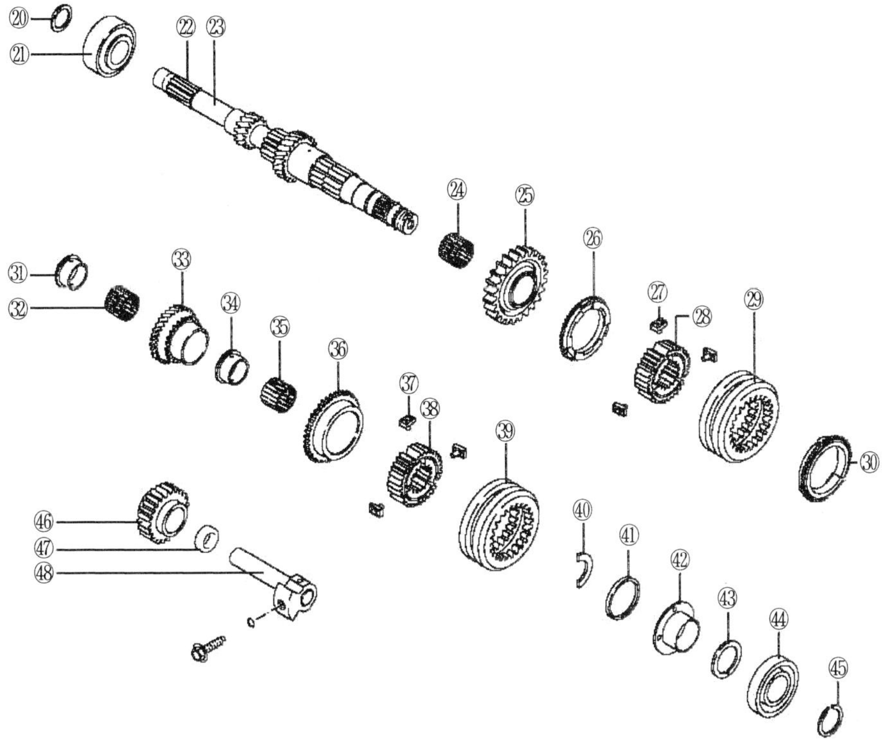

⑳ 스냅링(snap ring) ㉑ 베어링(bearing)
㉒ 스플라인(spline, 스플라인기어:spline gear) ㉓ 인 풋 샤프트(input shaft, 입력축)
㉔ 니들 롤러베어링(needle roller bearing) ㉕ 3RD 스피드 기어(3RD speed gear)
㉖ 3RD 더블 싱크로나이저 콘(3RD double synchronizer cone)
㉗ 싱크로나이저 키(synchronizer key) ㉘ 싱크로나이저 허브(synchronizer hub)
㉙ 싱크로나이저 슬리브(synchronizer sleeve) ㉚ 싱크로나이저 링(synchronizer ring)
㉛ 4TH 스피드 기어 슬리브(4TH speed gear sleeve)
㉜ 4TH 니들 베어링(4TH needle bearing) ㉝ 4TH 스피드 기어(4TH speed gear)
㉞ 5TH 스피드 기어 슬리브(5TH speed gear sleeve)
㉟ 니들 베어링(needle bearing) ㊱ 싱크로나이저 링(synchronizer ring)
㊲ 싱크로나이저 키(synchronizer key) ㊳ 싱크로나이저 허브(synchronizer hub)
㊴ 싱크로나이저 슬리브(synchronizer sleeve) ㊵ 스페이서(spacer)
㊶ 오일 가이드 링(oil guide ring) ㊷ 스페이서(spacer)
㊸ 스러스트 와셔(thrust washer)
㊹ 인 풋 샤프트 리어 베어링(input shaft rear bearing)
㊺ 스냅링(snap ring) ㊻ 리버스 아이들 기어(reverse idler gear)
㊼ 리버스 스페이서(reverse spacer)
㊽ 리버스 아이들 기어 샤프트(reverse idler gear shaft)

그림 3-4. 트랜스액슬 기어(수동변속기)(2)

[20] 스냅링(Snap Ring)

축 또는 구멍에 설치한 틈에 삽입하여 입력축 등의 부품이 빠져 나가지 않도록 사용하는 스프링작용을 갖는 체결 부품이다.

[21] 베어링(Bearing)

회전하고 있는 입력축을 일정한 위치에 고정시키고 축의 자중과 축에 걸리는 하중을 지지하면서 입력축을 회전시키는 역할을 한다.

[22] 스플라인(Spline, 스플라인 기어 : Spline Gear)

변속기 축과 싱크로나이저 허브에 4각 홈을 만들어 축과 싱크로나이저허브를 고정한다.

[23] 인 풋 샤프트(Input Shaft, 입력축)

엔진의 동력을 클러치디스크를 통하여 변속기 부축기어 쪽으로 동력을 전달하여 주는 축으로 클러치축이라고도 말한다.

[24] 니들 롤러 베어링(Needle Roller Bearing)

전동베어링 중에서 가장 약하나 고속이나 틈이 적은 쪽에 사용한다.

[25] 3RD 스피드 기어(3RD Speed Gear)

3단을 변속해주는 속도기어이다.

[26] 3RD 더블 싱크로나이저 콘(3RD Double Synchronizer Cone)

3단 싱크로나이저 링이 설치되는 곳으로 슬리브에 의해서 싱크로나이저 링과 함께 고정되어 동력을 전달한다.

[27] 싱크로나이저 키(Synchronizer Key)

싱크로 나이저 슬리브와 허브사이에 스프링에 의하여 탄력적으로 설치되도록 한다.

[28] 싱크로나이저 허브(Synchronizer Hub)

주축과 슬리브사이에 설치되어 공전하던 스피드기어를 축과 고정하여 회전하도록 한다.

[29] 싱크로나이저 슬리브(Synchronizer Sleeve)

싱크로나이저허브의 동력을 4난 기어에 동력을 진달한다.

[30] 싱크로나이저 링(Synchronizer Ring)

싱크로나이저 슬리브가 허브 외부에서 슬라이딩하여 스피드기어와 물리기 전에 축의 속도와 스피드기어사이를 동기시켜 부드럽게 연결되도록 한다.

[31] 4TH 스피드 기어 슬리브(4TH Speed Gear Sleeve)

[32] 4TH 니들 베어링(4TH Needle Bearing)

[33] 4TH 스피드 기어(4TH Speed Gear)

4단을 변속해주는 속도기어이다.

[34] 5TH 스피드 기어 슬리브(5TH Speed Gear Sleeve)

[35] 니들 베어링(Needle Bearing)

전동베어링 중에서 가장 약하나 고속이나 틈이 적은 쪽에 사용한다.

[36] 싱크로나이저 링(Synchronizer Ring)

싱크로나이저 슬리브가 허브 외부에서 슬라이딩하여 스피드기어와 물리기 전에 축의 속도와 스피드기어사이를 동기시켜 부드럽게 연결되도록 한다.

[37] 싱크로나이저 키(Synchronizer Key)

싱크로 나이저 슬리브와 허브사이에 스프링에 의하여 탄력적으로 설치되도록 한다.

[38] 싱크로나이저 허브(Synchronizer Hub)

주축과 슬리브사이에 설치되어 공전하던 스피드기어를 축과 고정하여 회전하도록 한다.

[39] 싱크로나이저 슬리브(Synchronizer Sleeve)

싱크로나이저 슬리브는 싱크로나이저 허브의 스플라인에 설치되고, 슬리브 바깥 둘레의 홈에는 시프트 포크가 설치된다.

[40] 스페이서(Spacer)

나란히 조립되는 부품과 부품이 직접 접촉되지 않고 일정한 간격을 유지하기 위하여 중간에 설치하는 부품이다.

[41] 오일 가이드 링(Oil Guide Ring)

[42] 스러스트 와셔(Thrust Washer)

입력축이 축 방향으로 움직이는 것을 방지한다.

[43] 인 풋 샤프트 리어 베어링(Input Shaft Rear Bearing)

[44] 스냅링(Snap Ring)

축에 설치된 변속기어 세트가 축에서 이탈되지 않도록 고정해준다.

[45] 리버스 아이들 기어(Reverse Idler Gear)

후진할 때 축의 회전방향을 바꿀 수 있도록 연결시켜주는 기어이다.

[46] 리버스 스페이서(Reverse Spacer)

[47] 리버스 아이들 기어 샤프트(Reverse Idler Gear Shaft)

후진 공전기어 축을 말한다.

1.2.3. 스피드미터 드리븐 기어(Speed Meter Driven Gear)

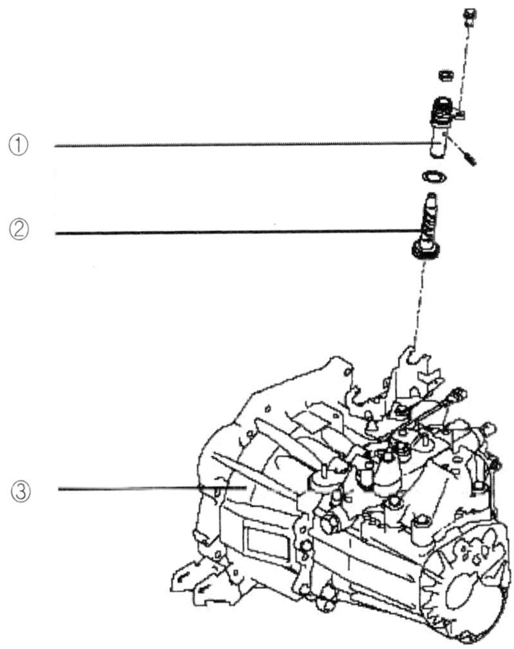

① 스피드미터 드리븐 기어 슬리브(speed meter driven gear sleeve)
② 스피드미터 드리븐 기어(speed meter driven gear)
③ 트랜스액슬(수동변속기)(transaxle)

그림 3-5. 스피드미터 드리븐 기어(수동변속기)

[1] 스피드미터 드리븐 기어 슬리브(Speed Meter Driven Gear Sleeve)

속도계 케이블과 연결되어 스피드미터 드리븐 기어와 연결되어 스피드미터 드리븐 기어의 회전을 속도계 케이블에 연결하고 변속기 케이스에 고정된다.

[2] 스피드미터 드리븐 기어(Speed Meter Driven Gear)

변속기에 설치되어 있는 디퍼렌셜 기어의 회전속도를 감지하여, 차량속도를 검출한다.

[3] 트랜스액슬(Transaxle, 수동변속기)

트랜스미션과 파이널 드라이브의 합성어로, 트랜스미션과 파이널 드라이브가 하나로 되어 있는 것으로 기계적으로 달리는 속도에 따라 운전자가 직접기어를 조작하는 변속기이다.

1.2.4. 시프트 레버 컨트롤(Shift Lever Control)

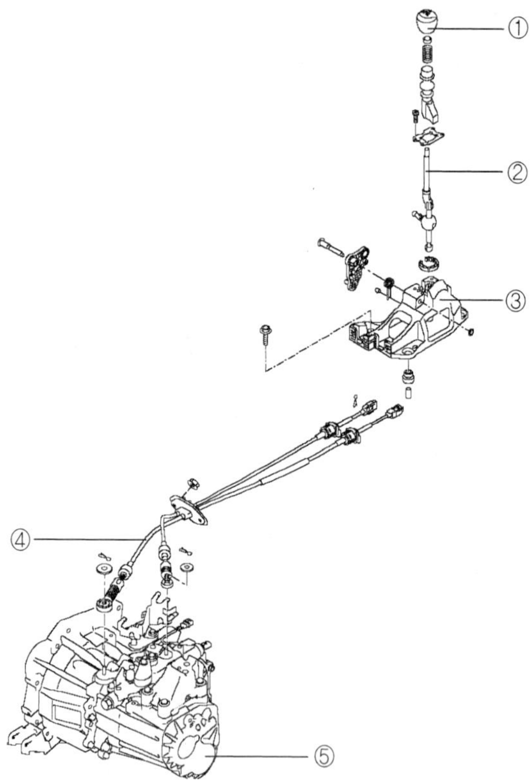

① 기어 시프트 레버 노브(gear shift lever knob)
② 기어 시프트 레버(gear shift lever)
③ 기어 시프트 레버 브래킷(gear shift lever bracket)
④ 트랜스액슬 레버 케이블(transaxle lever cable)
⑤ 트랜스액슬(transaxle)

그림 3-6. 시프트 레버 컨트롤(수동변속기)

[1] 기어 시프트 레버 노브(Gear Shift Lever Knob)

운전자가 조작할 때 작동하는 둥근 손잡이다,

[2] 기어 시프트 레버(Gear Shift Lever)

변속레버로서 운전자의 조작력을 케이블을 통해 변속기로 전달하는 레버이다.

[3] 기어 시프트 레버 브래킷(Gear Shift Lever Bracket)

변속레버를 변속기 케이스에 고정하도록 한 지지대이다.

[4] 트랜스액슬 레버 케이블(Transaxle Lever Cable)

운전자의 조작력을 변속기어 쪽으로 전달하는 일종의 케이블이다.

[5] 트랜스액슬(Transaxle)

변속기와 종감속장치가 일체로 되어 앞 구동방식에 사용하는 변속기이다.

1.3. 자동변속기(Auto Transmission)

자동변속기는 클러치 조작기구를 조작하지 않아도 쉽게 운전할 수 있는 장치로 운전자의 가속페달에 의해 엔진에서 발생한 동력을 자동으로 회전속도와 회전력을 변화시켜 바퀴를 구동하는 장치로 구조는 토크컨버터, 유성기어장치, 작동기구(클러치, 브레이크), 변속제어 기구(유압제어, 전자제어)가 있다.

1.3.1. 자동변속기의 구성부품

[1] 자동변속기(Auto Transmission)

자동변속기는 클러치 조작기구를 조작하지 않아도 쉽게 운전할 수 있는 장치로 운전자의 가속페달에 의해 엔진에서 발생한 동력을 자동으로 회전속도와 회전력을 변화시켜 바퀴를 구동하는 장치 자동변속기는 클러치 조작기구를 조작하지 않아도 쉽게 운전할 수 있는 장치로 운전자의 가속페달에 의해 엔진에서 발생한 동력을 자동으로 회전속도와 회전력을 변화시켜 바퀴를 구동하는 장치이다.

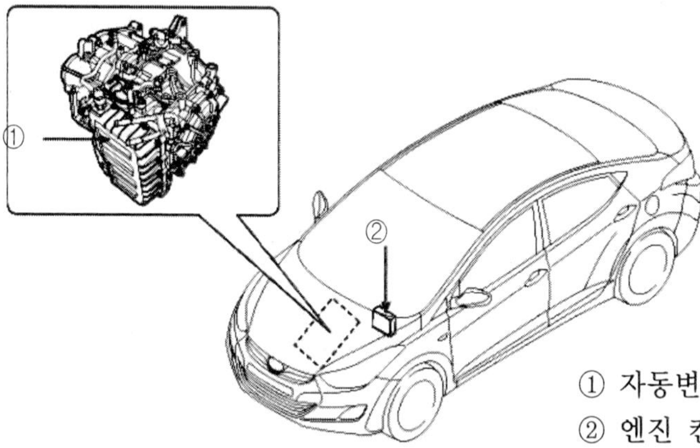

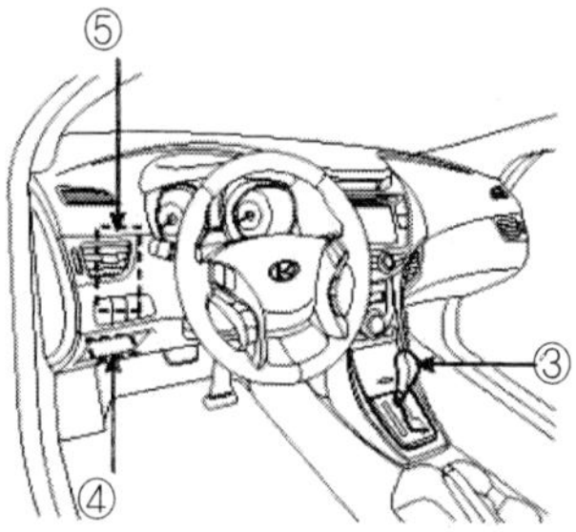

① 자동변속기(auto transmission)
② 엔진 컨트롤 모듈(ECM : electronic control module)
③ 시프트 레버(shift lever)
④ 자기진단 커넥터(DLC : data link connecter)
⑤ 자동변속기 제어 컴퓨터(TCU : transmission control unit)

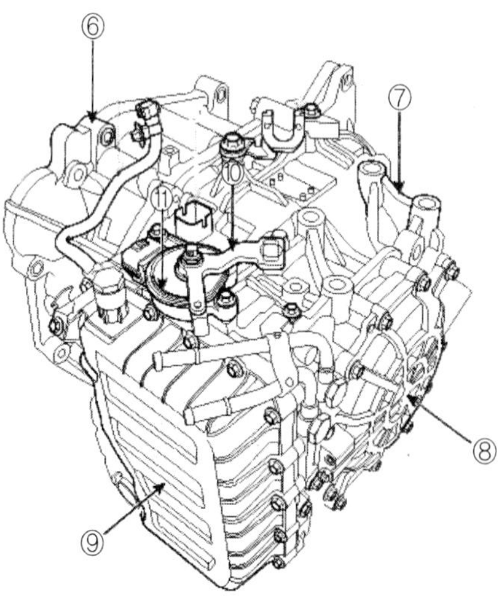

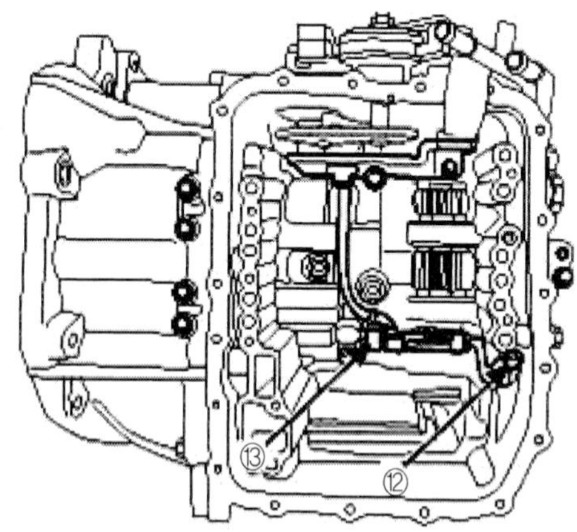

⑥ 컨버터 하우징(converter housing)　⑦ 변속기 케이스(transmission case)
⑧ 리어 커버(rear cover)　⑨ 밸브바디 커버(valve body cover)
⑩ 매뉴얼 컨트롤 레버(manual control lever)　⑪ 인히비터 스위치(inhibitor switch)
⑫ 입력축 속도센서(input axis speed sensor)
⑬ 출력축 속도센서(output axis speed sensor)

그림 3-7. 자동변속기 구성부품

[2] 엔진 컨트롤 모듈(ECM : Electronic Control Module)

ECU(electronic control unit)라고도 하며, 엔진과 관련된 각종 센서들로부터 정보를 받아서 엔진을 최적으로 제어해 주기 위해 엔진을 제어하는 컴퓨터이다.

[3] 시프트 레버(Shift Lever)

변속레버로서 운전자의 조작력을 케이블을 통해 변속기로 전달하는 레버이다.

[4] 자기진단 커넥터(DLC : Data Link Connecter)

자동차의 각종 전자제어시스템의 점검 및 측정을 할 수 있도록 설치된 커넥터이다.

[5] 자동변속기 제어 컴퓨터(TCU : Transmission Control Unit)

자동변속기에서 각 센서에서 신호를 입력받아 댐퍼클러치, 솔레노이드밸브, 시프트 제어 솔레노이드밸브, 압력제어 솔레노이드밸브 등을 작동시켜 댐퍼 클러치의 작동 및 변속 점을 제어한다.

[6] 컨버터 하우징(Converter Housing)

[7] 변속기 케이스(Transmission Case)

[8] 리어 커버(Rear Cover)

[9] 밸브바디 커버(Valve Body Cover)

밸브바디는 오일펌프의 유압을 각 부분으로 공급하는 유압회로를 형성하는 것으로 오일필터가 설치되어 있으며, 밸브바디 커버는 밸브바디를 보호하는 커버이다.

[10] 매뉴얼 컨트롤 레버(Manual Control Lever)

운전석에 설치되어 있는 시프트 레버(변속레버)에 의해 작동되어 인히비터 스위치에 전달하는 레버이다.

[11] 인히비터 스위치(Inhibitor Switch)

운전석에 설치되어 있는 시프트 레버(변속레버)를 작동시키면 변속레버의 위치 P, R, N, D를 검출하여 TCU에 입력하고 N과 P위치에서 시동신호를 연결하고 후진등을 점등시킨다.

[12] 입력축 속도센서(Input Axis Speed Sensor)

변속기 내부의 회전차의 회전수를 감지하여 TCM으로 전달한다.

[13] 출력축 속도센서(Output Axis Speed Sensor)

변속기 출력축 회전수를 감지하여 TCM으로 전달한다.

1.3.2. 자동변속기 오일펌프 & 토크컨버터(Auto Transmission Oil Pump & Torque Converter)

[1] 토크컨버터(Torque Converter)

엔진의 동력을 유체를 용하여 변속기로 전달하는데 이때 토크를 변환시켜 전달한다 하여 토크변환기라고 한다.

[2] 오일펌프 "O" 링(Oil Pump "O" Ring)

오일펌프가 작동 중 오일의 누설을 방지하는 오일 실이다.

[3] 오일펌프 오일 실(Oil Pump Oil Seal)

오일펌프가 조작될 때 오일이 외부로 누설되는 것을 방지한다.

[4] 오일펌프 어셈블리 케이스(Oil Pump Assembly Case)

내접식 오일펌프 케이스이다.

[5] 오일펌프 외접기어(Oil Pump External Gear)

오일펌프의 외부에 설치되어 있는 외부 기어이다.

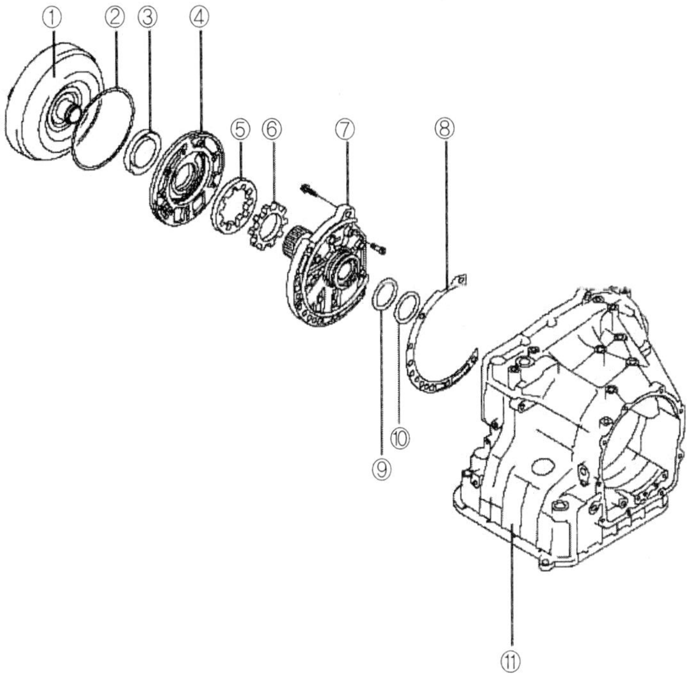

① 토크컨버터(torque converter)
② 오일펌프 "O" 링(oil pump "O" ring)
③ 오일펌프 오일 실(oil pump oil seal)
④ 오일펌프 어셈블리 케이스(oil pump assembly case)
⑤ 오일펌프 외접기어(oil pump external gear)
⑥ 오일펌프 내접기어(oil pump internal gear)
⑦ 오일펌프 어셈블리 케이스(oil pump assembly case)
⑧ 오일펌프 개스킷(oil pump gasket) ⑨ 실링(seal ring)
⑩ 실링(seal ring) ⑪ 트랜스액슬 케이스(transaxle case)

그림 3-8. 자동변속기 오일펌프 & 토크컨버터

[6] 오일펌프 내접기어(Oil Pump Internal Gear)

오일펌프의 내부에 설치되어 있는 내부 기어이다.

[7] 오일펌프 어셈블리 케이스(Oil Pump Assembly Case)

변속기의 앞 커버이면서 오일펌프의 하우징이 되는 부분이다.

[8] 오일펌프 개스킷(Oil Pump Gasket)

오일펌프 하우징이 변속기 케이스에 설치될 때 오일의 누설을 방지하는 개스킷이다.

[9] 실링(Seal Ring)

오일펌프가 조작될 때 오일이 외부로 누설되는 것을 방지한다.

[10] 트랜스액슬 케이스(Transaxle Case)

자동변속기의 모든 부속이 설치되는 하우징이 되는 부분이다.

1.3.3. 자동변속기 시프트 레버(Auto Transmission Shift Lever)

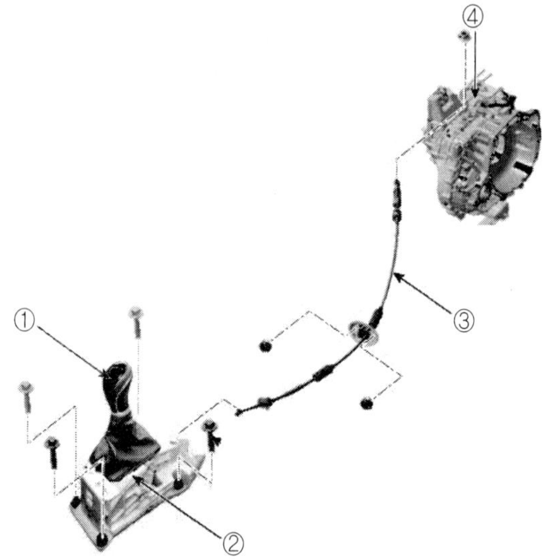

① 시프트 레버 노브(shift lever knob)
② 시프트 레버 어셈블리(shift lever assembly)
③ 컨트롤 케이블 어셈블리(control cable assembly)
④ 매뉴얼 컨트롤 레버(manual control lever)

그림 3-9. 자동변속기 시프트 레버

[1] 시프트 레버 노브(Shift Lever Knob)

운전자가 조작할 때 작동하는 둥근 손잡이이다.

[2] 시프트 레버 어셈블리(Shift Lever Assembly)

시프트 레버를 통해 운전자의 조작력을 케이블을 통해 변속기로 전달하도록 한 케이스 어셈블리이다.

[3] 컨트롤 케이블 어셈블리(Control Cable Assembly)

운전자의 조작력을 매뉴얼 컨트롤 레버 쪽으로 전달하는 일종의 케이블이다.

[4] 매뉴얼 컨트롤 레버(Manual Control Lever)

컨트롤 케이블에 의해 작동되어 인히비터 스위치에 전달하는 레버이다.

1.4. 프레임(Frame)

자동차엔진, 클러치, 변속기, 서스펜션, 액슬, 조향장치 따위가 장착되어 섀시를 이루는 기본적인 구조물 또는 틀을 말한다.

1.4.1. FF차량 프레임 프런트

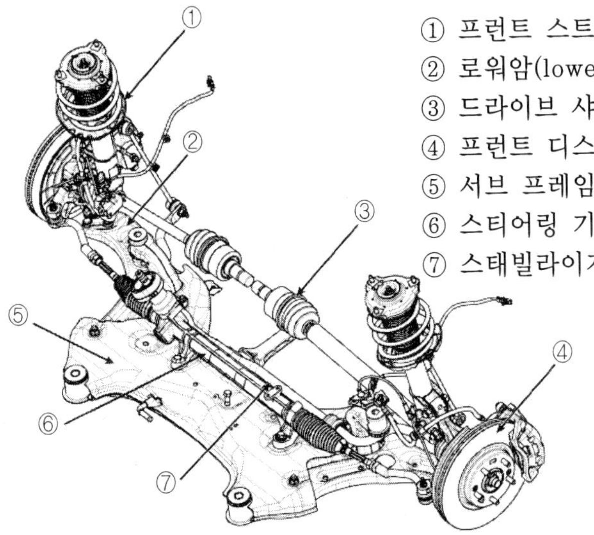

① 프런트 스트럿 어셈블리(Front strut assembly)
② 로워암(lower arm)
③ 드라이브 샤프트(drive shaft)
④ 프런트 디스크 브레이크(Front disk brake)
⑤ 서브 프레임(sub frame)
⑥ 스티어링 기어박스(steering gear box)
⑦ 스태빌라이저(stabilizer)

그림 3-10. FF차량 프런트 프레임

[1] 프런트 스트럿 어셈블리(Front Strut Assembly)

컨트롤 암과 프레임을 고정시키는 지주로 코일 스프링과 쇽업소버가 설치되어 있다.

[2] 로워암(Lower Arm)

더블 위시본식, 혹은 맥퍼슨 스트럿식 서스펜션에 있어서 윗쪽의 어퍼 암에 대해 아래쪽에 배치된 암을 말한다. 로워암에는 현가 코일스프링을 탑재, 혹은 토션바를 조립을 하는 경우가 많다. 한쪽 끝은 상하 볼 조인트(ball joint)로 조향너클(steering knuckle)에 조립되어 있다. 노면충격에 따른 높낮이와 각도 변화를 흡수한다. 코일 스프링과 쇽업소버 등이 연결되기도 한다.

[3] 드라이브 샤프트(Drive Shaft)

엔진의 구동력을 바퀴에 전달해 주는 역할을 하는 부품이며, CV조인트(CV joint), 등속 조인트, 조인트라고도 부른다.

[4] 프런트 디스크 브레이크(Front Disk Brake)

휠 허브(wheel hub)에 설치되어 휠과 함께 회전하고, 원판형의 디스크 양면에 패드로 조여 마찰에 의해 제동기능을 한다.

[5] 서브 프레임(Sub Frame)

FF차에서는 엔진과 트랜스미션, 디퍼렌셜 기어가 일체로 되어 있다. 이 유닛을 차체로부터 떼어낸 크로스멤버에 방진지지하고 더욱이 크로스멤버를 차체에 러버 마운트로 장착하여 진동소음을 2중으로 절연하여 실내에의 진동소음 전달을 저감한다.

[6] 스티어링 기어박스(Steering Gear Box)

조향 기어를 말하는 것으로 자동차의 조종핸들을 돌려 앞바퀴를 좌우로 조향하는 장치로 핸들의 회전을 감속하고, 토크를 증대하기 위한 장치이다.

[7] 스태빌라이저(Stabilizer)

승차감을 향상시키기 위해 스프링 정수가 적은 스프링을 사용하면 커브 길을 회전할 때 원심력 때문에 차체의 기울기가 커진다. 특히 독립 현가방식에서는 그 경향이 크기 때문에 스태빌라이저를 설치하여 자동차의 평형을 유지시킨다.

스태빌라이저는 일종의 토션 바 스프링이며, 양끝이 좌우의 아래 컨트롤 암(low control arm)에 연결되어 있고, 중앙부분은 차체에 설치되어 있다. 좌우의 바퀴가 동시에 상하운동을 할 때에는 작용을 하지 않으나 좌우바퀴가 서로 다르게 상하운동을 할 때 즉 롤링이 발생하면 작용하여 차체의 기울기를 최소로 한다.

1.4.2. FF차량 리어 프레임

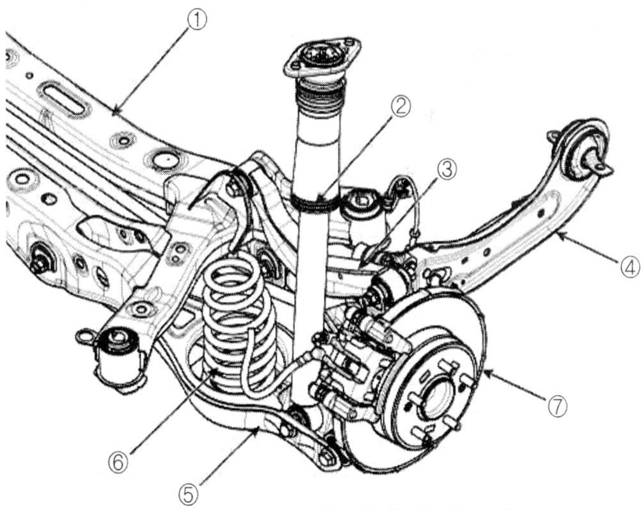

① 서브 프레임(sub frame) ② 리어 쇽업소버(lear shock absorber)
③ 리어 어퍼암(lear upper arm) ④ 트레일링 암(trailing arm)
⑤ 리어 로워 암(lear lower arm) ⑥ 코일 스프링(coil spring)
⑦ 리어 디스크 브레이크(lear disk brake)

그림 3-11. FF차량 리어 프레임

[1] 서브 프레임(Sub Frame)

서브 프레임이라고도 부르며, 현가장치의 골격이 되는 부재(部材)로서 암이나 로드 등이 장착되어 현가장치를 구성한다.

[2] 리어 쇽업소버(Lear Shock Absorber)

자동차에 판스프링이나 코일 스프링만 설치되어 있으면 노면에서 충격을 받을 때 원만하게 흡수하지 못하고 바퀴 또한 너무 진동이 심하게 발생하므로 승차감이 좋지 않게 된다. 이때 쇽업소버는 도로 면에 의해 일어난 스프링의 진동을 재빨리 흡수하여 승차감을 향상시키고, 동시에 스프링의 피로를 적게 하기 위해 설치되는 것이다.

[3] 리어 어퍼암(Lear Upper Arm)

더블 위시본식, 혹은 맥퍼슨 스트럿식 서스펜션에 있어서 아래쪽의 로워 암에 대해 윗쪽에 배치된 암을 말한다. 독립 현가장치에서 윗부분에 횡으로 설치되는 암으로, 안쪽은 프레임에 부싱으로 연결되고, 바깥쪽은 볼 조인트 등으로 조향 너클에 연결되어 노면충격에 따른 높낮이와 각도 변화를 흡수한다. 코일스프링과 쇽업소버 등이 연결되기도 한다.

[4] 트레일링 암(Trailing Arm)

한끝은 프레임에 다른 한끝은 현가장치에 연결되어 세로로 설치한 암으로, 주행 시 현가장치에 발생되는 비틀림을 흡수하여 복원력을 발생시킨다.

[5] 리어 로워암(Lear Lower Arm)

더블 위시본식, 혹은 맥퍼슨 스트럿식 서스펜션에 있어서 윗쪽의 어퍼 암에 대해 아래쪽에 배치된 암을 말한다. 로워암에는 현가 코일스프링을 탑재, 혹은 토션바를 조립을 하는 경우가 많다.

[6] 코일스프링(Coil Spring)

스프링강의 둥근 막대를 감아서 만든 완충기를 말한다. 코일스프링은 링크 연결기구나 쇽업소버를 필요로 하고 구조가 복잡하나 에너지 흡수율이 판스프링보다 크고 유연하여 널리 사용되고 있다. 소재인 강봉의 지름이 같고, 스프링 피치가 같을 경우에는 변형특성이 직선적이며 진동 감쇠작용을 하지 못하고 외력을 받았을 때 판스프링은 구부러지는데 대해 코일 스프링은 비틀려진다.

코일의 양 끝 면은 설치하기 쉽도록 평면으로 다듬질되어 있으며, 코일스프링의 강도는 주로 두께로 정해지며 굵을수록 딱딱해지고, 감는 횟수가 많을수록 부드러워지며, 코일의 지름이 클수록 부드러워진다.

[7] 리어 디스크 브레이크(Lear Disk Brake)

휠 허브(wheel hub)에 설치되이 휠과 함께 회전하고, 원판형의 디스크 양면에 패드로 조여 마찰에 의해 제동기능을 한다.

1.5. 브레이크장치(Brake Equipment)

브레이크장치는 주행 중인 자동차를 감속 또는 정지시키고, 또 주차상태를 유지하기 위하여 사용되는 매우 중요한 장치이며, 마찰력을 이용하여 자동차의 운동에너지를 열에너지로 바꾸어 브레이크작용을 하도록 되어 있다.

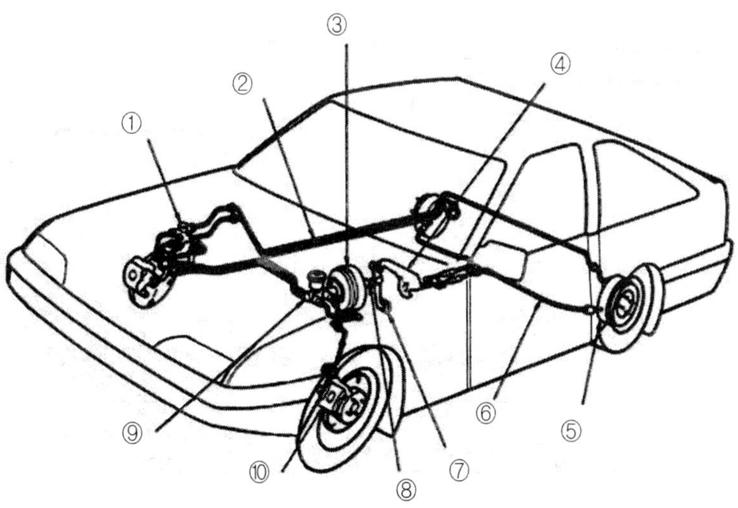

① 프로포셔닝 밸브(proportioning valve) ② 브레이크 파이프(brake pipe)
③ 브레이크 부스터(brake booster) ④ 주차 브레이크(parking brake)
⑤ 브레이크 드럼(drum brake)
⑥ 주차 브레이크 케이블(parking brake cable)
⑦ 브레이크 페달(brake pedal) ⑧ 제동등 스위치(brake lamp switch)
⑨ 마스터실린더(master cylinder) ⑩ 디스크 브레이크(disc brake)

그림 3-12. 브레이크장치

브레이크장치에는 여러 가지 형식의 것이 사용되고 있으나 기본적으로 운전자의 조작력을 링크나 유압을 이용하여 증대시켜 전달하는 조작기구와 그 힘으로 마찰력을 발생시키는 부분으로 되어 있다.

[1] 프로포셔닝 밸브(Proportioning Valve)

주행 중 급제동을 하면 자동차 무게의 이동으로 인하여 뒷바퀴가 앞바퀴보다 먼저 고착되어 자동차 스핀발생으로 인한 사고를 일으킬 수 있다. 그러므로 이에 대한 대응 방법으로 전륜(前輪)에 비하여 후륜(後輪)에 가해지는 브레이크력을 낮추어 슬립을 막는 유압 조정밸브이다.

[2] 브레이크 파이프(Brake Pipe)

브레이크 파이프는 마스터실린더와 휠 실린더의 오일통로를 형성하며, 일반적으로 방청처리를 한 강철 파이프와 플렉시블 호스(flexible hose)가 사용된다. 브레이크 파이프는 주행 중 진동하지 않도록 클립으로 확실하게 고정하고 있다.

[3] 브레이크 부스터(Brake Booster)

하이드로 마스터(hydro master)라고도 하며, 진공식 제동 배력장치에서 흡기 매니폴드나 진공펌프에서 진공을 이용하여 브레이크 페달을 밟는 힘을 증가시키는 장치이다.

[4] 주차 브레이크(Parking Brake)

주차레버를 당기면 와이어(wire)가 당겨지며, 이때 브레이크슈가 확장되어 제동작용을 한다.

[5] 브레이크 드럼(Drum Brake)

브레이크 드럼은 허브(hub)와 휠 사이의 휠 허브에 볼트로 설치되어 바퀴와 함께 회전하며, 브레이크 슈와의 마찰로 제동력을 발생시키는 작용을 한다.

[6] 주차 브레이크 케이블(Parking Brake Cable)

한쪽은 주차 브레이크 레버에 다른 한쪽은 이퀄라이저와 연결되며 주차 브레이크 레버를 당기면 이퀄라이저의 양쪽은 좌우측 브레이크슈와 연결되어 브레이크슈를 작동시키도록 연결하는 케이블을 말한다.

[7] 브레이크페날(Brake Pedal)

브레이크페달은 지렛대의 원리를 이용하여 답력을 마스터실린더에 전달하는 장치로서 플로어식(floor type)과 펜던트식(pendant type)이 있다.

[8] 제동등 스위치(Brake Lamp Switch)

브레이크페달에 의해 ON, OFF되는 스위치로 브레이크 페달을 밟으면 제동등을 점등하고 브레이크 페달을 놓으면 제동등이 소등된다.

[9] 마스터실린더(Master Cylinder)

마스터실린더는 브레이크페달을 밟는 것에 의해 유압을 발생시키는 부분이며 마스터실린더보디와 오일탱크 그리고 실린더 내에 들어있는 피스톤, 피스톤 컵, 체크밸브, 리턴스프링 등으로 구성되어 있다.

[10] 디스크 브레이크(Disc Brake)

디스크 브레이크는 마스터실린더에서 발생한 유압을 캘리퍼(caliper)로 보내어 바퀴와 함께 회전하는 디스크를 양쪽에서 패드(pad : 슈)로 압착시켜 제동을 시킨다.

1.6. 차량 자세 제어장치(VDC : Vehicle Dynamic Control)

VDC시스템은 스핀(spin) 또는 언더스티어(under steer) 등의 발생을 억제하여 이로 인한 사고를 미연에 방지할 수 있다.

이는 차량에 스핀 또는 언더 스티어 등의 발생상황에 도달하면 이를 감지하여 자동적으로 내측 또는 외측 차륜에 제동을 가해 차량의 자세를 제어함으로써 이로 인한 차량의 안정된 상태를 유지하며(ABS연계 제어), 스핀한계 직전에 자동 감속하고(TCS 연계제어), 이미 발생된 경우에는 각 휠 별로 제동력을 제어하여 스핀이나 언더 스티어의 발생을 미연에 방지하여 안정된 운행을 하게 한다.

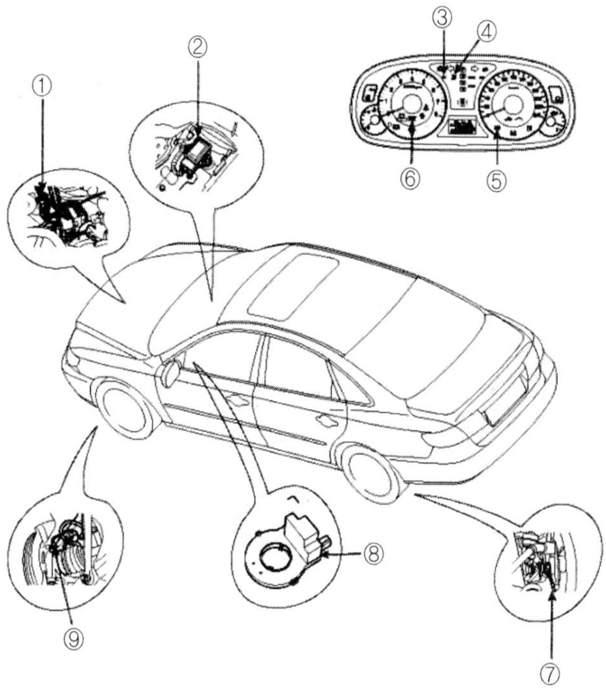

① VDC 컨트롤 모듈(HECU)(hydraulic electronic control unit)
② 요 레이트 & 횡 가속도 센서(yaw rate & gravitational acceleration sensor)
③ VDC 작동/경고등(VDC lamp/warning light)
④ VDC OFF 등(VDC OFF lamp)
⑤ ABS 경고등(ABS warning light)
⑥ 주차/EBD 경고등(parking/EBD warning light)
⑦ 리어 휠 스피드 센서(rear wheel speed sensor)
⑧ 조향각 센서(steering angle sensor)
⑨ 프런트 휠 스피드 센서(front wheel speed sensor)

그림 3-13. 차량 자세 제어장치(VDC)

[1] VDC 컨트롤 모듈(HECU)(Hydraulic Electronic Control Unit)

VDC 컨트롤 모듈은 ABS 하이드로릭 유닛을 같이 사용한다. ABS 하이드로릭 유닛 ass′y에 ABS, TCS, VDC를 컨트롤할 수 있도록 프로그램이 되어 있으며 각 시스템에 필요한 센서들만 더 추가 장착하고 하이드로릭 유닛에서 각각 제어한다.

VDC 컨트롤 모듈은 각 센서의 신호를 받아서 필요한 타이어에 제동을 가해서 각종 제어를 하도록 하는 유압 제어부와 모터부 그리고 각 신호를 받아서 제어하도록 하는 ECU로 구성되어 있다.

[2] 요 레이트 & 횡 가속도 센서(Yaw Rate & Gravitational Acceleration Sensor)

VDC시스템에 적용되는 요 레이트 & 횡 가속도센서는 차량의 요 레이트 및 반경 방향의 횡 가속도를 측정하는데 사용된다. 요 레이트는 차량선회 시 차량의 회전 각속도를 측정하여 차량 운동제어에 사용되며, 반경방향의 횡 가속도는 차량이 원심력에 의해 바깥으로 밀려나가게 되는 가속도를 측정하는데 사용된다.

[3] VDC작동 / 경고등(VDC Lamp / Warning Light)

VDC 작동/경고등은 VDC기능 작동, 자기진단 및 고장상태를 표시한다.

[4] VDC OFF(VDC OFF Lamp)

VDC OFF 등은 VDC ON/OFF 스위치에 의한 VDC기능 ON/OFF 상태를 표시한다.

[5] ABS 경고등(ABS Warning Light)

ABS에 이상이 감지되었을 때 점등되는 경고등이다.

[6] 주차 / EBD 경고등(Parking / EBD Warning Light)

EBD 경고등 모듈은 EBD기능의 자기진단 및 고장상태를 표시한다. 단, 주차브레이크 스위치가 ON일 경우에는 EBD기능과는 상관없이 항상 점등된다.

[7] 리어 휠 스피드센서(Rear Wheel Speed Sensor)

자동차 뒤에 설치된 휠 스피드센서로 휠 스피드센서(wheel speed sensor)는 마그네트와 코일로 구성되어 있으며, 톤 휠(tone wheel)은 휠 스피드센서로부터 나오는 자속이 변화하며 교류전압이 발생한다. 이 교류전압은 구동축의 회전속도에 비례하여 주파수가 변화하기 때문에 이에 의하여 4바퀴 각각의 회전속도를 검출한다.

[8] 조향각 센서(Steering Angle Sensor)

조향각 센서는 운전자의 조향 의도를 판단하는 센서로, 운전자의 핸들 각도를 출력한다. 핸들 내부에 있는 클럭 스프링에 맞물려 회전한다.

[9] 프런트 휠 스피드센서(Front Wheel Speed Sensor)

자동차 앞에 설치된 휠 스피드센서로 휠 스피드센서(wheel speed sensor)는 마그네트와 코일로 구성되어 있으며, 톤 휠(tone wheel)은 휠 스피드센서로부터 나오는 자속이 변화하며 교류전압이 발생한다. 이 교류전압은 구동축의 회전속도에 비례하여 주파수가 변화하기 때문에 이에 의하여 4바퀴 각각의 회전속도를 검출한다.

1.7. 에어백(Air Bag)

에어백은 자동차가 충돌하였을 때 충돌조건에 따라 운전석, 조수석, 앞 뒤 및 옆쪽에 설치된 에어백을 작동시켜 운전자 및 승객을 부상으로부터 보호하기 위한 안전띠 보조장치이다.

[1] 운전석 에어백(DAB : Driver Air Bag)

운전석 에어백은 스티어링 휠에 장착되어 있으며, 클럭 스프링을 경유하여 SRSCM에 전기적으로 연결되어 있다. 전방 충돌발생 시 에어백을 전개하여 운전자를 보호하는 역할을 한다.

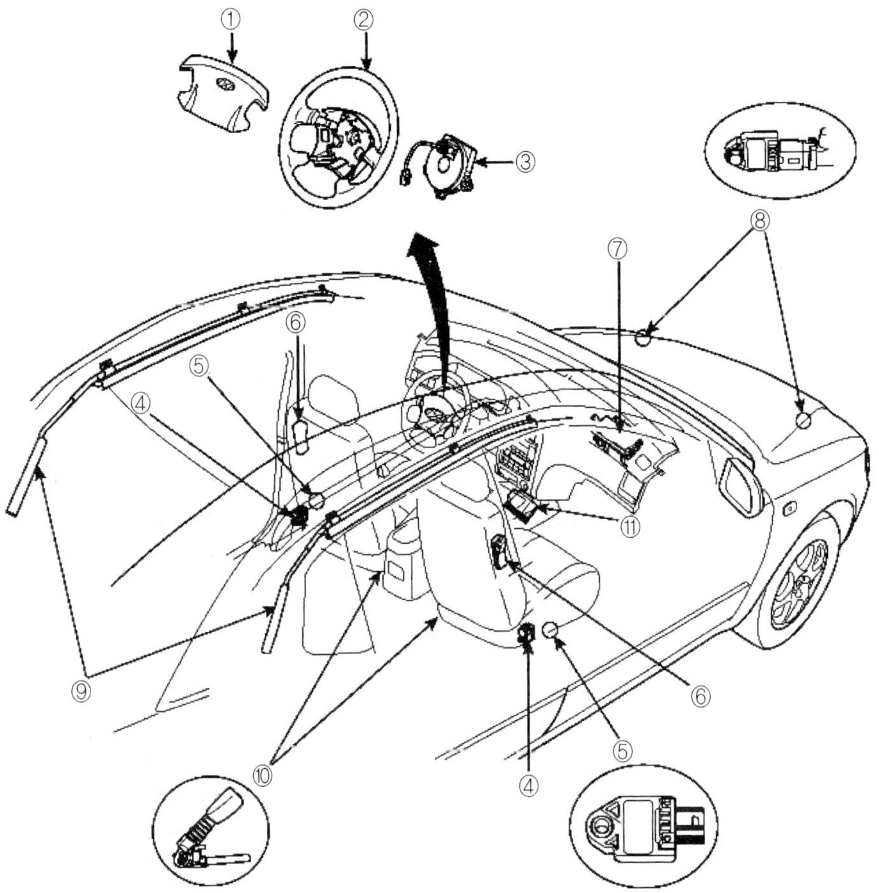

① 운전석 에어백(DAB : driver air bag) ② 스티어링 휠(steering wheel)
③ 클럭 스프링(clock spring)
④ 시트벨트 프리 텐셔너(BPT : seat belt pre tensioner)
⑤ 측면 충돌센서(SIS : side impact sensor) ⑥ 사이드 에어백(SAB : side air bag)
⑦ 조수석 에어백(PAB : passenger air bag)
⑧ 정면 충돌센서(FIS : front impact sensor) ⑨ 커튼 에어백(CAB : curtain air bag)
⑩ 안전벨트 버클 스위치(safety belt buckle switch)
⑪ 에어백 컨트롤 모듈(SRSCM : supplemental restraints system control module)

그림 3-14. 에어백

[2] 스티어링 휠(Steering Wheel)

스티어링 휠(steering wheel)은 차량의 바퀴를 좌우로 움직여 진행방향을 바꾸는 데 쓰이며, 핸들(handle) 또는 스티어링 핸들(steering handle), 드라이빙 휠(driving wheel) 이라고도 불린다.

운전자가 손으로 잡는 림(rim) 중앙부에는 경음기(horn)나 에어백, 오디오컨트롤러가 설치되며 운전자가 직접 운전자와의 거리 및 각도를 조절할 수 있다.

[3] 클럭 스프링(Clock Spring)

핸들은 돌리기 때문에 배선이 꼬이게 되므로 꼬이지 않게끔 미리 감아 놓은 것으로 고장시 핸들 리모컨이 안 되거나 에어백 경고등이 점등되었거나 혼이 울리지 않는 현상의 원인이 되는 관련 부품이다.

[4] 시트벨트 프리 텐셔너(BPT : Seat Belt Pre Tensioner)

좌우측 B필러 하단에 장착되어 있다. 전방충돌 발생시 시트벨트 프리 텐셔너는 시트벨트를 감아서 운전석 또는 조수석 승객이 스티어링 휠이나 크래쉬 패드에 부딪히는 것을 방지하는 역할을 한다.

[5] 측면 충돌센서(SIS : Side Impact Sensor)

좌우측 B필러 내부에 각 1개씩 장착되어 있다. 측면 충돌발생시 SRSCM은 측면 충돌센서 신호를 이용하여 사이드 에어백 전개 여부와 전개시기를 결정한다.

[6] 사이드 에어백(SAB : Side Air Bag)

운전석과 조수석 시트 내에 각 1개씩 내장되어 있으며, 측면 충돌발생 시 탑승자를 측면충돌로부터 보호하는 역할을 한다. 측면 충돌발생 시 좌우 측 B필러에 각 1개씩 장착되어 있는 측면 충돌센서가 충돌을 감지하여 이 센서의 신호를 이용하여 SRSCM이 사이드 에어백 전개 여부를 결정한다.

[7] 조수석 에어백(PAB : Passenger Air Bag)

크래쉬 패드 내에 내장되어 있으며, 전방충돌 시 조수석 승객을 보호하는 역할을 한다.

[8] 정면 충돌센서(FIS : Front Impact Sensor)

엔진룸 좌우 사이드멤버 인너에 각각 1개씩 장착되어 있다. 정면충돌 발생시 SRSCM은 정면 충돌센서 신호를 이용하여 운전석 에어백과 조수석 에어백, 시트벨트 프리 텐셔너의 전개 여부와 전개시기를 결정한다.

[9] 커튼 에어백(CAB : Curtain Air Bag)

헤드라이너(천장) 좌우측 부분에 1개씩 내장되어 있으며, 측면충돌 발생 시 탑승자를 보호하는 역할을 한다. 측면 충돌발생 시 좌우측 B필러에 각 1개씩 장착되어 있는 측면 충돌센서(SIS)가 충돌을 감지하여 이 센서의 신호를 이용하여 SRSCM이 커튼 에어백 전개 여부를 결정한다.

[10] 안전벨트 버클 스위치(SBBS : Safety Belt Buckle Switch)

마이크로 스위치 또는 홀(Hall)센서를 이용하여 탑승자가 안전벨트를 착용하였는지의 여부를 확인할 수 있다. 탑승자가 안전벨트를 착용하지 않았을 경우에는 에어백 트리거링 기준값이 낮아진다.

[11] 에어백 컨트롤 모듈(SRSCM : Supplemental Restraints System Control Module)

에어백 모듈과 시트벨트 프리 텐셔너의 전개 여부와 전개시기를 결정하는 역할을 한다. 그리고 에어백 모듈이나 시트 벨트 프리 텐셔너의 전개 시점에서 전개에 필요한 전원을 모듈 점화장치에 공급하며 에어백시스템의 자기진단 기능도 수행한다.

1.8. 타이어(Tire)

자동차가 주행 및 정지시에 실제로 노면과 접촉하고 있는 것은 타이어이다. 엔진의 출력이 아무리 높아도 타이어가 좋지 않으면 주행시 그 성능을 살릴 수가 없으며 브레이크 성능 또한 타이어 성능에 달려있다. 타이어는 안전운행의 기초가 되며 노면에 닿는 트레드 부분에는 홈이 있고 용도에 따라 여러 가지 모양을 갖추고 있어서 이것이 접지력과 물을 헤치는 기능을 가지게 된다. 타이어의 역할은 다음과 같다.

① 하중지지, 노면으로부터의 충격 흡수 완화

② 자동차의 방향을 전환하거나 유지하고 구동력, 제동력을 노면에 전달

③ 마찰, 열 발생률, 구동저항이 적어야 하며, 내구성이 있어야 한다.

④ 주행시 소음 및 진동이 적어야 한다.

1.8.1. 타이어의 구조

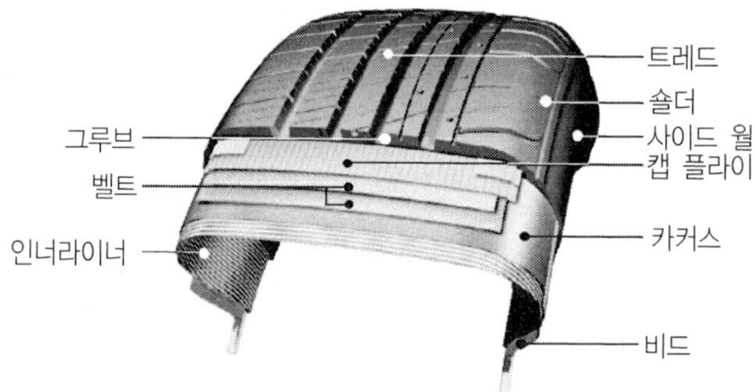

그림 3-15. 타이어의 구조

[1] 트레드(Tread)

트레드는 노면과 직접 접촉하는 고무 부분이며 카커스와 브레이커를 보호하는 부분이다.

[2] 브레이커(Breaker)

브레이커는 트레드 안쪽에 있는 코드 층으로 카커스를 보호하며 트레드와 카커스의 강성의 차를 완충하는 역할을 한다.

[3] 카커스(Carcass)

카커스는 타이어의 형상을 유지하는 골격부분이다. 플라이(fly)라 부르는 섬유층으로 구성되는데, 이 섬유층을 교차하여 고무로 접착시켜 강도를 유지한다.

[4] 비드(Bead)

비드는 림과 접촉하는 부분으로 카커스 코드의 끝을 고정하여 공기압을 유지토록 한다. 비드 와이어와 고무 등으로 구성되는데, 적당한 강도와 탄성을 가져야 한다.

[5] 사이드 월(Side Wall)

트레드에서 비드부까지의 카커스를 보호하기 위한 고무 층이며, 노면과는 직접 접촉하지 않는다. 그러나 하중이나 노면으로부터의 충격에 의하여 계속적인 굴곡운동을 하게 되므로 굴곡성 및 내 피로성이 높은 고무이어야 하며, 규격, 하중, 공기압 등 타이어의 기본 정보가 문자로 각인된 부위이다.

[6] 숄더(Shoulder)

트레드와 사이드 월사이에 자리 잡고 있다. 타이어에서 가장 두꺼운 고무층으로 숄더가 손상이 되면 타이어를 수리하기는 불가능하다. 때문에 필히 타이어를 교체하여야 한다. 가장 두꺼운 고무 층으로 열이 모이기 쉬워 쉽게 열을 발산시킬 수도 있어야 한다.

[7] 벨트(Belt)

스틸와이어 또는 섬유로 구성되어 있다. 트레드와 카커스사이에서 주행시 노면 충격을 감소시키는 역할과 동시에 트레드 노면에 닿는 부위를 넓게 유지시켜 주행 안정성을 우수하게 한다. 트레드가 마모되면 가장먼저 보이는 부분이다.

[8] 인너 라이너(Inner Liner)

튜브리스 타이어에서 만 볼 수 있으며 튜브를 대신하여 공기 밀폐성이 우수한 고무층으로 이루어져 있다.

[9] 캡 플라이(Cap Ply)

벨트 위쪽에 부착되는 특수 코드지로 주행시 성능을 향상시켜준다.

1.8.2. 타이어의 표시

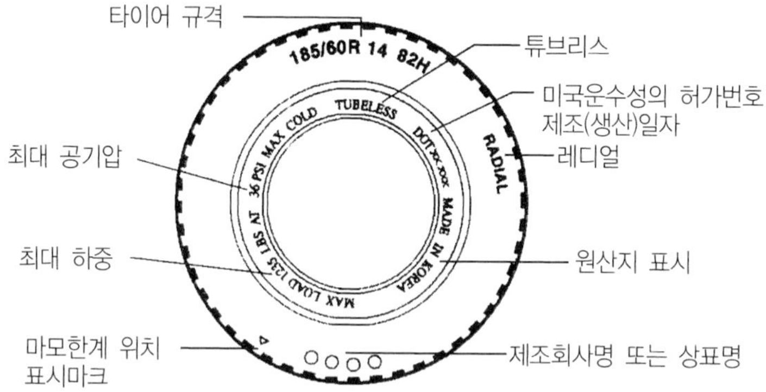

그림 3-16. 타이어의 표시

① 제조일자 : 2017년 27주 생산제품. 타원형의 동그라미 안에 들어가 있다.

② 하중지수(Load Range) : 타이어가 지탱하는 최대하중으로 77다음의 H는 최대 속도이다.

그림 3-17. 제조일자

그림 3-18. 하중지수

③ 타이어 규격 : 승용자동차용, 단면폭 215mm, 편평비 50%, 레이디얼 타이어, 휠 크기 17인치이다.

④ 레이디얼 타이어

그림 3-19. 타이어 규격

그림 3-20. 레이디얼 타이어 표시

⑤ MUD & SNOW의 약자로 진흙길 & 눈길에도 가능하다는 뜻이다.

⑥ KS마크

그림 3-21. MUD & SNOW의 약자

그림 3-22. KS마크

⑦ 제조국가

⑧ 제조회사

그림 3-23. 제조국가 표시

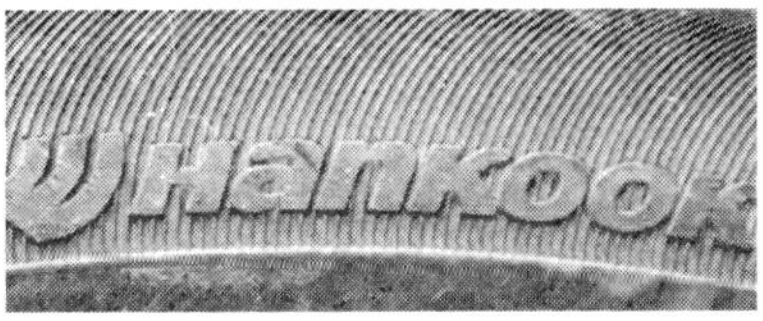

그림 3-24. 제조회사 표시

⑨ 패턴명으로 H426은 자동차 메이커에 납품용으로 개발된 옵티모 패턴 중 하나이다.

⑩ DOT마크 : DOT 5MBP DL H(5M : 생산 공장, BP : 타이어규격, DL : 모델명, H : 제조사)

그림 3-25. 패턴명

그림 3-26. DOT 마크

⑪ 최대하중 및 최대 공기압 표기 : 최대하중이 600kgf이고, 바퀴가 네 개니까 2.4톤이 된다. 최대 공기압은 300KPA(44psi)이다. 이 최대 공기압의 80~90% 정도를 주입한다.

그림 3-27. 최대하중 및 최대 공기압 표기

⑫ 타이어구조 : 트래드 플라이는 2장의 스틸과 1장의 폴리에스터 코드로 보강되어 있고 사이드월은 1장의 폴리에스터로 되어있다.

⑬ E4마크 : 유럽에 수출하기 위해서 필요한 것

그림 3-28. 타이어 구조

그림 3-29. E4마크

⑭ 튜브 리스 : 튜브가 없는 구조로 튜브역할을 하는 인너라이너가 타이어 안쪽에 붙여져 있는 타이어와 튜브가 일체인 구조이다.

⑮ 마모한계선 위치 표시와 타이어 마모한계선

그림 3-30. 튜브리스 타이어 표시

그림 3-31. 마모한계선 위치 표시

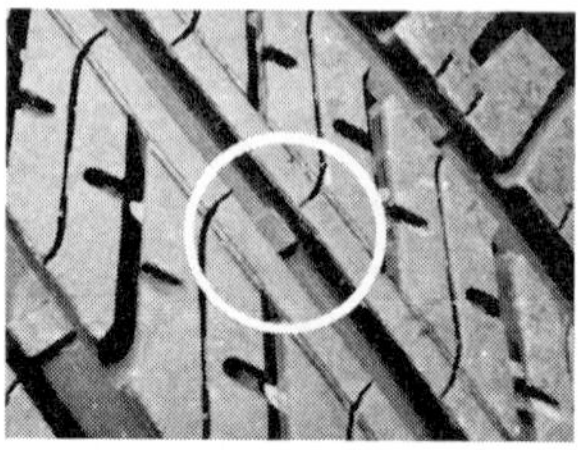

그림 3-32. 타이어 마모한계선

2. 자동차 섀시 분해 · 조립

2.1. 수동변속기의 분해 · 조립

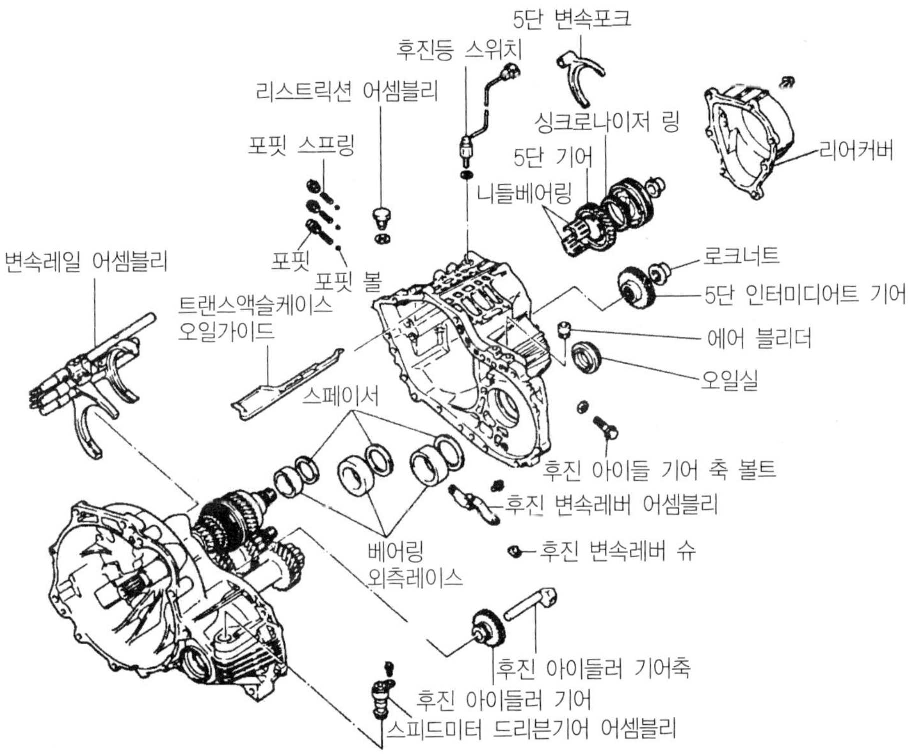

그림 3-33. 수동 트랜스액슬의 구조

2.1.1. 분해

① 후진등 스위치 및 마운팅 브래킷을 탈거한다.

② 스피드미터(speedometer) 드리븐 기어 어셈블리를 탈거한다.

③ 포핏 볼을 탈거한다.

④ 리어 커버 볼트와 리어 커버를 탈거한다.

그림 3-34. 포핏 볼 탈거

그림 3-35. 리어 커버 탈거

⑤ 후진등 스위치 탈거

⑥ 스프링 핀 탈거

그림 3-36. 후진등 스위치 탈거

그림 3-37. 스프링 핀 탈거

⑦ 특수공구를 입력축(input shaft)에 장착한다.

⑧ 클러치 하우징 둘레에 있는 볼트 구멍을 이용하여 스패너 핸들을 장착한다.

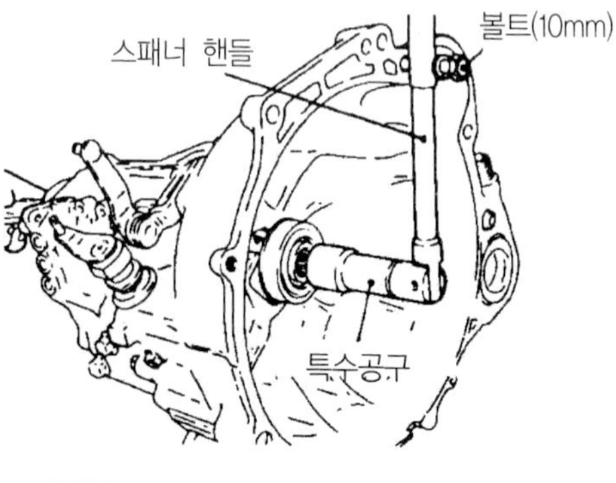

그림 3-38. 스패너 핸들 장착

⑨ 로크너트 탈거

⑩ 5단 싱크로나이저 슬리브와 5단 시프트 포크를 탈거한다.

그림 3-39. 로크너트 탈거

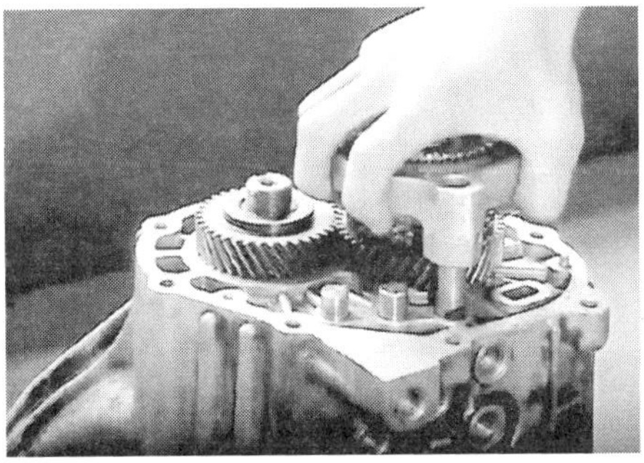

그림 3-40. 5단 슬리브 및 시프트 포크 탈거

⑪ 5단 싱크로나이저 허브, 싱크로나이저 링, 5단 기어와 니들 베어링을 탈거한다.

그림 3-41. 5단 기어 탈거

그림 3-42. 니들베어링 탈거

⑫ 인터미디에이트 기어를 탈거한다.

⑬ 리버스 아이들 기어 샤프트 볼트를 탈거한다.

그림 3-43. 인터미디에이트 기어 탈거

그림 3-44. 아이들 기어 샤프트 볼트를 탈거

⑭ 트랜스액슬 커버 볼트를 탈거하고 트랜스액슬 커버를 탈거한다.

⑮ 베어링 리테이너를 탈거한다.

그림 3-45. 트랜스액슬 커버를 탈거

그림 3-46. 리테이너 탈거

⑯ 후진기어 축과 후진기어를 탈거한다.

⑰ 특수공구를 사용하여 스프링 핀을 탈거한다.

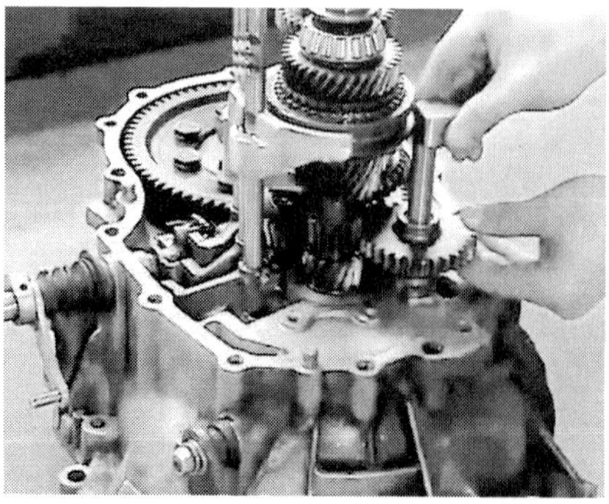

그림 3-47. 후진기어 탈거

그림 3-48. 스프링 핀 탈거

⑱ 시프트레일(shift rail)과 포크 어셈블리(fork assembly)를 분해한다.

⑲ 1단-2단 시프트 포크를 2단으로 변속한다.

⑳ 3단-4단 시프트 포크를 4단으로 변속한다.

그림 3-49. 시프트레일 탈거

그림 3-50. 시프트포크 탈거

㉑ 1단-2단 선택레버를 완전히 밀면서 3단-4단, 5단-후진 시프트레일과 포크 어셈블리를 탈거한다.

그림 3-51. 기어 어셈블리 탈거

㉒ 베어링 리테이너(bearing retainer)를 탈거한다.

㉓ 입력축 어셈블리를 들어올리고 인터미디에이트 샤프트 어셈블리를 탈거한다.

㉔ 출력축 어셈블리와 디퍼렌셜 기어 어셈블리를 탈거한다.

그림 3-52. 출력축 어셈블리 탈거

그림 3-53. 디퍼렌셜 기어 탈거

㉕ 특수공구를 사용하여 인터미디에이트 샤프트 베어링 아웃레이스와 스페이스를 탈거한다.

㉖ 출력축 베어링 아웃 레이스와 스페이스를 탈거한다.

㉗ 디퍼렌셜 베어링 오일 실을 탈거한다.

㉘ 입력축 오일 실을 탈거한다.

2.1.2. 조립

① 특수공구를 사용하여 드라이브 오일 실을 장착한다.

② 특수공구를 사용하여 입력축 프런트 오일 실을 장착 한다.

③ 특수공구를 사용하여 디퍼렌셜 기어 베어링 아웃 레이스와 스페이스를 장착한다.

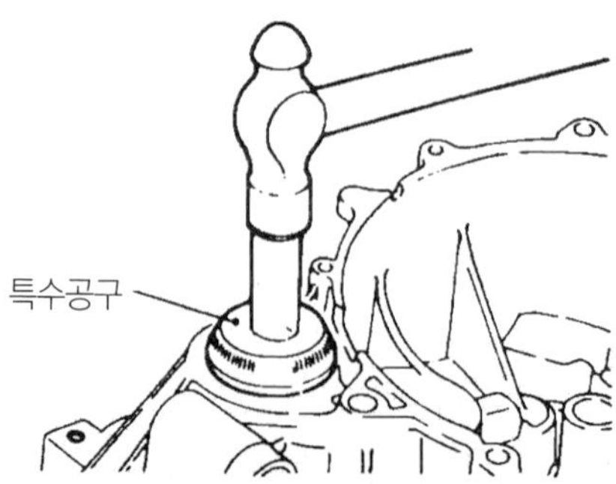

그림 3-54. 오일실 장착

④ 특수공구를 사용하여 출력축 베어링 아웃 레이스와 스페이스를 장착한다.

⑤ 특수공구를 사용하여 인터미디에이트 샤프트 베어링 아웃레이스와 스페이스를 장착한다.

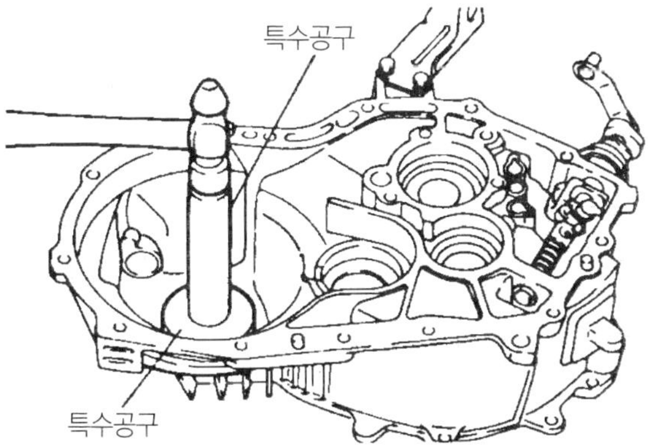

그림 3-55. 레이스와 스페이스 장착

⑥ 디퍼렌셜 기어 어셈블리와 출력축 어셈블리를 장착한다.

⑦ 입력축 인터미디에이트 샤프트를 동시에 장착한다.

⑧ 베어링 리테이너를 장착한다.

⑨ 시프트 레일 어셈블리를 조립한다.

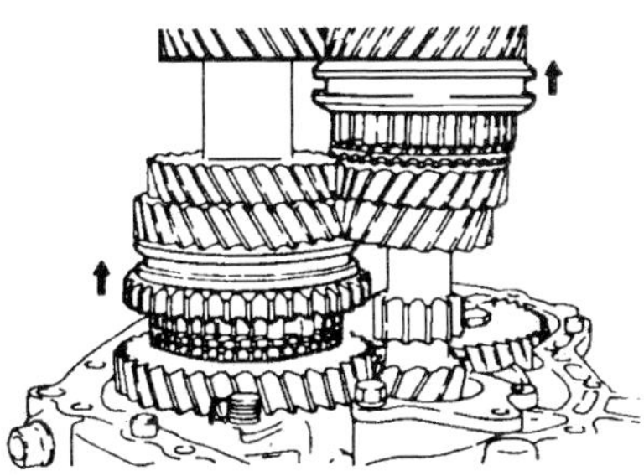

그림 3-56. 인터미디에이트 샤프트 장착

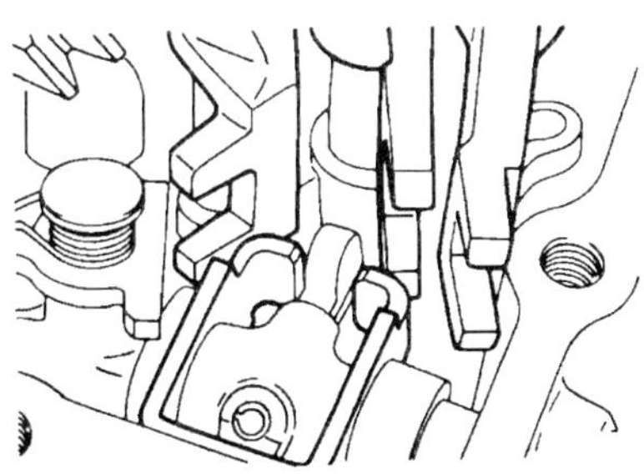

그림 3-57. 시프트 레일 조립

⑩ 1단-2단 시프트 슬리브를 2단에 놓는다.

⑪ 3단-4단 시프트 슬리브를 4단에 놓는다.

⑫ 5단-후진 시프트 레일 쪽으로 선택레버를 잡아당기면서 1단-2단 시프트 레일과 포크 어셈블리를 장착한다.

⑬ 1단-2단 레일 쪽으로 선택레버를 잡아당기면서 3단-4단, 5단-후진 시프트 레일과 포크 어셈블리를 장착한다.

⑭ 시프트 레일을 시프트 포크 구멍에 집어넣는다. 이때 시프트 러그(lug)가 스토퍼 플레이트와 간섭되지 않도록 돌리면서 작업한다.

⑮ 시프트 레일을 돌려 시프트 러그에 끼운다.

⑯ 스프링 핀을 장착함에 있어 한 번 사용한 스프링 핀은 재사용하지 않는다.

⑰ 특수공구를 사용하여 스프링 핀을 장착한다.

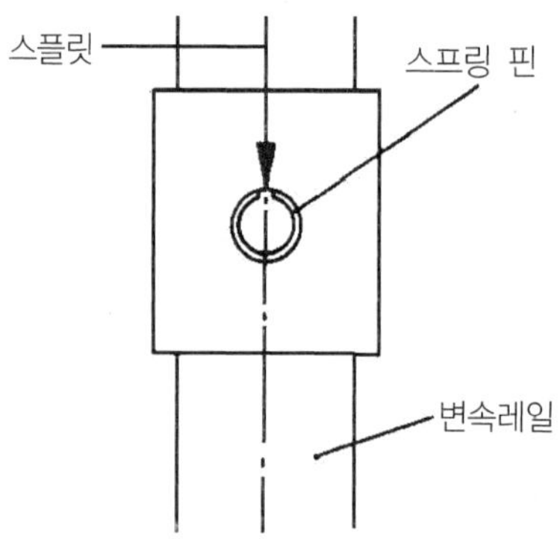

그림 3-58. 스프링 핀 조립

⑱ 장착시 스프링 핀 스플릿(split)이 시프트 레일의 중앙선과 일치했는지 확인한다.

⑲ 후진 아이들 기어 레버 어셈블리를 장착한다.

⑳ 후진기어 축과 후진 아이들 기어를 장착한다.

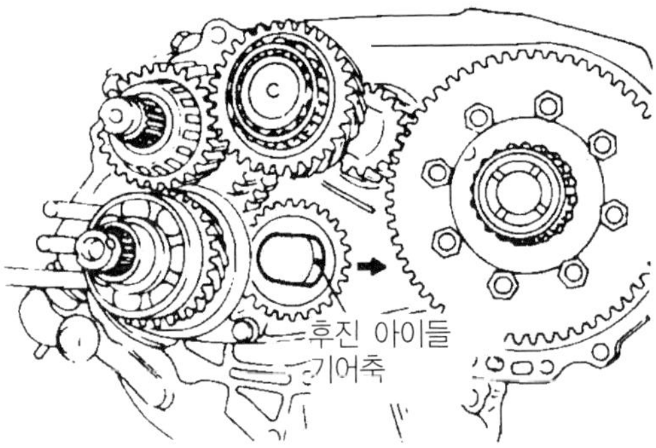

그림 3-59. 아이들 기어 장착

㉑ 후진 시프트 레버와 슈를 장착한다.

㉒ 특수공구를 사용하여 인터미디에이트 샤프트 베어링 아웃 레이스와 스페이스를 트랜스액슬 케이스에 장착한다.

㉓ 특수공구를 사용하여 출력축 베어링 아웃 레이스와 스페이스를 트랜스액슬 케이스에 장착한다.

㉔ 디퍼렌셜 베어링 스페이스를 트랜스액슬 케이스에 장착한다.

㉕ 특수공구를 사용하여 드라이브샤프트 오일 실을 트랜스액슬 케이스에 장착한다.

㉖ 스페이스 조립시 엔드 플레이를 조정한다.

㉗ 길이 10mm이고 직경이 3mm인 솔더(solder : 납으로 된 판)를 스페이스위에 놓고 베어링 아웃 레이스를 장착한다.

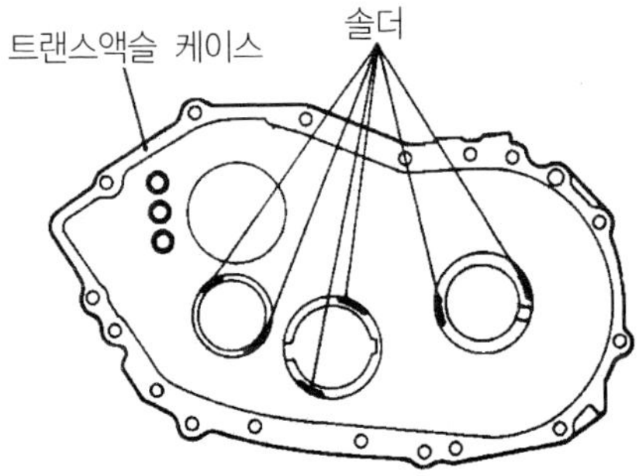

(a) 장착

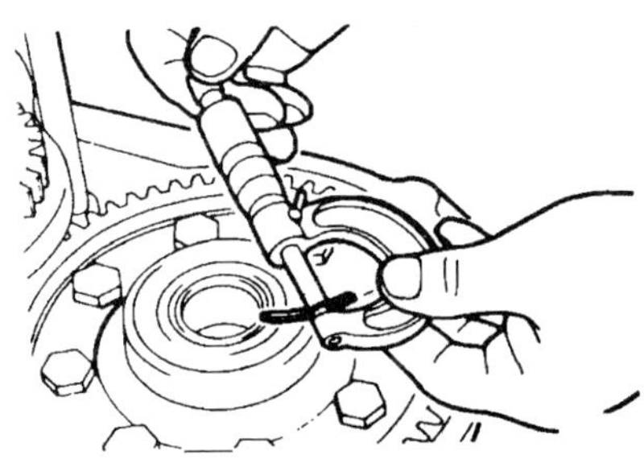

(b) 솔더 두께측정

그림 3-60. 솔더의 장착 및 두께측정

㉘ 트랜스액슬 케이스를 장착하고 볼트를 규정 토크로 조인다.

㉙ 트랜스액슬 케이스를 탈거하고 아웃 트레이스와 솔더를 탈거한다.

㉚ 납작해진 솔더의 두께를 측정하여 엔드 플레이를 규정치로 조정해주는 두께의 스페이스를 장착한다.

㉛ 인터미디에이트 샤프트 엔드 플레이 측정한다.

㉜ 출력축의 엔드 플레이(end play) 측정한다.

㉝ 디퍼렌셜 케이스 엔드플레이 측정한다(※ 엔드 플레이 규정 값 : 0.5～0.1mm).

㉞ 오일 가이드를 트랜스액슬 케이스에 장착한다.

㉟ 트랜스액슬 케이스의 클러치 하우징 측에 규정된 실런트(sealant)를 도포한다.

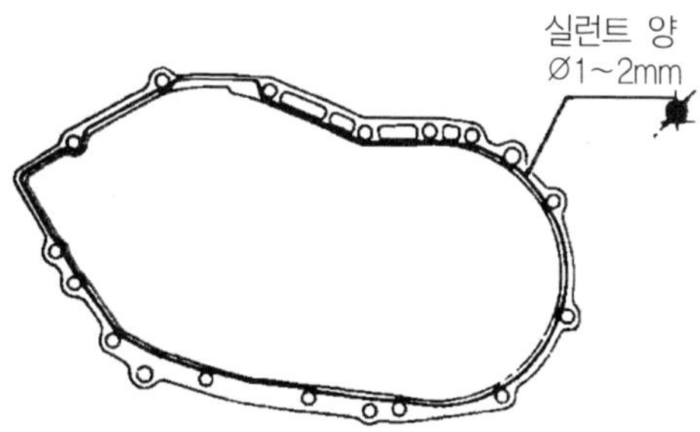

그림 3-61. 실런트 도포

㊱ 클러치 하우징 어셈블리에 트랜스액슬 케이스를 장착하고 볼트를 조인다.

㊲ 리스트릭션(restriction) 볼을 장착한다.

㊳ 스크류 드라이버로 후진 아이들 기어 축을 중심에 놓는다.

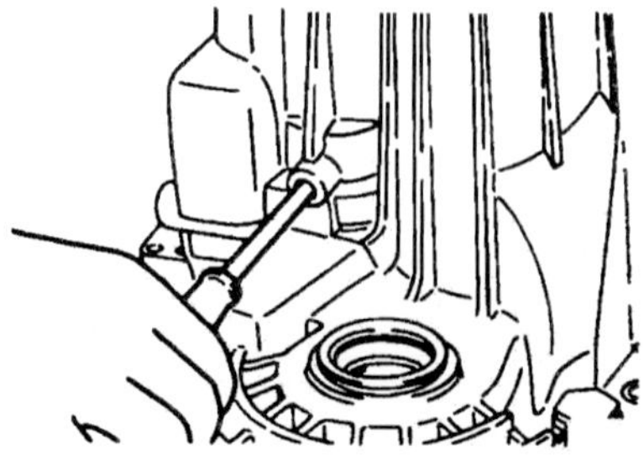

그림 3-62. 후진 아이들 샤프트 중심 조정

㊴ 후진 아이들 기어 축 볼트를 규정 토크로 조인다.
㊵ 포핏 볼, 포핏 스프링, 포핏 플러그를 장착한다.
㊶ 후진등 스위치를 장착한다.
㊷ 특수공구를 사용하여 인터미디에이트 기어를 장착한다.
㊸ 5단 기어, 니들 롤러 베어링, 싱크로나이저 링, 싱크로나이저 허브를 장착한다.
㊹ 5단 시프트 포크와 5단 싱크로 나이저 슬리브를 동시에 장착한다.
㊺ 특수공구를 사용하여 스프링 핀을 장착하며, 이때 스프링 핀을 재사용하지 않는다.
㊻ 장착하기 전에 스프링 핀 스플릿과 시프트 레일의 중앙선이 일치했는지 확인한다.
㊼ 로크너트를 장착하고 특수공구를 입력축에 장착한다.
㊽ 클러치 하우징의 구멍에 볼트를 장착하고 스패너 핸들을 특수공구에 부착한다.
㊾ 선택 레버와 조절레버를 사용하여 트랜스액슬을 후진으로 변속시킨다.
㊿ 로크너트를 규정토크로 조이고 로크너트를 완전히 조인다.
51 리어 커버에 규정 실런트를 도포하고 리어커버를 장착한다.
52 마운팅 브래킷을 장착하고 스피드미터 드리븐 기어 어셈블리를 장착한다.

2.2. 종감속 차동기어 분해 · 조립

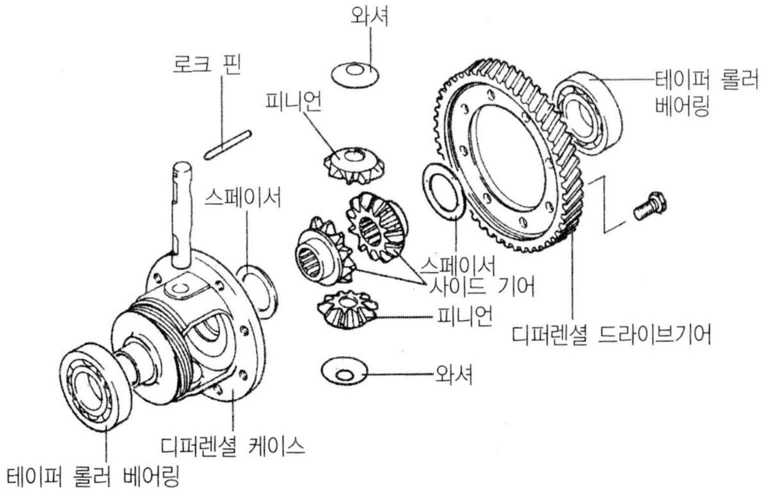

그림 3-63. 종감속 차동기어의 구조

2.2.1. 분해

① 바이스에 디퍼렌셜 케이스를 고정시킨다.

② 디퍼렌셜 케이스로부터 디퍼렌셜 드라이브기어 장착 볼트와 디퍼렌셜 드라이브 기어를 탈거한다.

③ 특수공구를 사용하여 테이퍼 롤러 베어링을 탈거한다.

④ 펀치를 사용하여 록크 핀(lock pin)을 빼낸다.

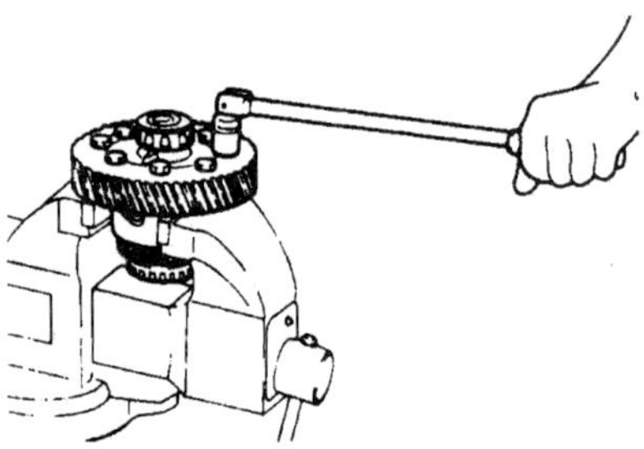

그림 3-64. 장착 볼트 탈거

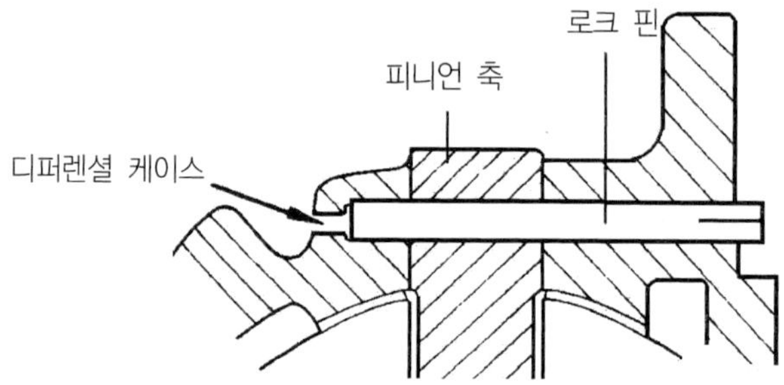

그림 3-65. 록크 핀 제거

⑤ 피니언 샤프트를 빼낸다.

⑥ 피니언기어, 와셔, 사이드 스페이스를 탈거한다.

2.2.2. 조립

① 사이드기어 뒤에 스페이스를 장착하고, 디프렌셜 케이스에 사이드기어를 장착한다.

② 각 피니언 뒤에 와셔를 놓고 2개의 피니언을 사이드기어와 맞춰 돌려가면서 규정된 위치에 집어넣는다.

③ 피니언 샤프트를 집어넣는다.

④ 신품의 사이드기어를 장착할 때는 중간 두께의 스페이스를 사용하며, 록크 핀은 재사용해서는 안 된다.

⑤ 양쪽 사이드 기어의 백래시가 균등하게 되도록 조정한다.

⑥ 피니언 샤프트의 록크 핀 구멍을 케이스의 록크 핀 구멍에 맞추고 록크 핀을 삽입한다.

⑦ 특수공구를 사용하여 디퍼렌셜 케이스의 양쪽에 테이퍼 롤러 베어링을 장착한다.

⑧ 록크 핀을 재사용하지 않는다. 록크 핀의 머리부가 디퍼렌셜 케이스 플랜지(flange)면보나 낮아야 하며, 베어링을 압입할 때 인너 레이스만을 누른다.

⑨ 볼트를 재사용할 때는 나사부에 묻어있는 실런트를 완전히 제거해야 한다.

⑩ 볼트의 나사부에 규정 실런트를 도포하고 규정토크로 조인다.

2.3. 자동변속기의 분해 · 조립

2.3.1. 자동변속기의 분해

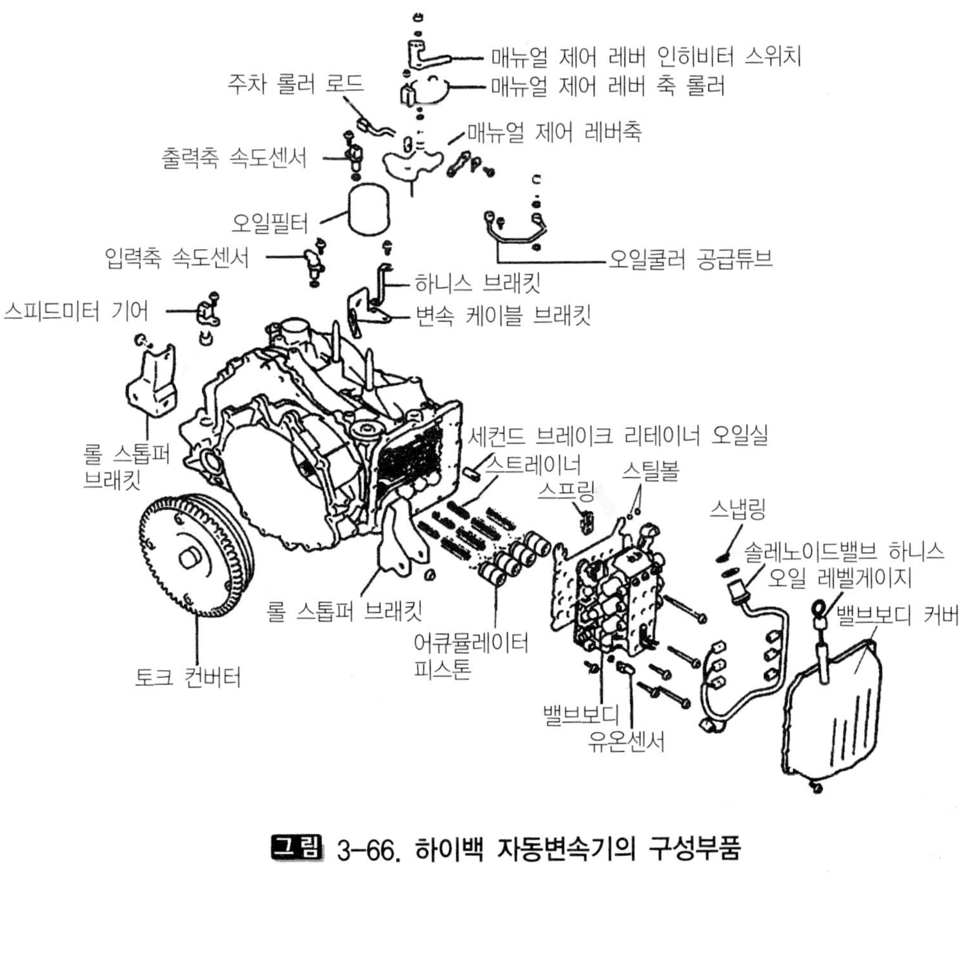

그림 3-66. 하이백 자동변속기의 구성부품

① 토크컨버터를 탈거한다.

② 다이얼 게이지를 이용하여 입력축 엔드 플레이를 측정한다.

그림 3-67. 입력축 엔드플레이 측정

③ 각종 브래킷, 배선 하니스 브래킷, 변속제어 케이블 브래킷 등을 탈거한다.

④ 오일 레벨게이지, 아이 볼트, 개스킷 및 오일쿨러 공급튜브, 오일필터 등을 탈거한다.

⑤ 입·출력축 속도센서를 탈거한다.

그림 3-68. 입·출력축 속도센서 탈거

⑥ 매뉴얼 제어 레버 및 인히비터 스위치를 탈거한다. 이때 인히비터 스위치는 반드시 밸브보디를 설치한 상태에서 탈거한다.

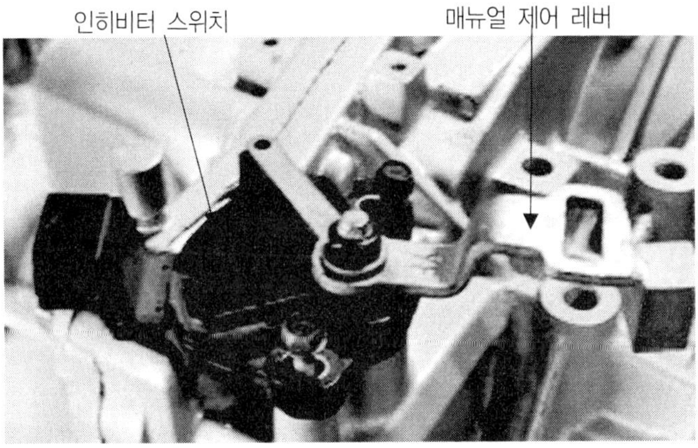

그림 3-69. 매뉴얼 제어 레버 및 인히비터 스위치 탈거

⑦ 스피드미터 기어, 밸브보디 커버를 탈거한다.

그림 3-70. 스피드미터 탈거

그림 3-71. 밸브보디 커버 탈거

⑧ 매뉴얼 제어 축 디텐트 스프링 및 디텐트를 탈거한다.

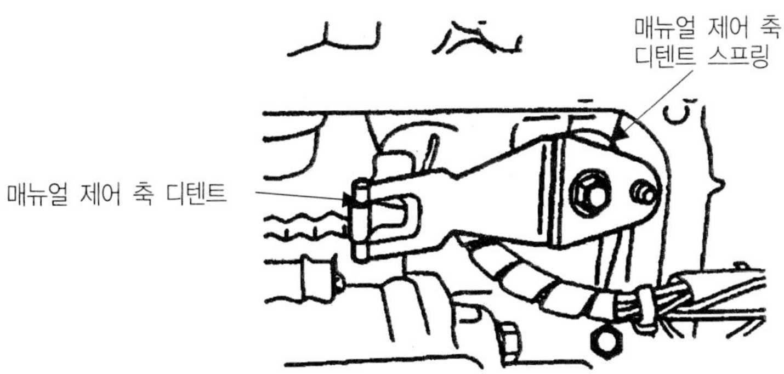

그림 3-72. 매뉴얼 제어축 디텐트 스프링 및 디텐트 탈거

⑨ 밸브보디에서 하니스 커넥터를 빼낸 다음 밸브보디 고정볼트(28개)를 푼다. 이때 그림에 화살표가 표시된 볼트를 풀지 않도록 한다.

⑩ 오일 온도센서를 빼낸다.

그림 3-73. 밸브보디 고정 볼트 탈거

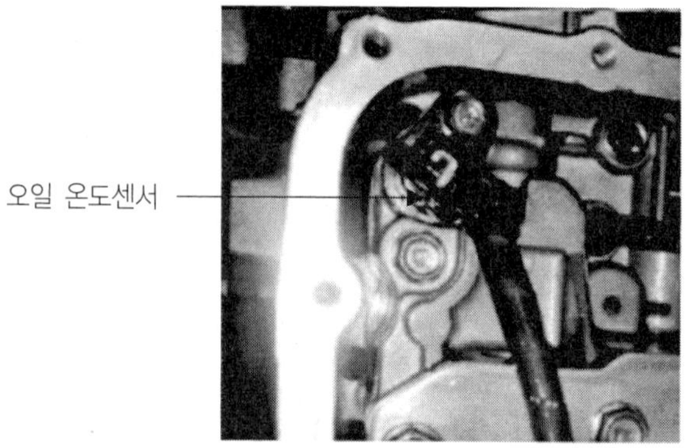

그림 3-74. 오일 온도센서

⑪ 밸브보디, 개스킷 및 스틸 볼(2개)를 탈거한다. 이때 스틸 볼을 분실하지 않도록 주의한다.

⑫ 솔레노이드밸브 하니스 스냅 링을 탈거한 후 밸브 하니스를 탈거한다.

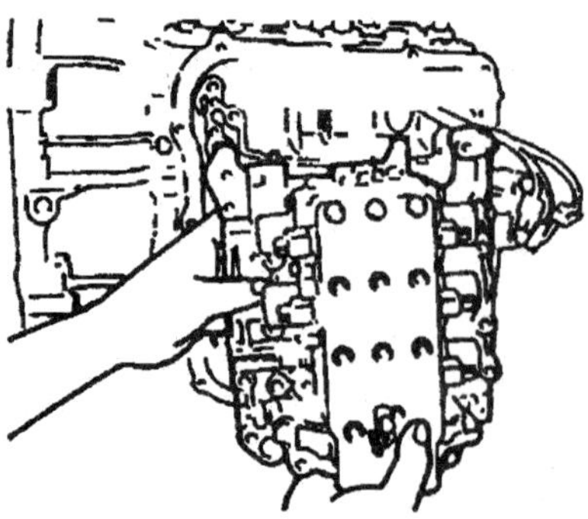

그림 3-75. 밸브보디 탈거

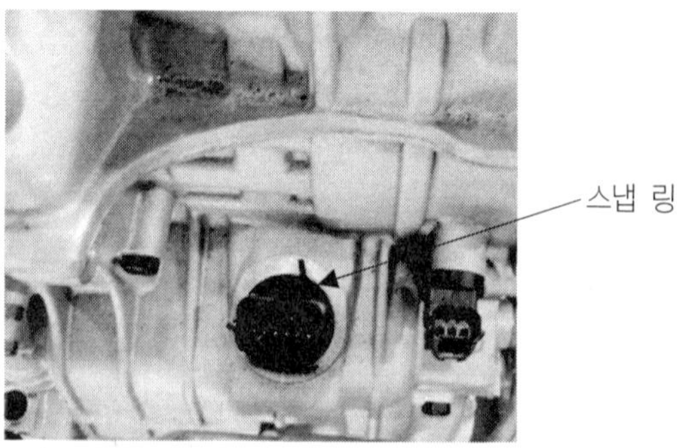

그림 3-76. 스냅 링

⑬ 스트레이너를 탈거한 다음 세컨드 브레이크 리테이너 오일 실을 탈거한다. 세컨드 브레이크 리테이너 오일 실을 탈거하지 않으면 세컨드 브레이크 피스톤을 탈·부착할 때 손상될 염려가 있다.

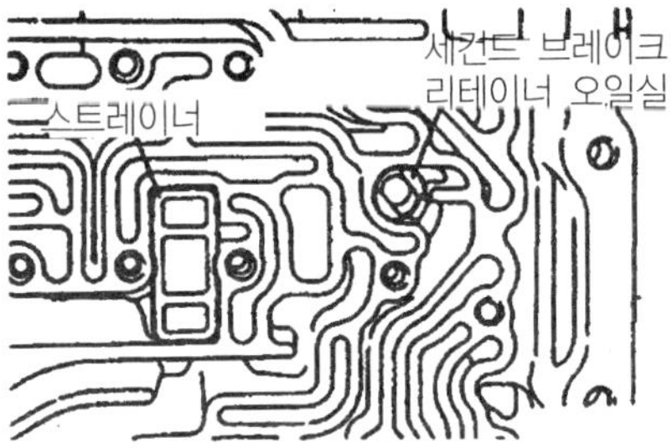

그림 3-77. 스트레이너 및 리테이너 오일 실

⑭ 각 어큐뮬레이터 피스톤과 스프링을 탈거한다.

그림 3-78. 어큐뮬레이터

⑮ 스냅 링을 떼어내고 리덕션 브레이크 어큐뮬레이터 및 스프링을 탈거한다.

⑯ 스냅 링을 빼내고 리덕션 브레이크 피스톤을 탈거한다.

⑰ 안쪽 스냅 링을 빼내고 리덕션 브레이크 피스톤 및 스프링을 빼낸다.

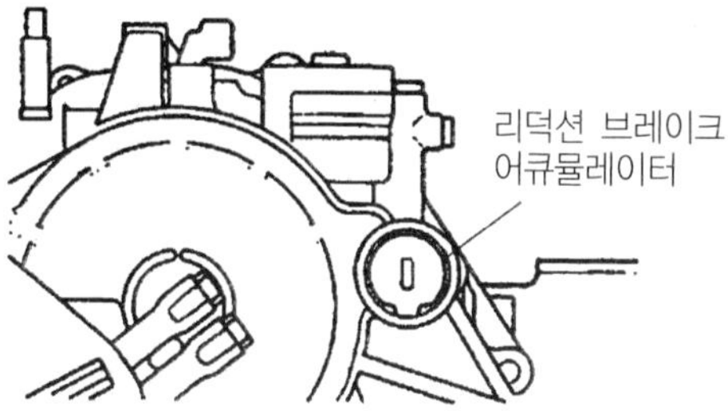

그림 3-79. 리덕션 브레이크 어큐뮬레이터

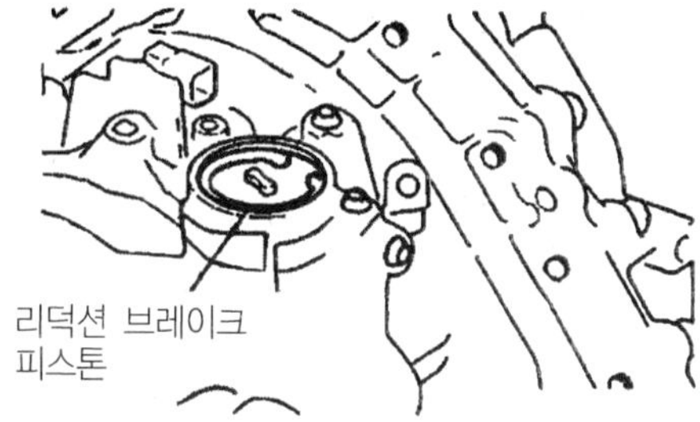

그림 3-80. 리덕션 브레이크 피스톤

⑱ 매뉴얼 제어축의 핀을 빼내고 제어축을 떼어낸 다음 주차 롤러 로드 어셈블리를 탈거한다.

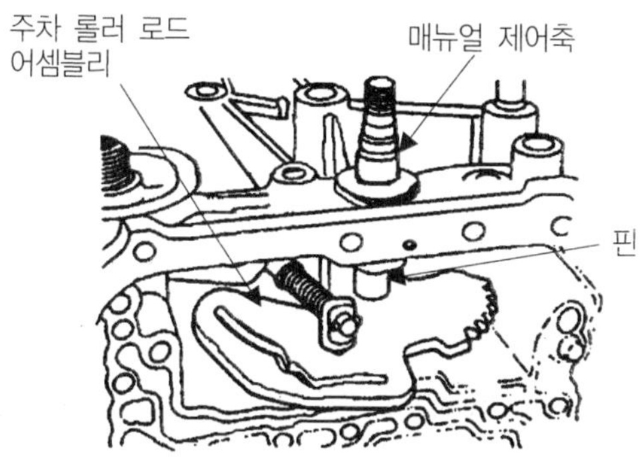

그림 3-81. 매뉴얼 제어축 및 주차 롤러 로드 어셈블리 탈거

⑲ 토크컨버터 하우징을 고정 볼트(20개)를 풀고 컨버터 하우징을 탈거한다.

⑳ O－링(2개), 차동장치, 메인 오일필터를 탈거한다.

그림 3-82. 토크컨버터 하우징 탈거

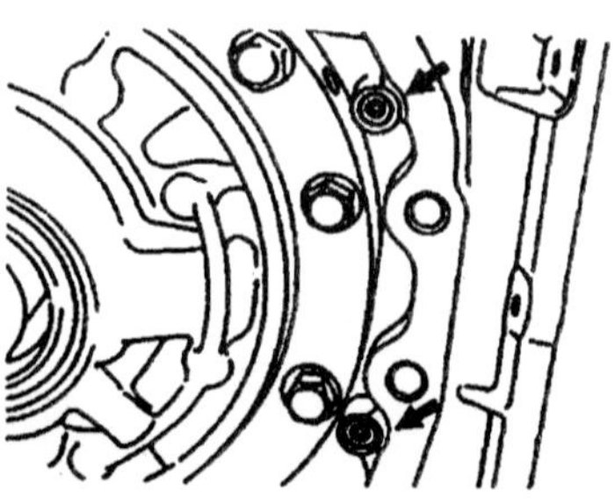

그림 3-83. O－링 설치위치

그림 3-84. 차동장치 탈거

그림 3-85. 메인 오일필터 탈거

㉑ 오일펌프 고정볼트(6개)를 푼다. 오일펌프를 분해하면 조립할 때 정렬상태가 부적절하게 되어 펌프의 파손 및 트랜스액슬이 손상될 수 있으므로 분해하지 않는다.

㉒ 특수공구를 사용하여 오일펌프, 오일펌프 개스킷을 탈거한다.

그림 3-86. 오일펌프 탈거

㉓ 스러스트 와셔 1번을 빼낸 다음 입력축을 잡고 언더 드라이브 클러치를 탈거한다.

그림 3-87. 스러스트 와셔 1번 탈거

그림 3-88. 언더 드라이브 클러치 및 입력축 탈거

㉔ 스러스트 베어링 2번을 뺀 다음 언더 드라이브 클러치 허브를 빼낸다.

그림 3-89. 스러스트 와셔 2번 탈거

그림 3-90. 언더 드라이브 클러치 허브 탈거

㉕ 주차 스프래그 축을 탈거한 다음 주차 스프래그 축 스페이셔 및 스프링을 탈거한다.

㉖ 주차 롤러 지지축(2개)와 주차 롤러 지지대를 탈거한다.

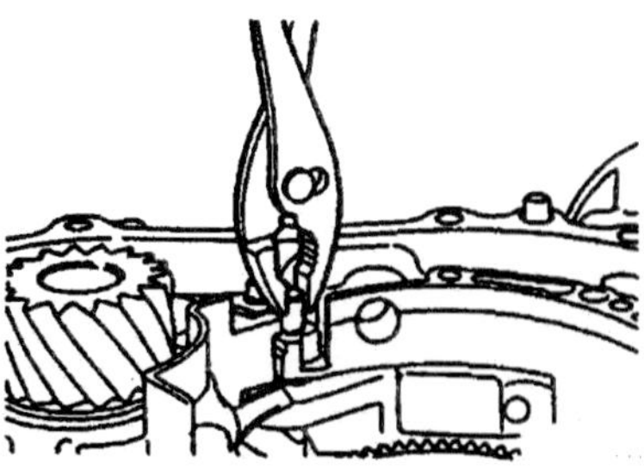

그림 3-91. 주차 스프래그 축 탈거

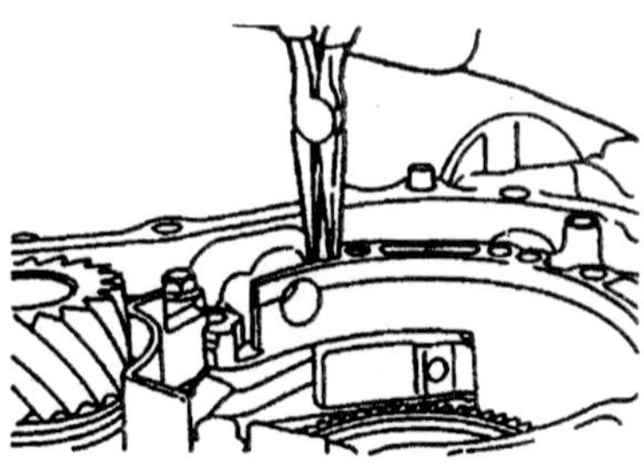

그림 3-92. 주차 롤러지지 축 탈거

㉗ 다이렉트 유성 기어 어셈블리를 탈거한다.

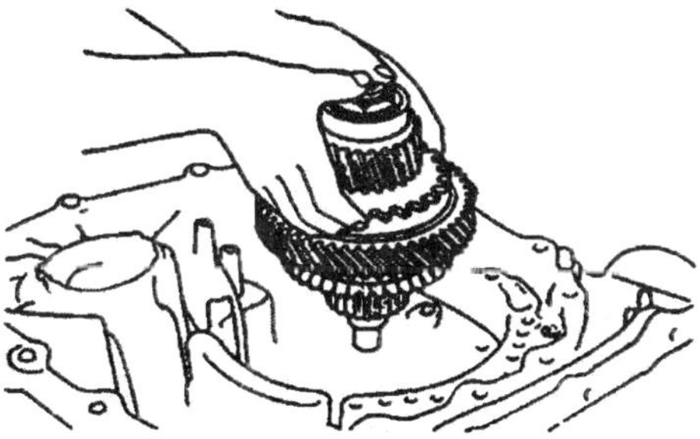

그림 3-93. 다이렉트 유성 기어 탈거

㉘ 앵커 플러그와 O－링을 탈거한다.

㉙ 다이렉트 클러치 어셈블리를 탈거한다.

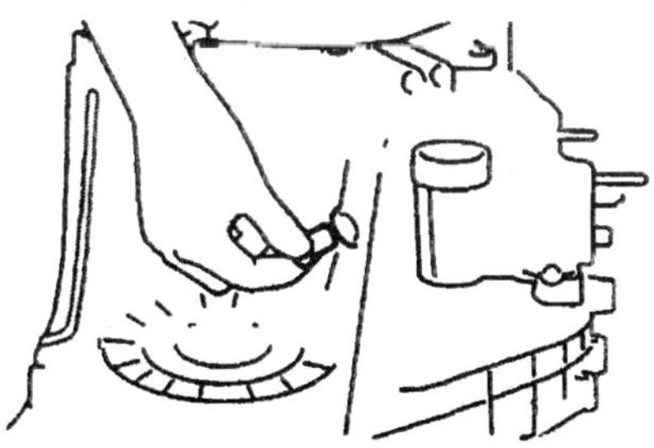

그림 3-94. 앵커 플러그 탈거

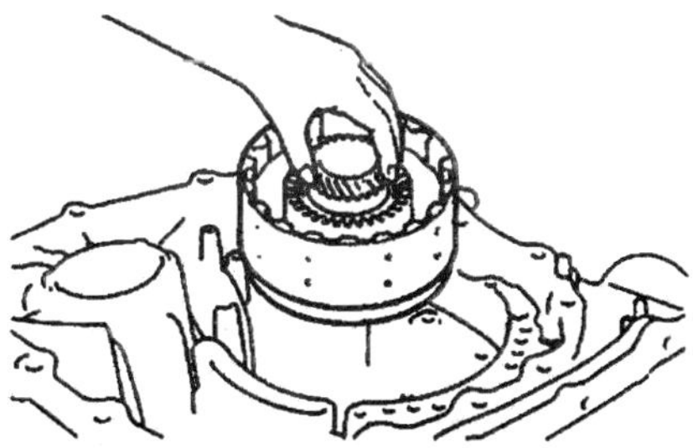

그림 3-95. 다이렉트 클러치 탈거

㉚ 리덕션 브레이크 밴드를 탈거한다.

㉛ 스러스트 베어링 11번과 12번을 탈거한다.

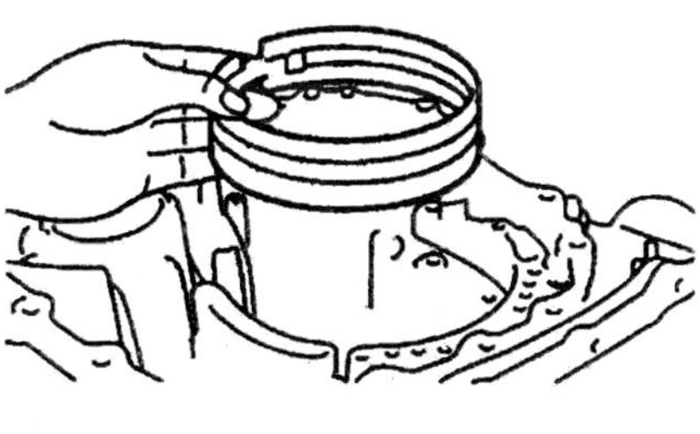

그림 3-96. 리덕션 브레이크 밴드 탈거

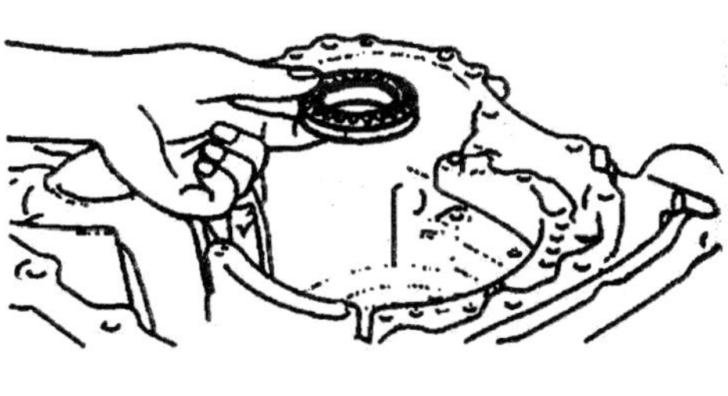

그림 3-97. 스러스트 베어링 탈거

㉜ 뒤 커버를 탈거한다.

㉝ 스러스트 베어링 8번과 실링(4개), 입력축 뒤 베어링을 탈거한다.

그림 3-98. 뒤 커버 탈거

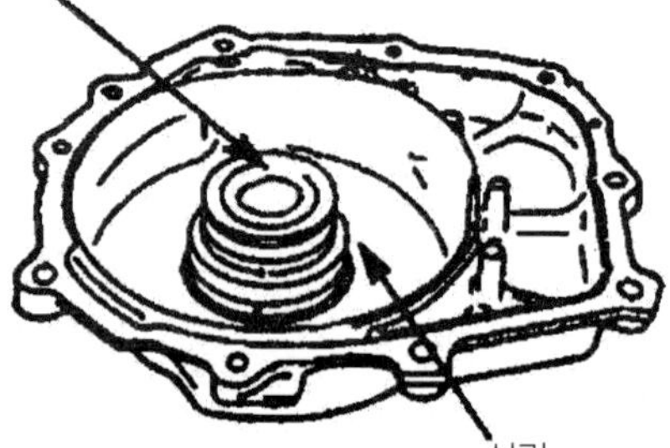

그림 3-99. 스러스트 베어링 8번과 실링 설치위치

㉞ O－링(6개)를 탈거한다.

㉟ 스러스트 베어링 7번을 빼낸 다음 리버스 및 오버 드라이브 클러치를 탈거한다.

그림 3-100. 오버 드라이브 탈거

그림 3-101. 스러스트 베어링 7번

㊱ 스러스트 베어링 6번을 빼낸 다음 오버 드라이브 클러치 허브를 탈거한다.

㊲ 스러스트 베어링 5번을 탈거한다.

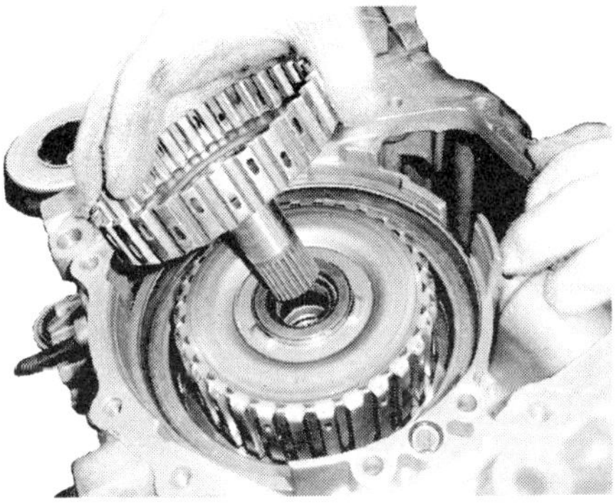

그림 3-102. 오버 드라이브 클러치 허브탈거

그림 3-103. 스러스트 베어링 5번 탈거

㊳ 유성 기어 리버스 선 기어를 탈거한다.

그림 3-104. 유성 기어 리버스 선 기어 탈거

㊴ 세컨드(2ND) 브레이크 피스톤 스냅 링을 탈거한다.

㊵ 세컨드 브레이크 피스톤과 리턴 스프링을 탈거한다.

그림 3-105. 세컨드 브레이크 피스톤 스냅 링

그림 3-106. 세컨드 브레이크 피스톤

㊶ 압력판, 브레이크 디스크, 브레이크 판을 탈거한다.

㊷ 오버 드라이브 유성 기어 캐리어를 탈거한다.

그림 3-107. 압력판, 브레이크 디스크 및 브레이크판

그림 3-108. 오버 드라이브 유성기어 캐리어

㊸ 출력 유성 기어 캐리어의 스러스트 베어링 4번을 빼낸 다음 출력 유성 기어 캐리어를 탈거한다.

㊹ 언더 드라이브 선 기어를 떼어낸 후 스러스트 베어링 3번을 탈거한다.

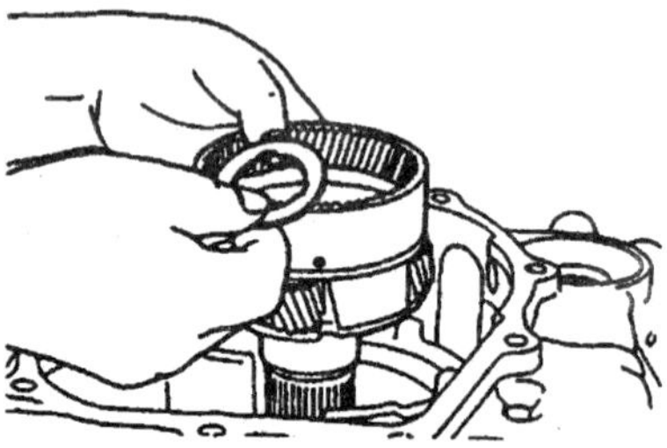

그림 3-109. 출력 유성 기어 캐리어

그림 3-110. 스러스트 베어링 3번

㊺ 로 & 리버스 리액션 플레이트 스냅 링을 떼어낸 다음 리액션 플레이트와 브레이크 디스크를 탈거한다.

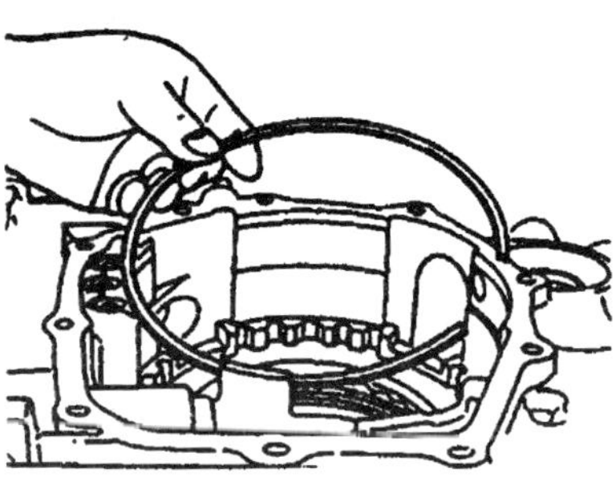

그림 3-111. 리액션 플레이트 스냅 링

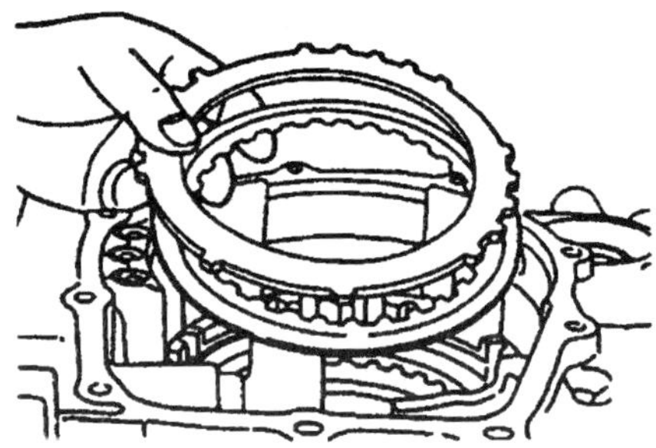

그림 3-112. 리액션 플레이트와 브레이크 디스크

㊻ 로 & 리버스 브레이크 스냅 링을 뺀 다음 브레이크 판, 브레이크 디스크 및 압력판을 탈거한다.

㊼ 웨이브 스프링을 탈거한다.

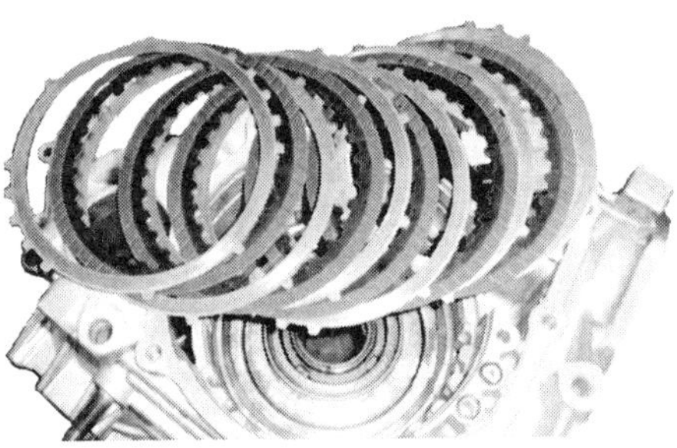

그림 3-113. 브레이크 판, 디스크 및 압력판

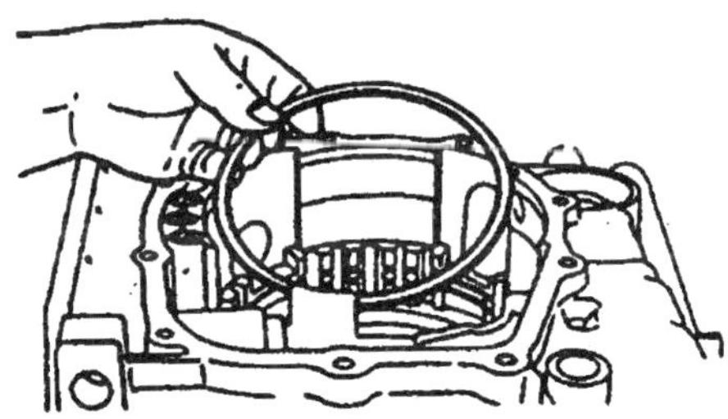

그림 3-114. 웨이브 스프링 탈거

㊽ 특수공구를 사용하여 스냅 링을 뺀 후 원웨이 클러치 인너 레이스, 스프링 리테이너, 리턴스프링, 로 & 리버스 브레이크 피스톤을 탈거한다.

그림 3-115. 특수공구로 스냅 링 빼내기

㊾ 트랜스퍼 구동 기어 고정 볼트(6개)를 푼다. 이때 구동 기어를 돌리면서 풀도록 한다.

㊿ 트랜스퍼 구동 기어를 탈거한다.

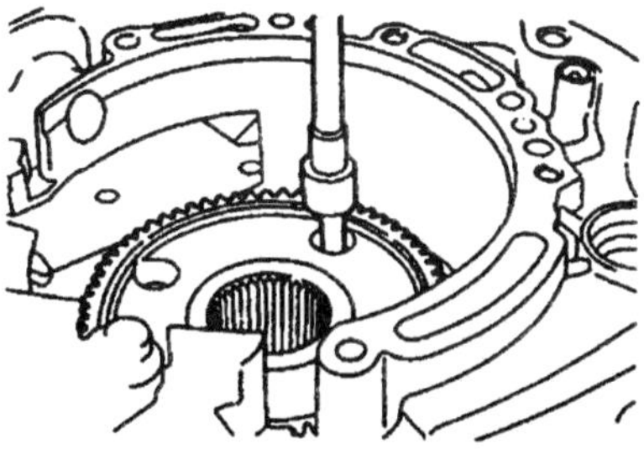

그림 3-116. 구동 기어 고정 볼트 풀기

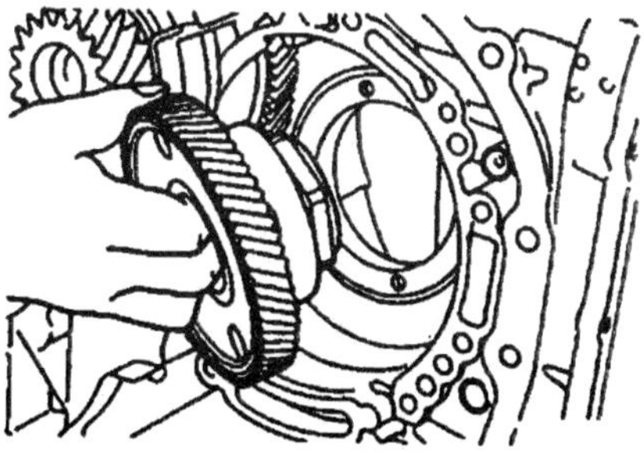

그림 3-117. 트랜스퍼 구동 기어

51 원웨이 클러치 고정 스냅 링을 떼어낸 후 원웨이 클러치 어셈블리를 탈거한다.

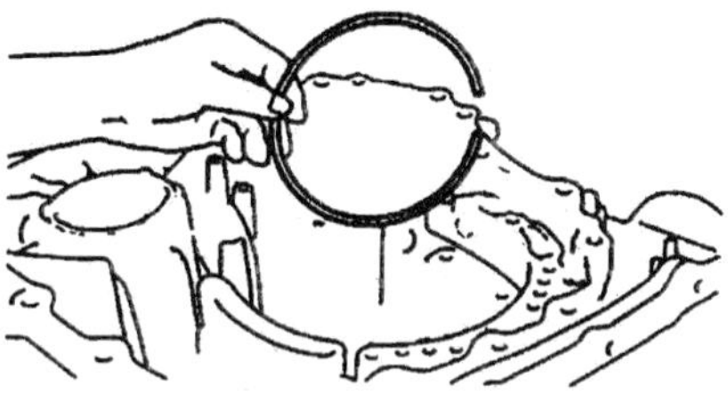

그림 3-118. 원웨이 클러치 스냅 링

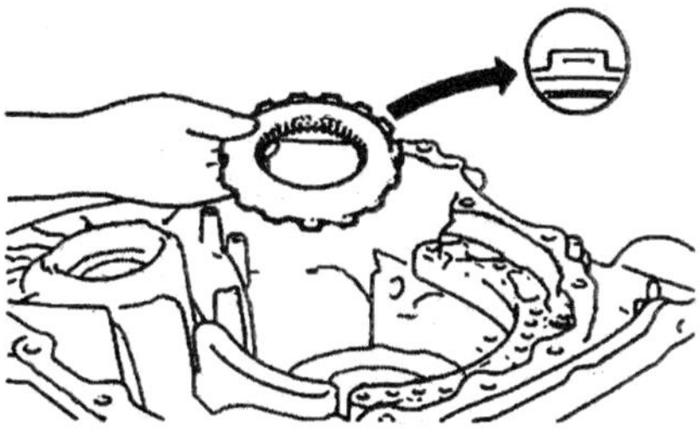

그림 3-119. 원웨이 클러치

52 실링(2개)과 니들 베어링을 탈거한다.

53 토크컨버터 하우징에서 차동장치 베어링 출력 레이스와 스페이서를 탈거한다.

54 트랜스액슬 케이스에서 차동장치 지지 베어링 출력 레이스를 탈거한다.

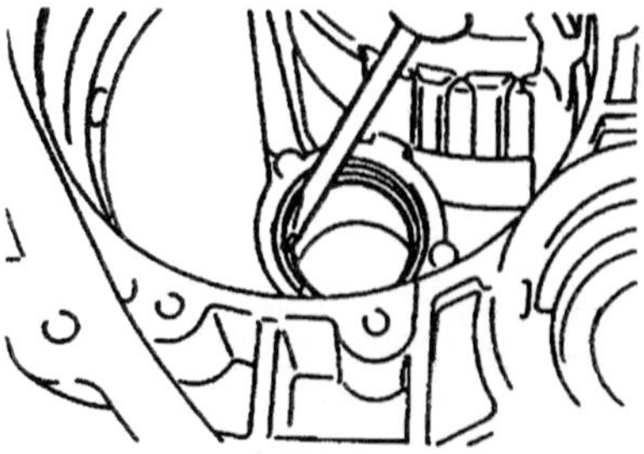

그림 3-120. 베어링 출력 레이스

2.3.2. 자동변속기의 조립

① 특수공구를 사용하여 변속기 케이스에 차동장치 베어링 바깥 레이스를 설치한다.

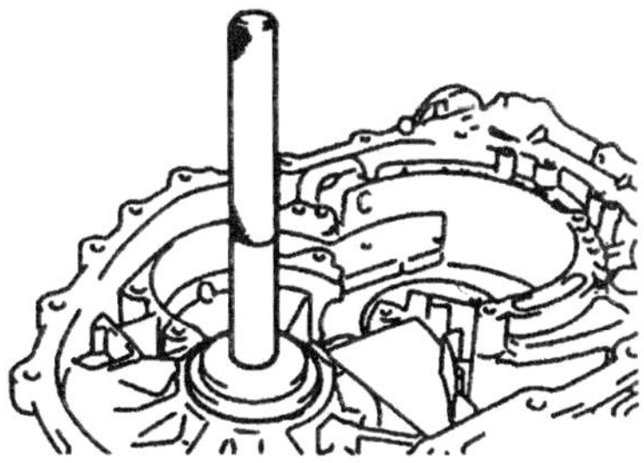

그림 3-121. 차동장치 베어링 바깥 레이스 설치

② 변속기 케이스에 자동변속기 오일을 바르고 가이드 핀 2개를 설치한다.

③ 트랜스퍼 구동기어를 설치한 다음 고정볼트(8개)를 규정 토크(160~200kgf－cm)로 조인다. 이때 트랜스퍼 구동기어를 1회전시켰을 때 볼트와 간섭이 없어야 한다.

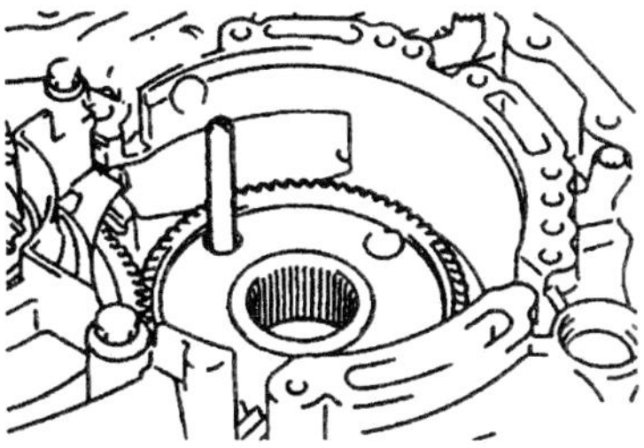

그림 3-122. 트랜스퍼 구동 기어 설치

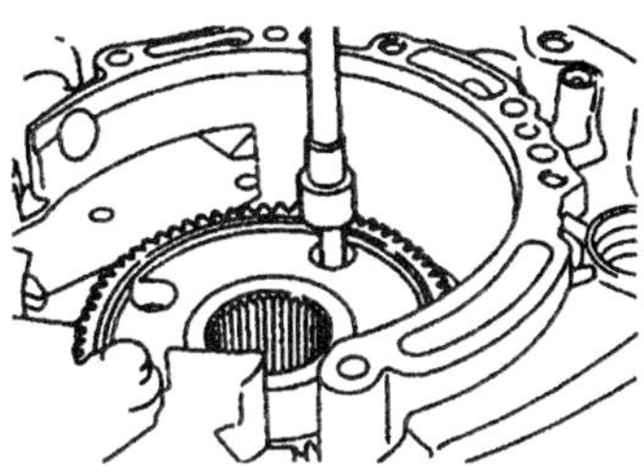

그림 3-123. 고정 볼트 조이기

④ 출력축 뒤 베어링과 실링 4개를 설치한다.

⑤ 원웨이 클러치를 설치한다. 원웨이 클러치는 방향성이 있으므로 실선이 있는 쪽을 앞으로 하고(화살표로 표시되어 있음) 원웨이 클러치 고정 스냅 링을 설치한다.

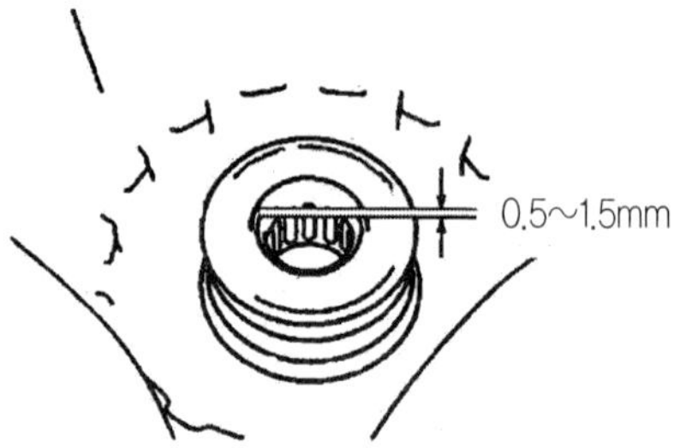

그림 3-124. 출력축 뒤 베어링 설치

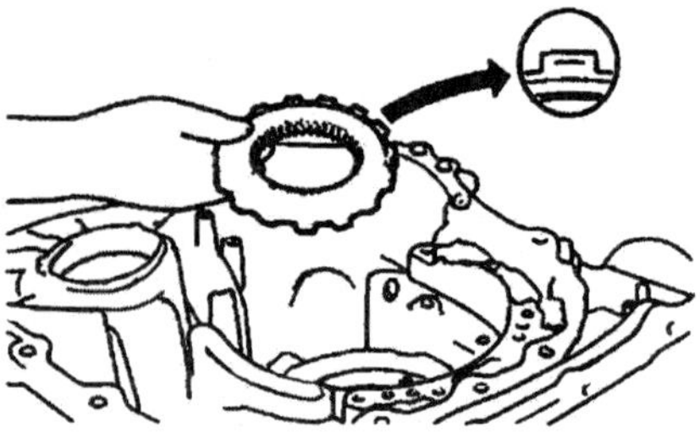

그림 3-125. 원웨이 클러치 설치

⑥ 변속기 케이스에 구동축 오일 실(oil seal)을 설치한다.

⑦ 로 & 리버스 브레이크 피스톤 및 리턴 스프링을 끼운 후 스프링 리테이너를 설치한다.

⑧ 원웨이 클러치 인너레이스를 설치하고 특수공구를 사용하여 스냅링을 설치한다.

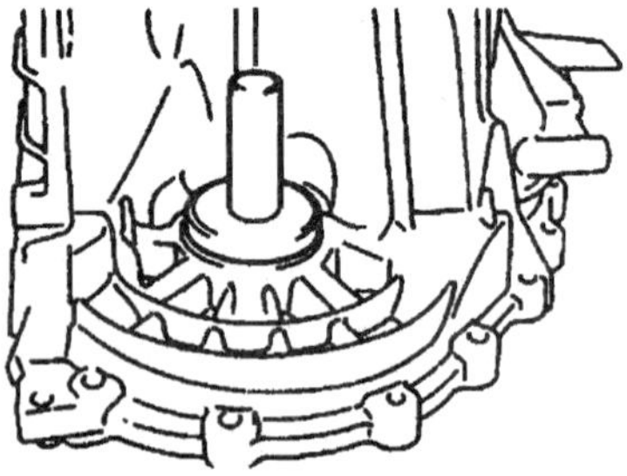

그림 3-126. 구동축 오일 실 설치

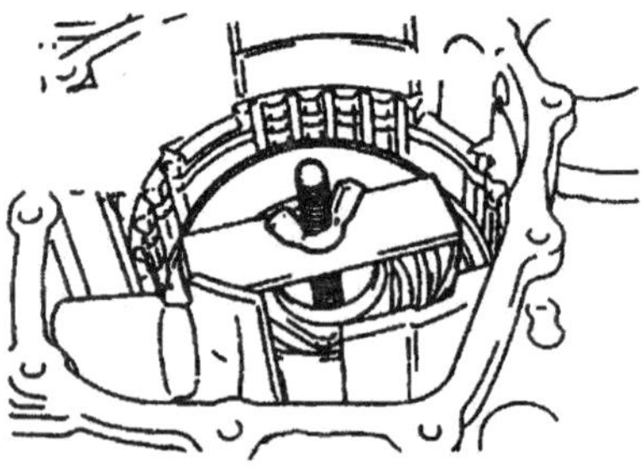

그림 3-127. 스냅 링 설치

⑨ 웨이브 스프링을 끼운다.

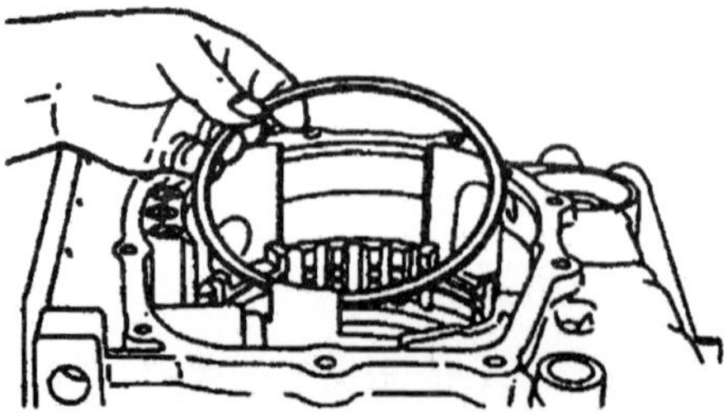

그림 3-128. 웨이브 스프링 설치

⑩ 로 & 리버스 브레이크의 리액션 플레이트를 특수공구에 설치하여 브레이크 디스크, 브레이크 판 및 스냅 링을 그림 3-129와 같이 설치한다. 4당 변속기는 브레이크 디스크 6장, 브레이크 판 5장이며, 5단 변속기는 브레이크 디스크 6장, 브레이크 판 6장이다.

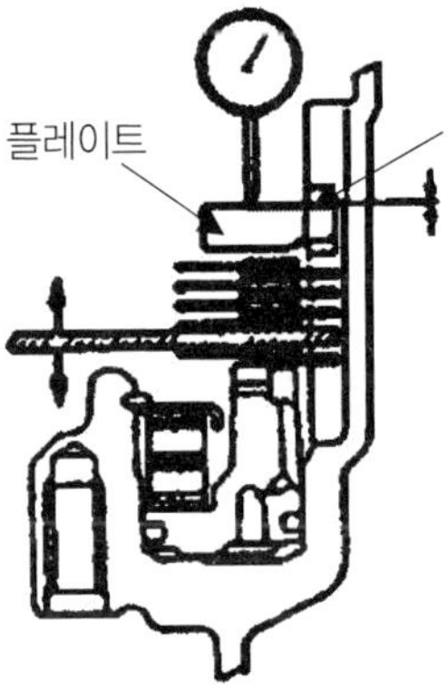

그림 3-129. 브레이크 디스크, 판 및 스냅 링 설치

⑪ 리액션 플레이트 및 사용하였던 스냅 링을 끼운 후 특수공구를 움직이도록 하여 엔드 플레이를 측정하고 스냅링(8종)을 선택하여 조립한다. 엔드 플레이 기준 값은 0~0.16mm이며, 클러치가 해제될 때 로 & 리버스 브레이크 디스크와 판의 실제 간극을 결정하여야 한다.

그림 3-130. 리액션 플레이트 및 스냅 링 설치

⑫ 브레이크 디스크, 브레이크 판 및 2ND 브레이크의 압력판을 특수공구를 사용하여 그림 3-131과 같이 설치한다. 5단 변속기는 디스크 4장, 판 5장이다.

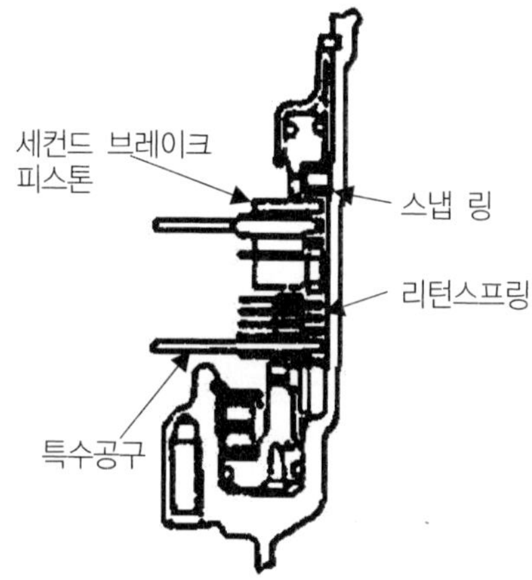

그림 3-131. 브레이크 디스크와 판 설치

⑬ 리턴 스프링 2ND 브레이크 피스톤 및 스냅 링을 설치한다.

⑭ 특수공구를 움직여 엔드 플레이를 측정한다. 엔드 플레이 기준 값은 0.79~1.25mm이다.

⑮ 변속기를 반전시킨 후 특수공구를 다이얼 게이지에 조립하여 특수공구를 움직여 엔드 플레이를 측정한다. 엔드 플레이 기준 값은 1.35~1.81mm이다.

(a) (b)

그림 3-132. 엔드 플레이 측정

⑯ ⑨항부터 ⑮항까지 조립하였던 부품들을 떼어낸다.

⑰ 출력 유성 기어 캐리어 및 스러스트 베어링 4번을 끼운다. 이때 스러스트 베어링을 설치방향이 틀리지 않도록 주의한다.

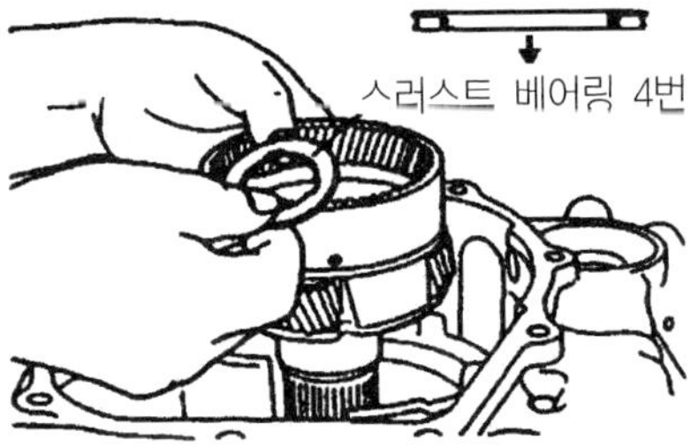

그림 3-133. 스러스트 베어링 4번설치

⑱ 오버 드라이브 유성 기어 캐리어를 설치한다.

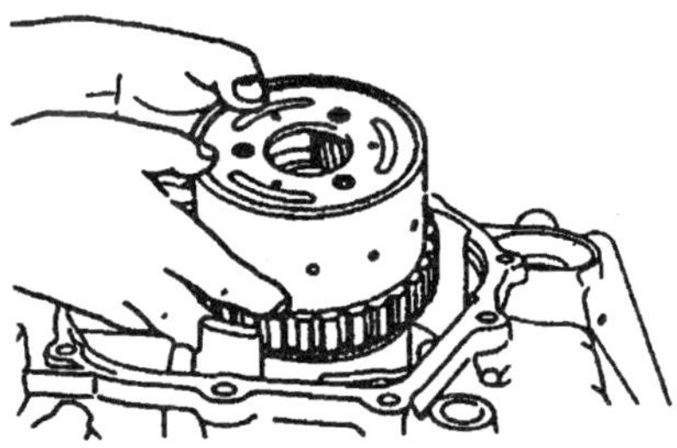

그림 3-134. 오버 드라이브 유성 기어 캐리어 설치

⑲ 유성 기어 리버스 선 기어를 설치하고, 웨이브 스프링을 끼운다.

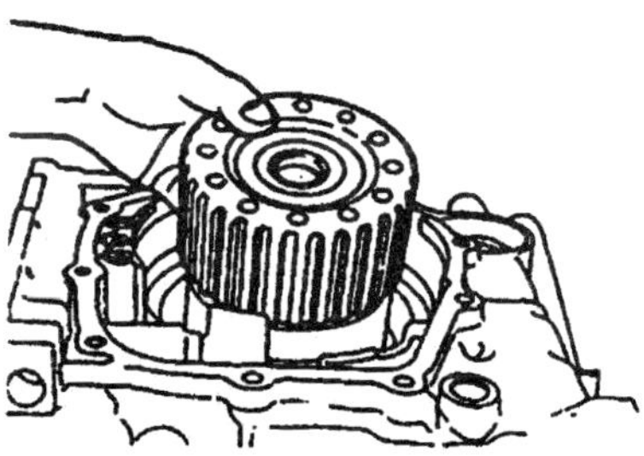

그림 3-135. 유성 기어 리버스 선 기어 설치

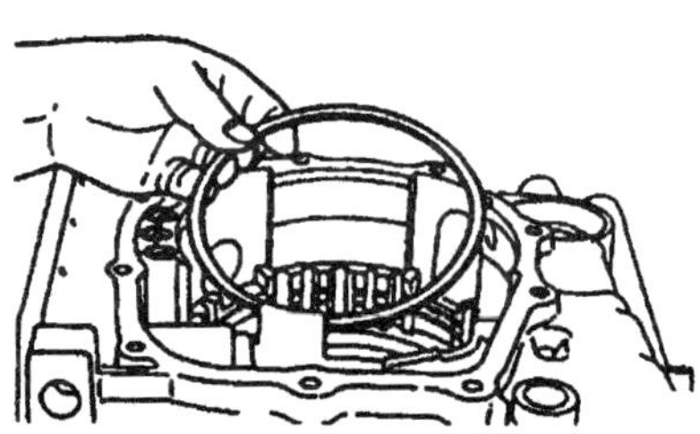

그림 3-136. 웨이브 스프링 설치

⑳ 압력판, 브레이크 디스크 및 브레이크 판을 끼운 후 스냅 링을 끼운다.

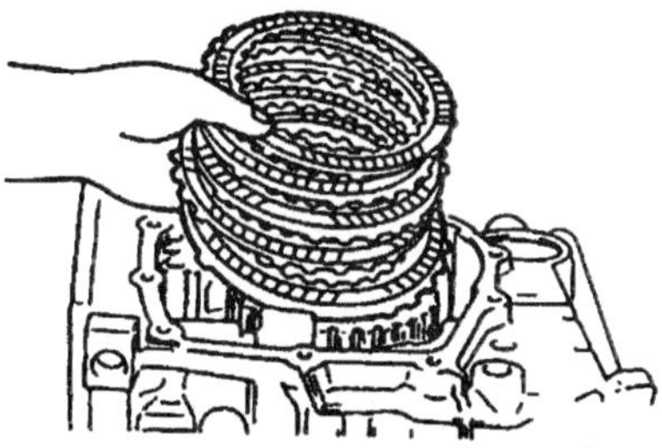

그림 3-137. 브레이크 디스크 및 판 설치

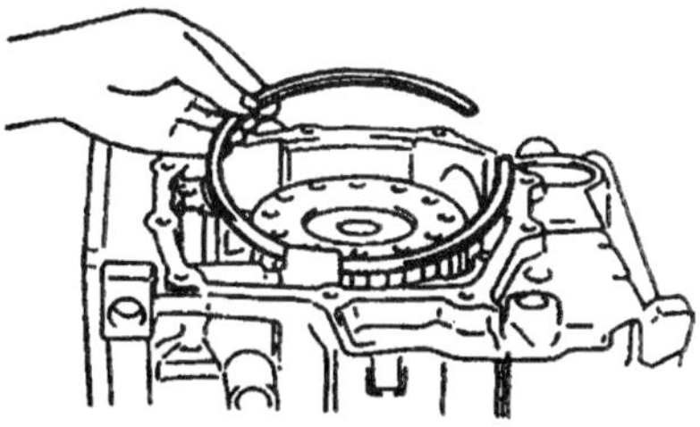

그림 3-138. 스냅 링 설치

㉑ 반력판을 끼운 후 스냅 링을 설치한다.

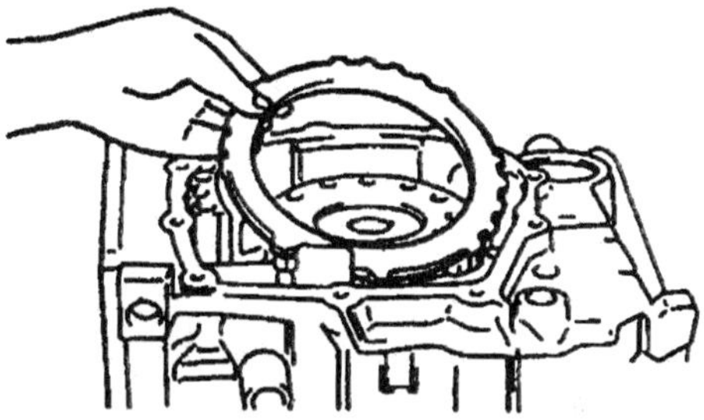

그림 3-139. 반력판 설치

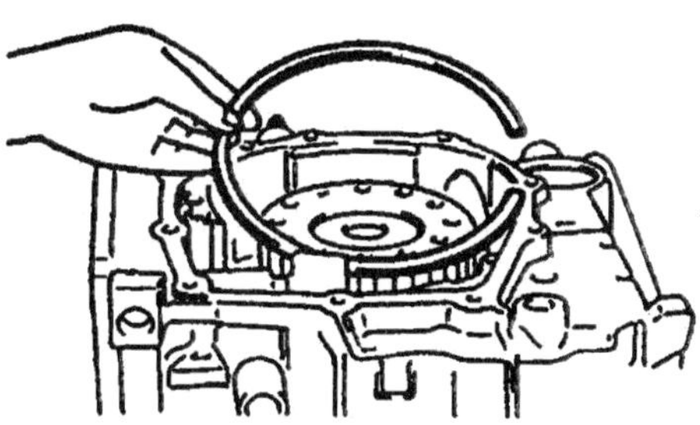

그림 3-140. 스냅 링 설치

㉒ 브레이크 디스크, 브레이크 판 및 압력판을 설치한 후 리턴 스프링과 2ND 브레이크 피스톤을 끼운 다음 스냅 링을 설치한다.

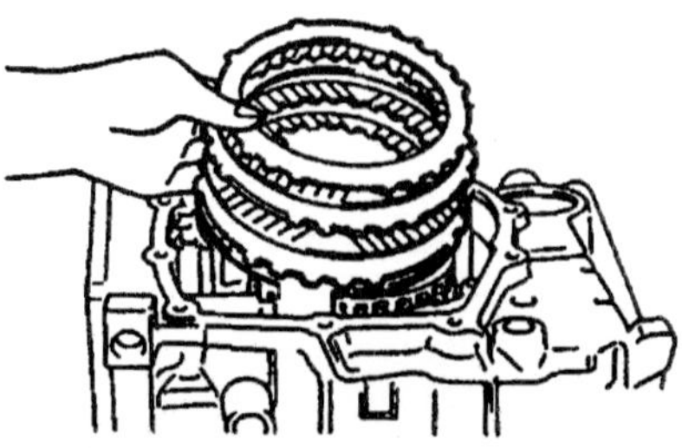

그림 3-141. 브레이크 디스크, 브레이크 판 및 압력판 설치

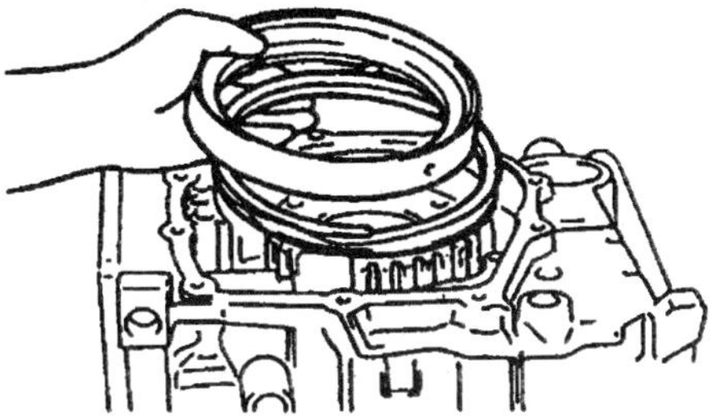

그림 3-142. 리턴 스프링과 2ND 브레이크 피스톤 설치

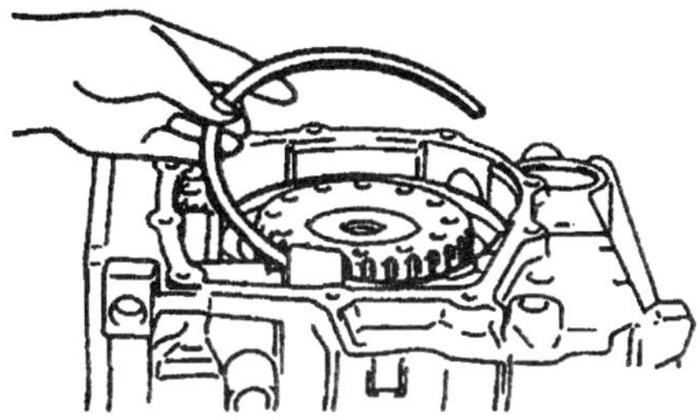

그림 3-143. 스냅 링 설치

㉓ 스러스트 베어링 5번을 끼운다. 이때 스러스트 베어링의 설치방향이 틀리지 않도록 주의한다.

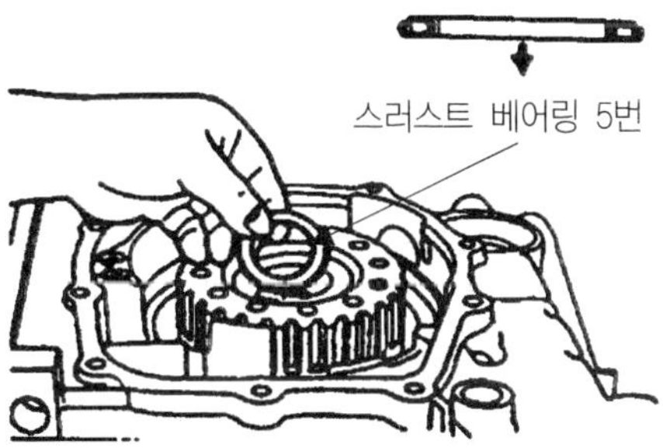

그림 3-144. 스러스트 베어링 5번설치

㉔ 오버 드라이브 클러치 허브 및 스러스트 베어링 6번을 리버스 및 오버 드라이브 클러치에 설치한다. 이때 스러스트 베어링의 설치방향이 틀리지 않도록 주의한다.

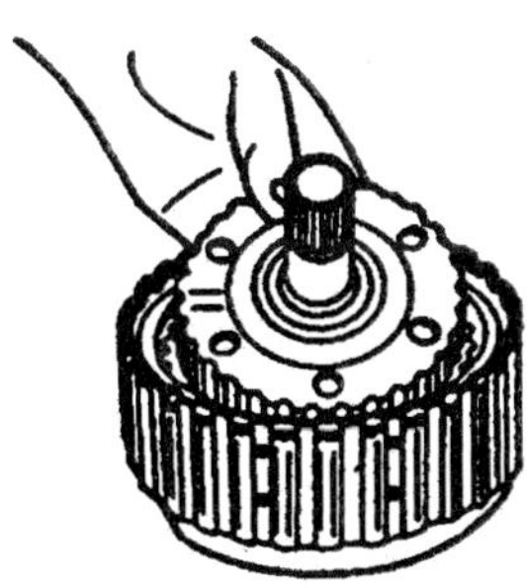

그림 3-145. 스러스트 베어링 6번설치

㉕ 리버스 및 오버 드라이브 클러치 및 스러스트 베어링 7번을 끼운다. 이때 스러스트 베어링의 설치방향이 틀리지 않도록 주의한다.

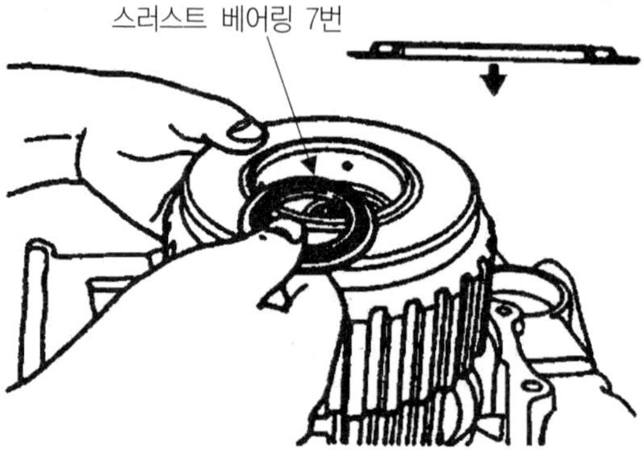

그림 3-146. 스러스트 베어링 7번설치

㉖ 오버 드라이브 클러치 어셈블리를 설치한 후 O－링(6개)를 끼운다.

㉗ 입력축 베어링을 끼우고, 실링(4개)을 설치한 다음 사용하였던 스러스트 베어링 8번을 끼운 후 뒤 커버를 설치한다. 뒤 커버 설치는 언더 드라이브 선 기어의 유격을 측정하기 위함이다.

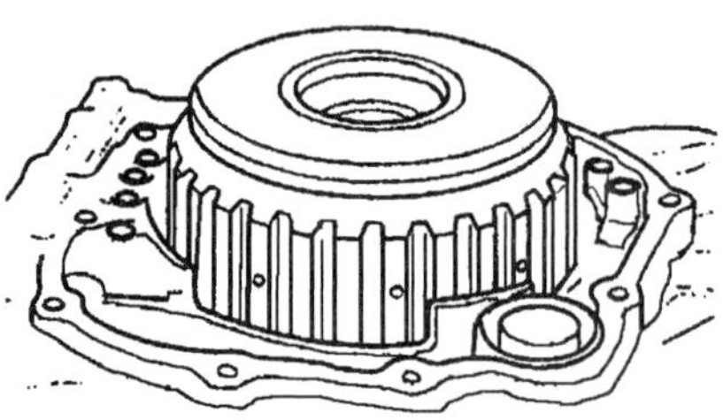

그림 3-147. 오버 드라이브 클러치 설치

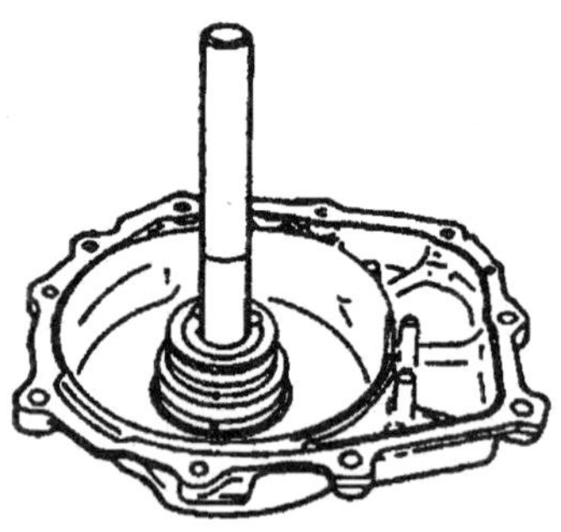

그림 3-148. 입력 축 설치

㉘ 언더 드라이브 선 기어의 엔드 플레이를 측정하여 기준 값에 있는 순서로 설치되었던 스러스트 레이스를 선택하여 설치한다. 엔드 플레이 기준값은 0.25~0.45mm이다.

㉙ 뒤 커버를 설치부분에 액상 개스킷을 1.6mm의 굵기로 바른다.

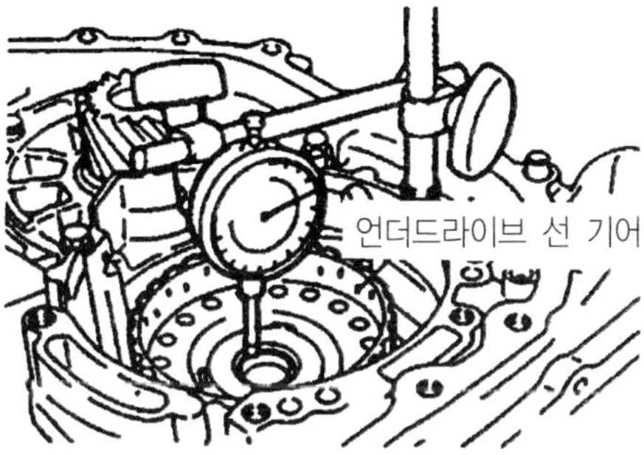

그림 3-149. 엔드 플레이 측정

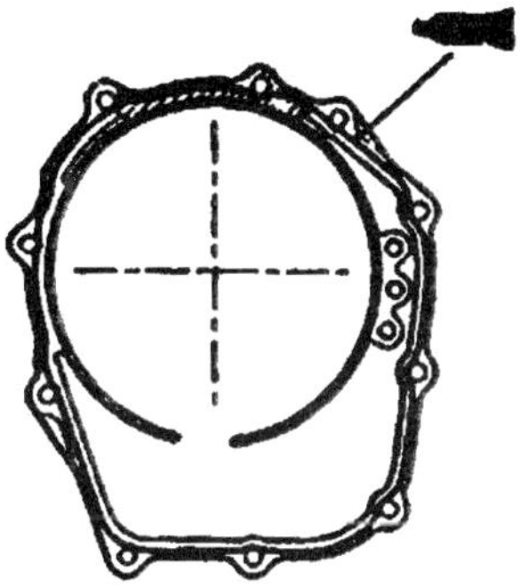

그림 3-150. 뒤 커버에 액상 개스킷 바르기

㉚ 뒤 커버를 설치하고 볼트를 규정 토크로 조인다.

㉛ 언더 드라이브 클러치 허브를 끼운다.

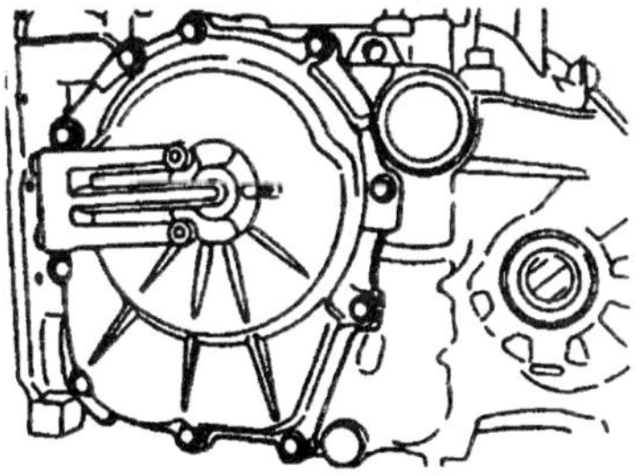

그림 3-151. 뒤 커버 설치

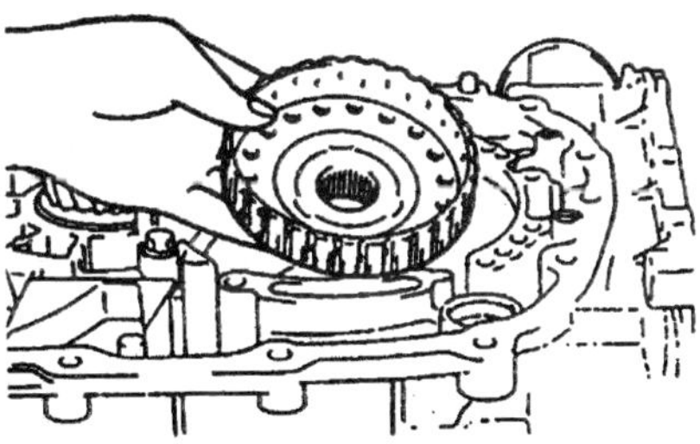

그림 3-152. 언더 드라이브 클러치 허브 설치

㉜ 다이렉트 클러치 어셈블리를 설치한다.

㉝ 리덕션 브레이크를 설치한다. 이때 다이렉트 클러치를 왼쪽으로 회전시키면서 설치하도록 한다.

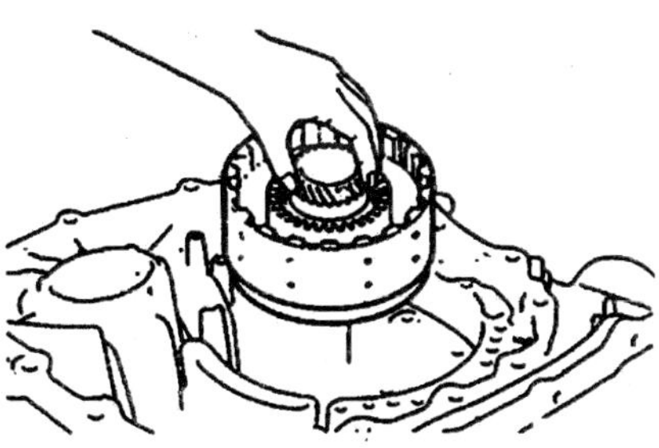

그림 3-153. 다이렉트 클러치 어셈블리 설치

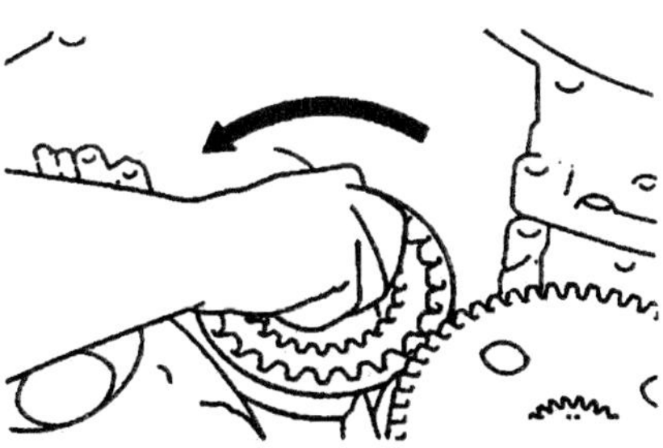

그림 3-154. 리덕션 브레이크 설치

㉞ 앵커 플러그를 손으로 설치하면서 리덕션 브레이크밴드 홈에 맞추어서 설치한다.

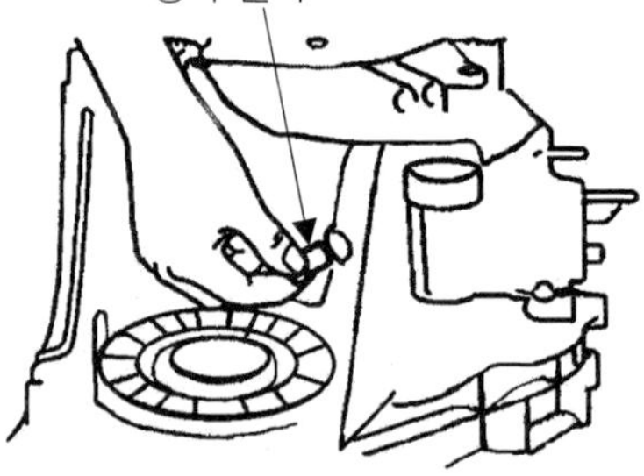

그림 3-155. 앵커 플러그 설치

㉟ 다이렉트 유성 기어 캐리어 어셈블리를 설치한다. 이때 출력축 속도센서가 설치되는 구멍으로 들여다보면 다이렉트 유성 기어 캐리어 어셈블리가 완전히 밀착되었는지를 확인할 수 있다. 그리고 변속기 케이스를 움직일 경우에는 다이렉트 유성 기어 캐리어 어셈블리가 이탈되지 않도록 주의한다.

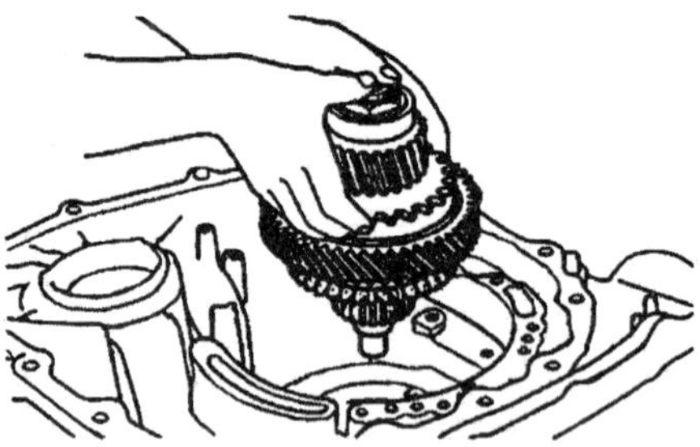

그림 3-156. 다이렉트 유성 기어 캐리어 어셈블리 설치

㊱ 스프링과 리덕션 브레이크 피스톤 어셈블리를 설치한 다음 리덕션 브레이크 밴드를 조정하고 리덕션 브레이크 피스톤 스냅 링을 설치한다.

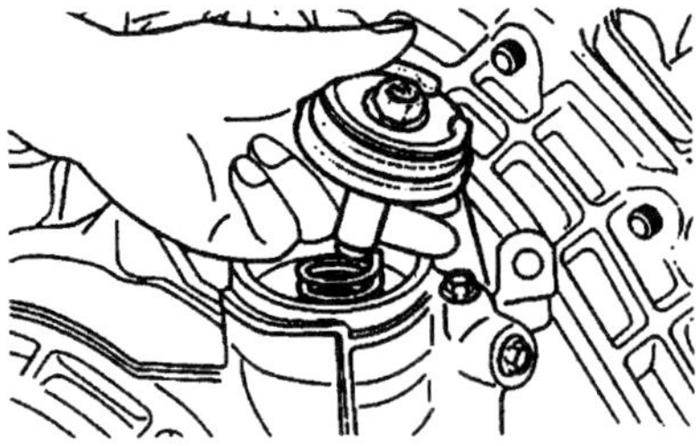

그림 3-157. 스프링과 리덕션 브레이크 피스톤 어셈블리 설치

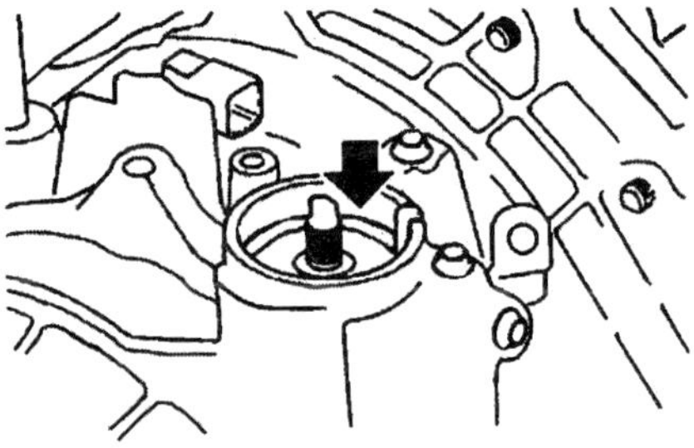

그림 3-158. 리덕션 브레이크 피스톤 스냅 링 설치

㊲ 리덕션 브레이크 피스톤이 회전하지 않도록 고정하고, 조정 로드를 100kgf-cm의 토크로 2회 반복하여 조이고 푼다. 다시 50kgf-cm의 토크로 조인 후 5.5~5.75회 푼다.

㊳ 리덕션 브레이크 피스톤 로드 고정 너트를 규정 토크로 조인다. 규정 토크는 150~220kgf-cm이다.

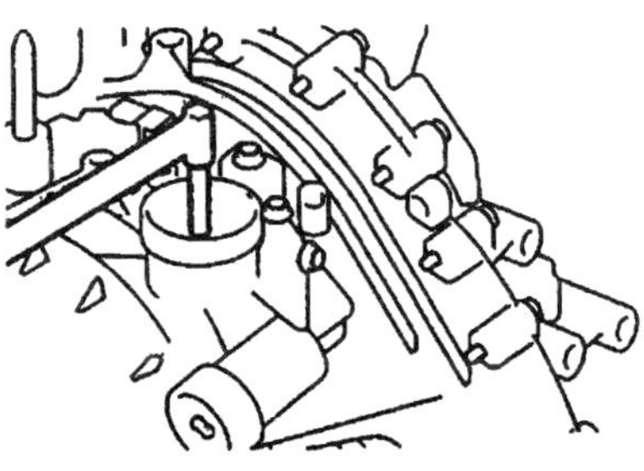

그림 3-159. 조정 로드 조정하기

그림 3-160. 피스톤 로드 고정 너트 조임

㊴ 바깥쪽 리덕션 브레이크 피스톤을 설치하고 스냅 링을 끼운다.

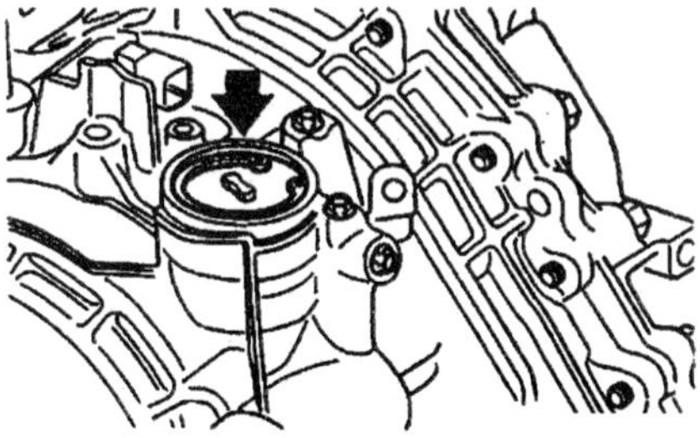

그림 3-161. 바깥쪽 리덕션 브레이크 피스톤 설치

㊵ 주차 폴 스페이서, 스프링을 끼우고 주차 폴 축을 설치한다.

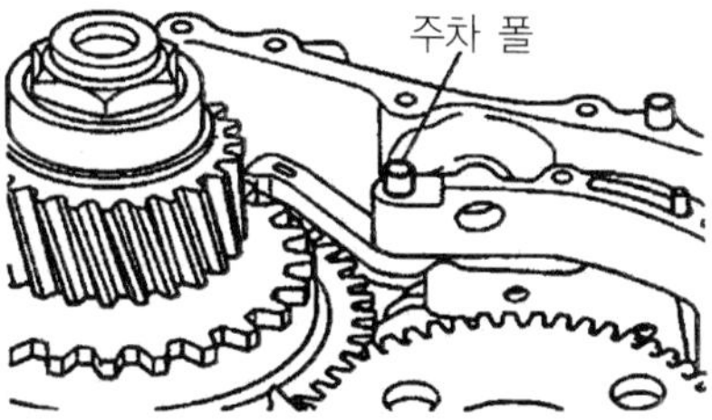

그림 3-162. 주차 폴 축 설치

㊶ 주차 롤러 지지대를 끼우고 롤러 축(2개)을 설치한다.

㊷ 언더 드라이브 클러치 허브를 설치한다.

그림 3-163. 주차 롤러 지지대 설치

그림 3-164. 언더 드라이브 클러치 허브 설치

㊸ 스러스트 베어링 2번을 설치한다. 이때 스러스트 베어링의 설치방향이 틀리지 않도록 주의한다.

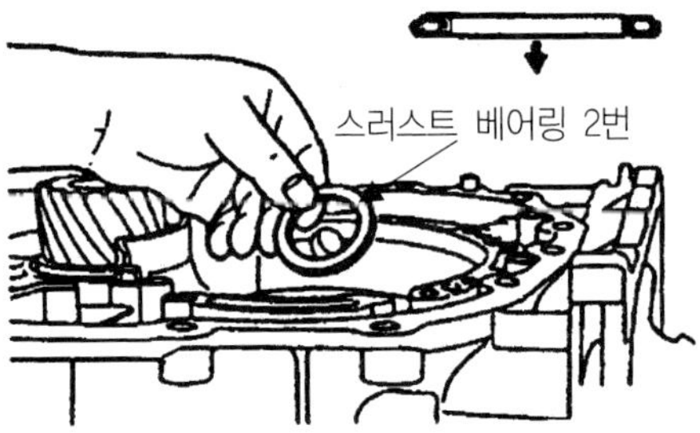

그림 3-165. 스러스트 베어링 2번설치

㊹ 입력축을 잡고 언더 드라이브 클러치를 설치한다. 이때 입력축 속도센서가 설치되는 구멍으로 들여다보면 언더 드라이브 클러치가 완전히 밀착되었는지를 확인할 수 있다.

㊺ 사용하였던 스러스트 와셔 1번을 끼운다.

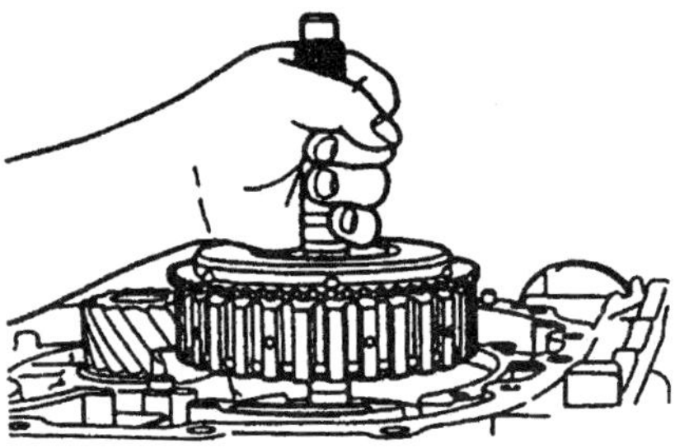

그림 3-166. 언더 드라이브 클러치 설치

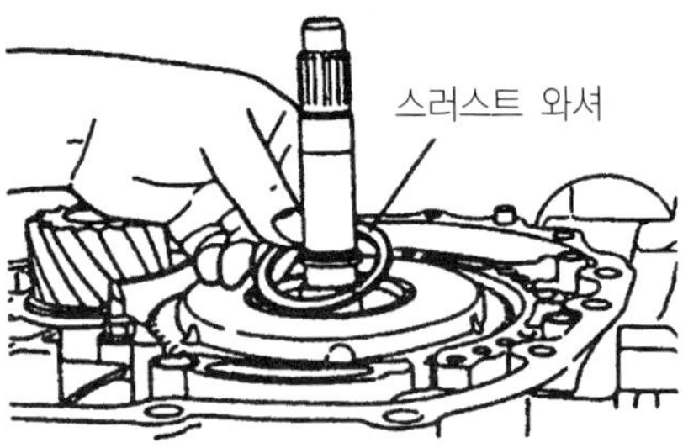

그림 3-167. 스러스트 와셔 1번설치

㊻ 오일펌프에 파이프를 설치한다.

㊼ 신품의 오일펌프 개스킷 및 오일펌프 어셈블리를 설치한 다음 오일펌프 고정 볼트를 규정 토크로 조인다.

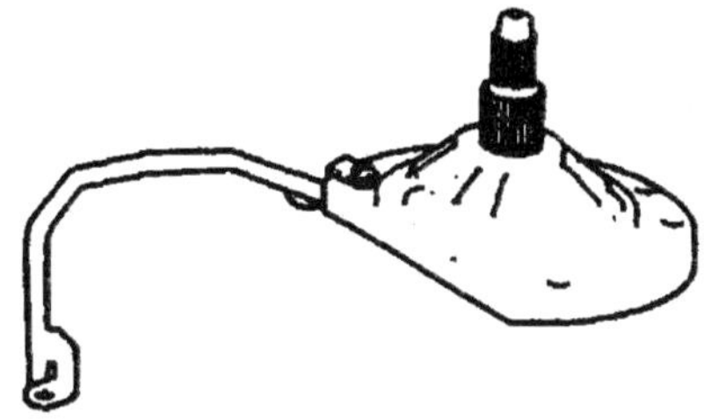

그림 3-168. 오일펌프에 파이프 설치

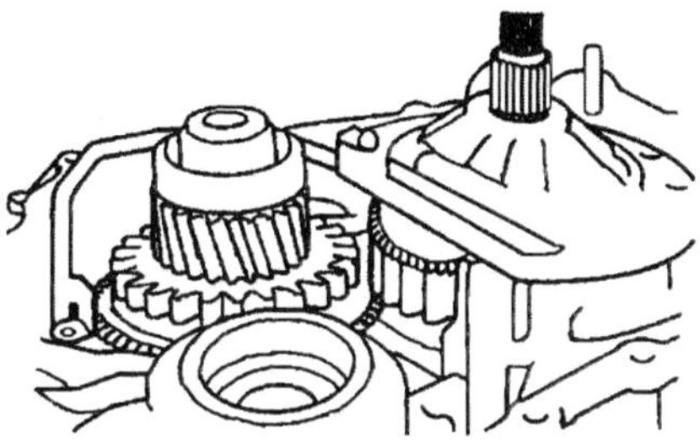

그림 3-169. 오일펌프 설치

⑱ 입력축 엔드 플레이트를 측정하여 적절한 스러스트 와셔를 선정하여 끼운다. 스러스트 와셔의 기준 값은 0.70~1.20mm이다.

⑲ 메인 오일필터를 설치한다.

그림 3-170. 엔드 플레이 측정

그림 3-171. 메인 오일필터 설치

⑳ 차동장치 어셈블리를 설치한다.

그림 3-172. 차동장치 어셈블리 설치

㉛ 토크컨버터 하우징에 길이 약 10mm 지름 3mm 정도의 솔더를 3곳에 설치한다.

㉜ 특수공구를 사용하여 출력 레이스를 쳐서 끼운다.

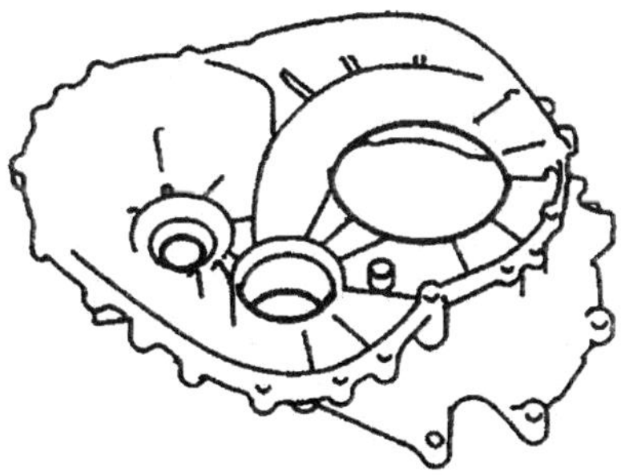

그림 3-173. 토크컨버터 하우징

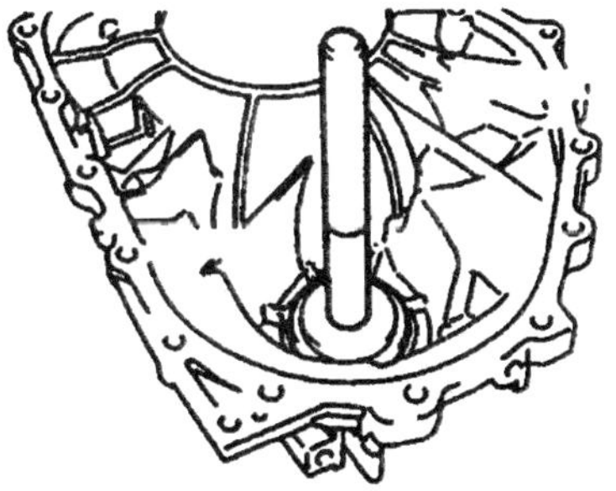

그림 3-174. 출력 레이스 설치

㉝ 토크컨버터 하우징을 변속기 케이스에 설치한 후 고정 볼트를 규정 토크로 조인다. 이때 실(seal)은 바르지 않는다.

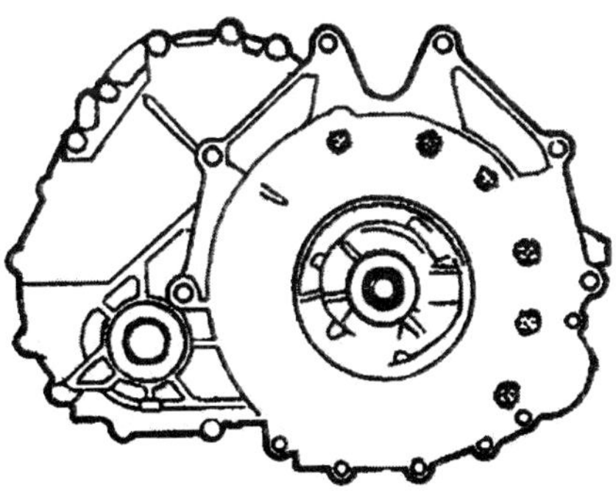

그림 3-175. 토크컨버터 하우징을 변속기 케이스에 설치

㉞ 볼트를 풀고 솔더(solder)를 빼낸다.

㉟ 솔더 두께를 마이크로미터로 측정하여 아래의 계산식에 따라 스페이서를 선택한다.

※ (T+0.056mm)~(T+0.105mm)

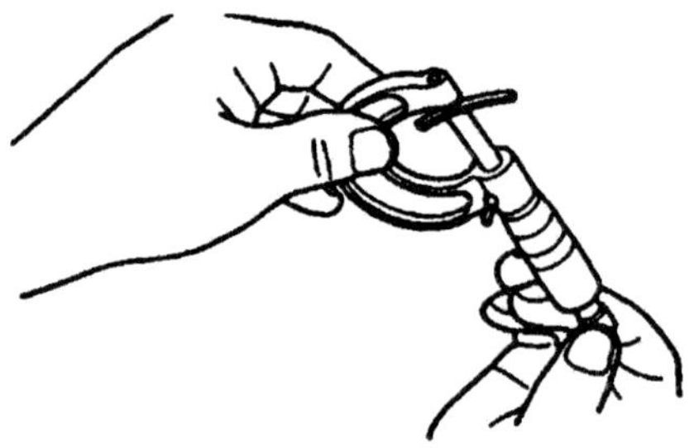

그림 3-176. 솔더 두께 측정

㊻ 위항에서 선택한 스페이서를 토크컨버터 하우징에 조립하고 특수공구를 사용하여 출력 레이스를 쳐서 끼운다.

㊼ 토크컨버터 하우징 케이스에 오일 실을 설치한다.

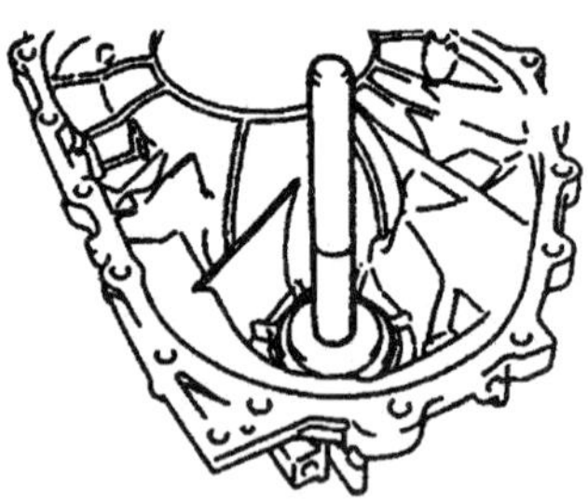

그림 3-177. 출력 레이스 설치

그림 3-178. 오일 실 설치

㊽ 토크컨버터 하우징에 액상 개스킷을 1.6mm의 굵기로 바른다.

㊾ 신품 O－링(2개)을 끼운다.

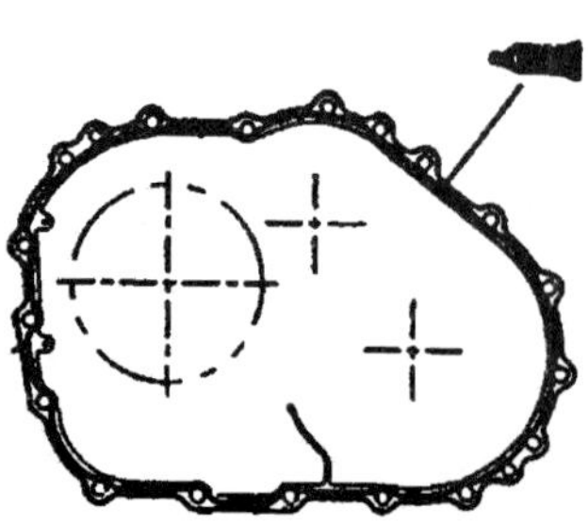

그림 3-179. 액상 개스킷 바르는 위치

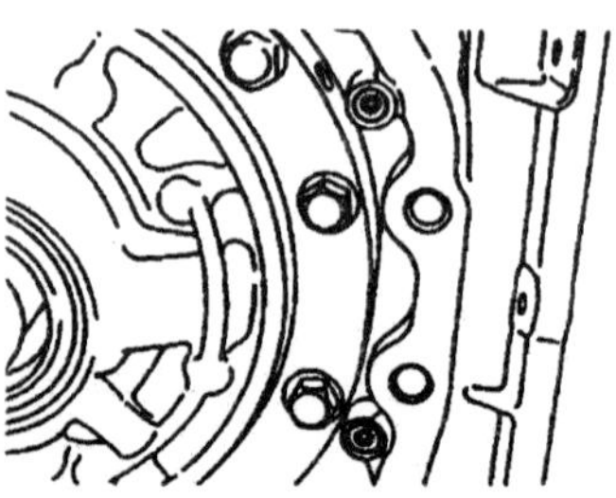

그림 3-180. O－링 설치 위치

⑥⓪ 토크컨버터 하우징을 끼운 후 고정 볼트(20개)를 규정 토크로 조인다.

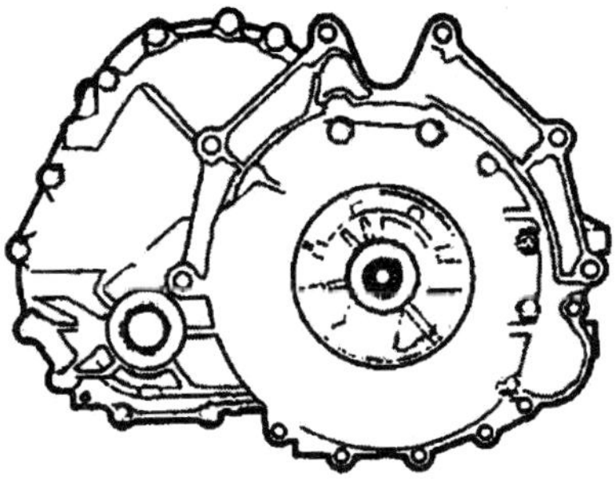

그림 3-181. 토크컨버터 하우징 설치

⑥① 내뉴일 제이 축과 주차 폴 로드를 설치하고 매뉴얼 제어 축 롤러를 설치한다.

그림 3-182. 매뉴얼 제어 축과 주차 폴 로드 설치

⑥② 리덕션 브레이크 어큐뮬레이터 스프링 및 피스톤을 설치하고 스냅 링을 끼운다.

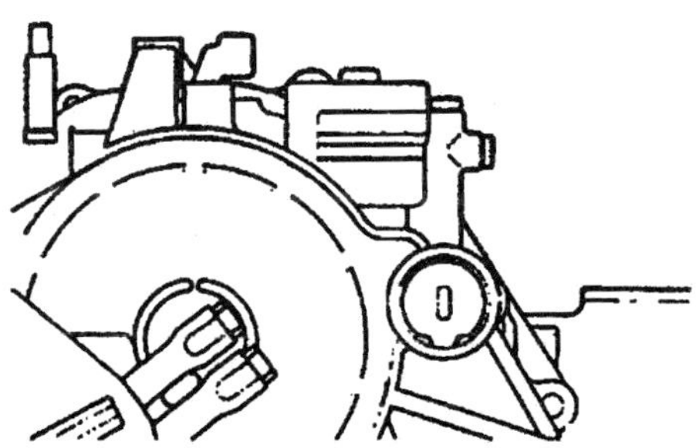

그림 3-183. 리덕션 브레이크 어큐뮬레이터 설치

⑥③ 각 어큐뮬레이터 피스톤, 신품의 실링 및 스프링을 설치한다.

【어큐뮬레이터 스프링 식별방법】

번호	이 름	식별 색깔
a	로 & 리버스 브레이크용	없음
b	언더 드라이브 클러치용	황색
c	2ND 브레이크용	청색
d	오버 드라이브 클러치	없음

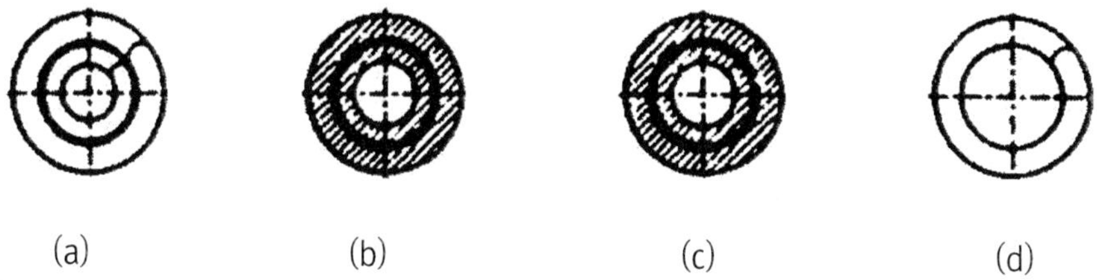

그림 3-184. 각종 어큐뮬레이터의 스프링 형상

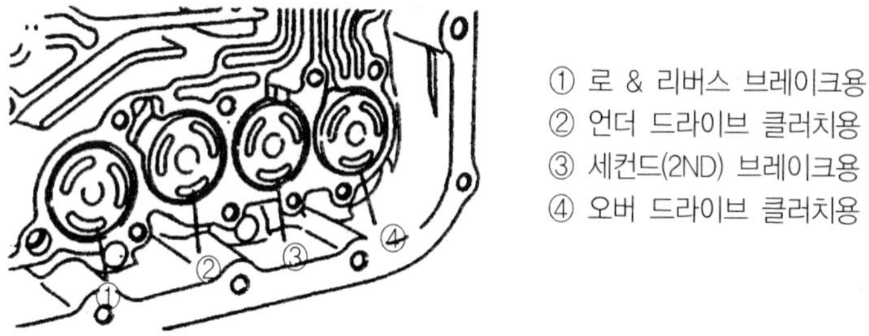

그림 3-185. 각종 어큐뮬레이터의 설치 위치

⑥④ 스트레이너, 2ND 브레이크 리테이너, 오일 실을 끼운다.

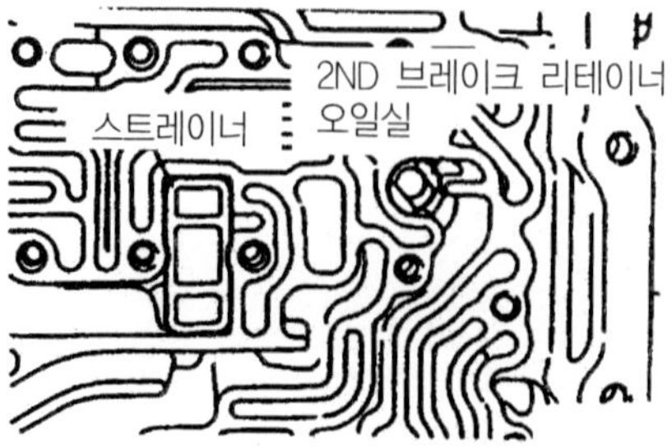

그림 3-186. 스트레이너, 2ND 브레이크 리테이너, 오일 실 설치

⑥5 솔레노이드밸브 하니스를 끼운 후 스냅 링을 커넥터에 확실하게 끼운다.

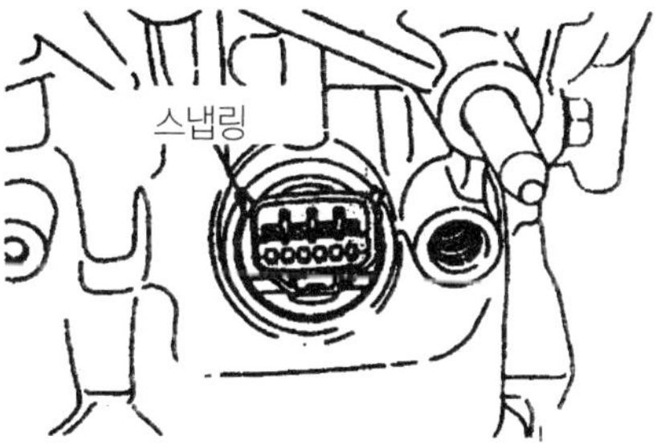

그림 3-187. 스냅 링 설치

⑥6 밸브보디 개스킷 및 스틸 볼(2개)을 끼운다.

⑥7 오일 온도센서를 끼운 후 밸브보디 고정 볼트(28개)를 조인다.

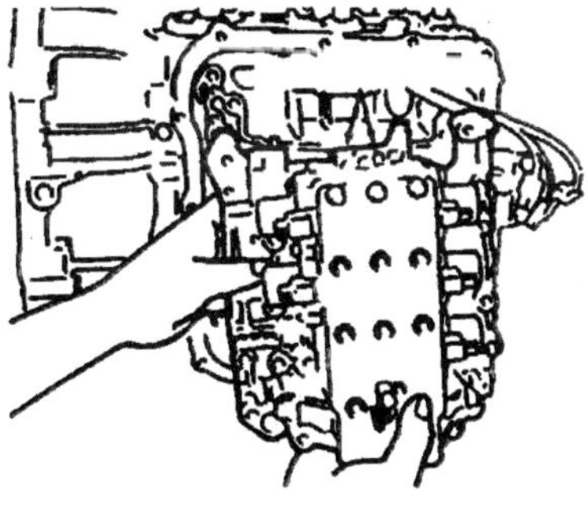

그림 3-188. 밸브보디 개스킷 및 스틸 볼(2개) 설치

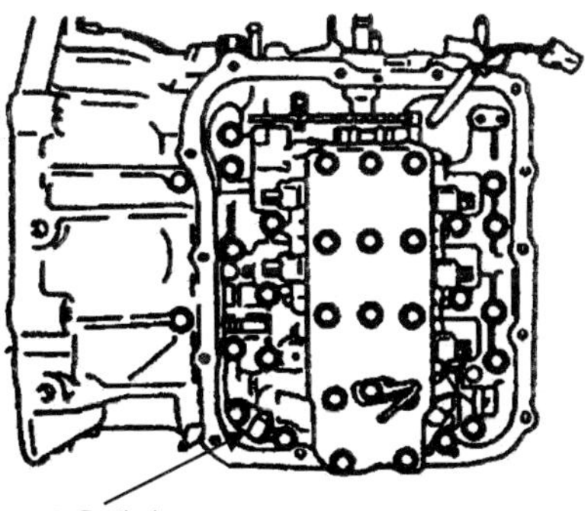

그림 3-189. 오일 온도센서 설치위치

⑥⑧ 밸브 보디에 커넥터를 연결한다.

【커넥터 설치 위치와 전선 및 커넥터 하우징의 색깔】

번호	설치 위치	전선 색깔	커넥터 하우징 색깔
1	오버 드라이브 솔레노이드밸브	적색	검은색
2	언더 드라이브 솔레노이드밸브	흰색, 적색, 적색	검은색
3	로 & 리버스 브레이크 솔레노이드밸브	갈색, 황색	백색
4	2ND 브레이크 솔레노이드밸브	녹색, 적색, 적색	백색
5	리덕션 브레이크 솔레노이드밸브	갈색, 황색, 황색	검은색
6	댐퍼 클러치 조절 솔레노이드밸브	청색, 황색, 황색	검은색
7	오일 온도 센서	검은색, 적색	검은색

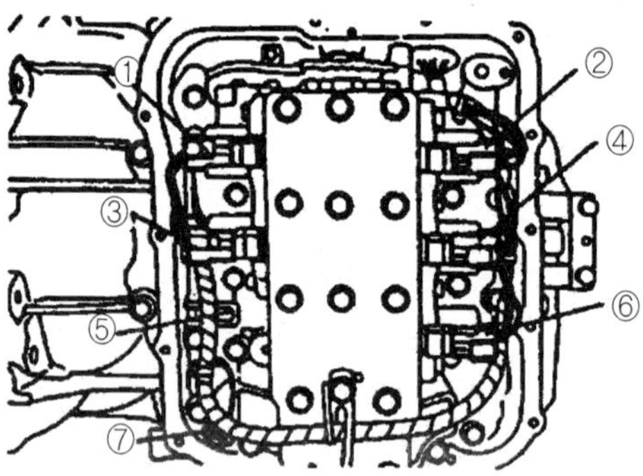

그림 3-190. 커넥터의 위치

⑥⑨ 매뉴얼 제어축 디텐트 스프링 및 디텐트를 설치한다.

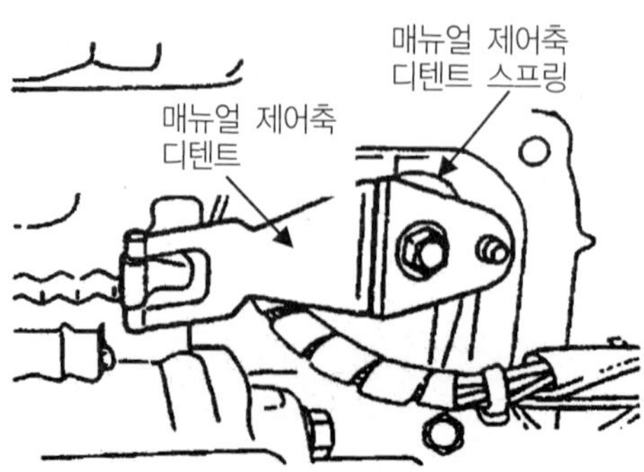

그림 3-191. 매뉴얼 제어축 디텐트 스프링

⑦⓪ 밸브보디에 액상 개스킷을 2.5mm 굵기로 바른다.

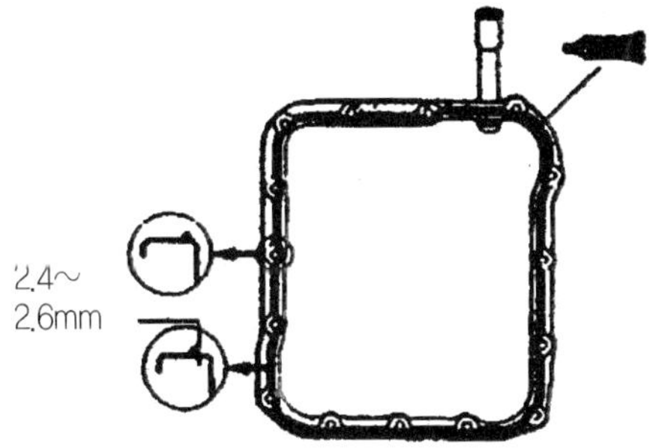

그림 3-192. 액상 개스킷 바르기 및 디텐트 설치

⑦① 밸브보디 커버를 끼운 후 고정 볼트를 규정 토크로 조인다.

⑦② 스피드미터 기어를 설치한다.

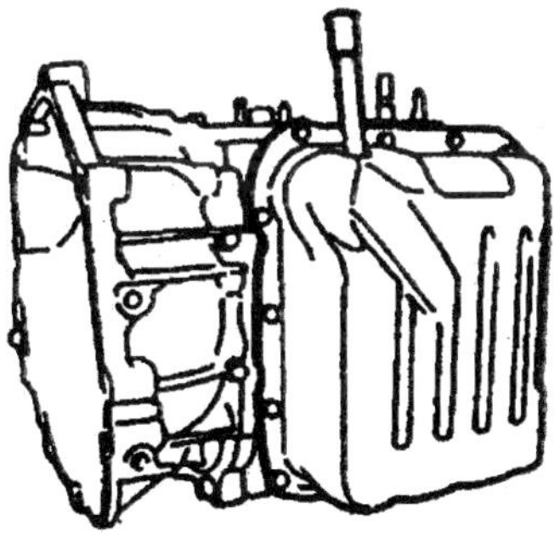

그림 3-193. 밸브보디 커버 설치

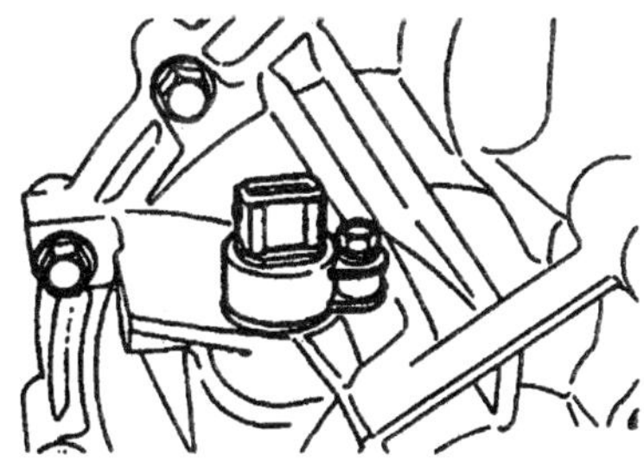

그림 3-194. 스피드미터 기어 설치

⑦③ 인히비터 스위치 및 매뉴얼 제어레버를 설치한다. 인히비터 스위치는 반드시 밸브보디가 끼워졌던 상태로 설치하여야 한다.

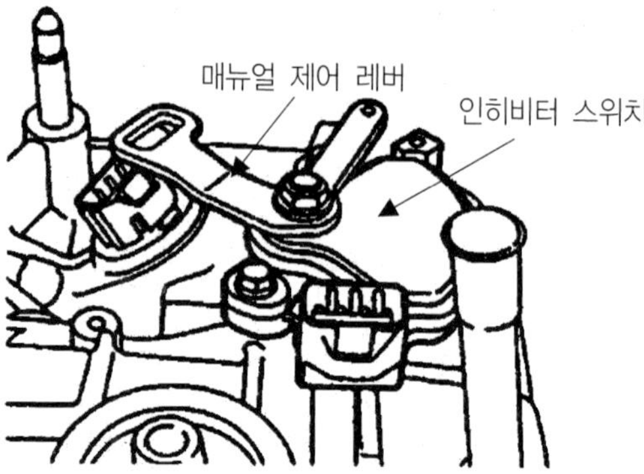

그림 3-195. 인히비터 스위치 및 매뉴얼 제어 레버 설치

⑭ 입·출력축 속도센서를 설치한다.

그림 3-196. 입·출력축 속도센서 설치

⑮ 오일필터의 O-링에 소량의 자동변속기 오일을 바르고 규정 토크로 조인다.

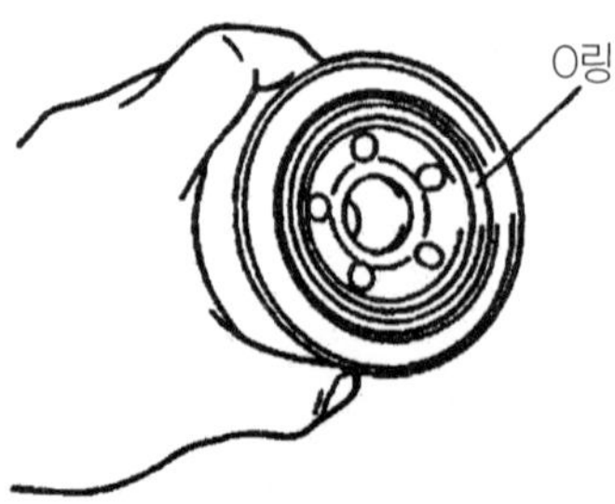

그림 3-197. 오일필터의 O-링 위치

⑯ 아이 볼트, 신품의 개스킷 및 오일쿨러 공급 튜브를 설치한다.

⑰ 각종 브래킷을 설치한다.

⑱ 토크컨버터를 설치한 후 그림 3-198(A부분)과 같이 참고 값(약 12.2mm)까지 확실히 잡아 끼운다. 그리고 토크컨버터 축 부분과 오일펌프 실의 림 부분에 손상이 가지 않도록 자동변속기 오일을 바른 후 끼운다.

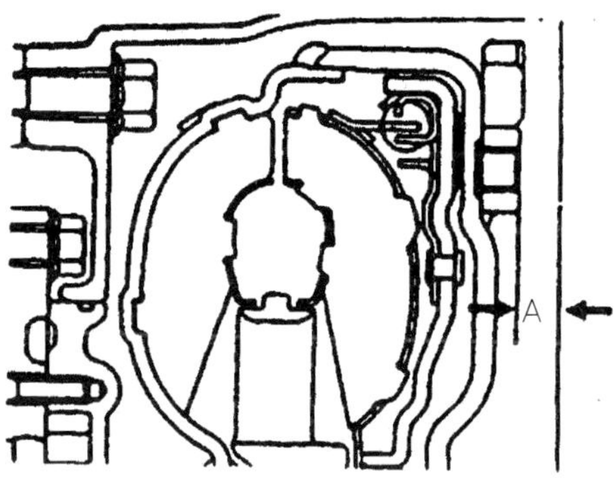

그림 3-198. 토크컨버터 설치

2.4. 스트럿 어셈블리(strut assembly)

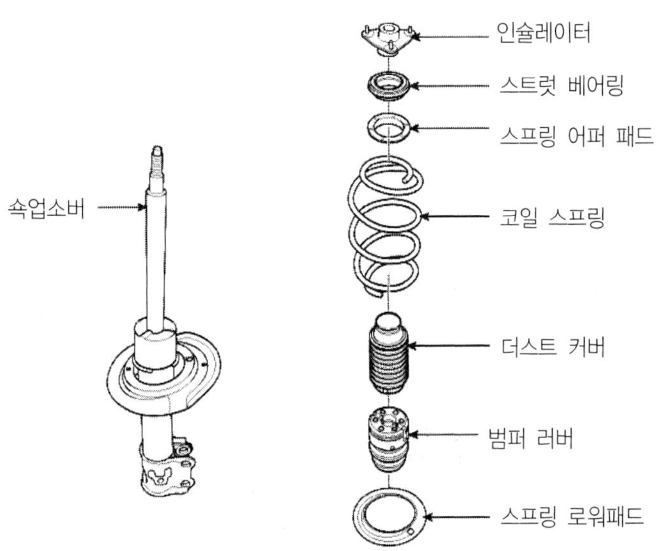

그림 3-199. 스트럿 어셈블리

2.4.1. 스트럿 어셈블리 탈거

① 자동차를 잭으로 들어올리고, 안전 스탠드로 지지한 후 타이어를 탈거한다.

② 스태빌라이저 링크 너트를 풀고 쇽업소버에서 탈거한다.

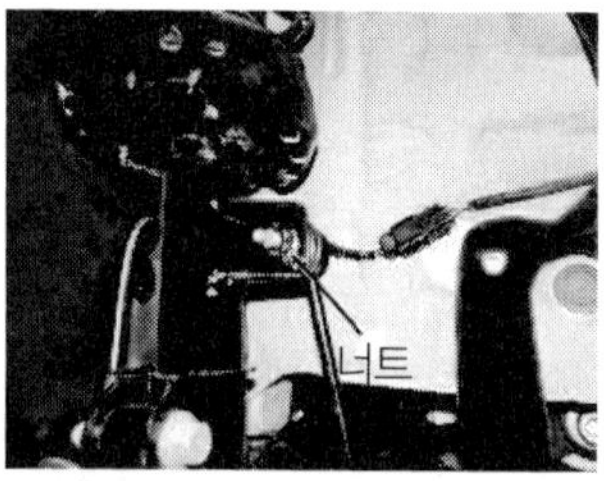

그림 3-200. 스태빌라이저 링크 탈거

③ 휠 스피드 센서 브래킷과 브레이크 호스 브래킷을 스트럿 어셈블리에서 탈거한다.

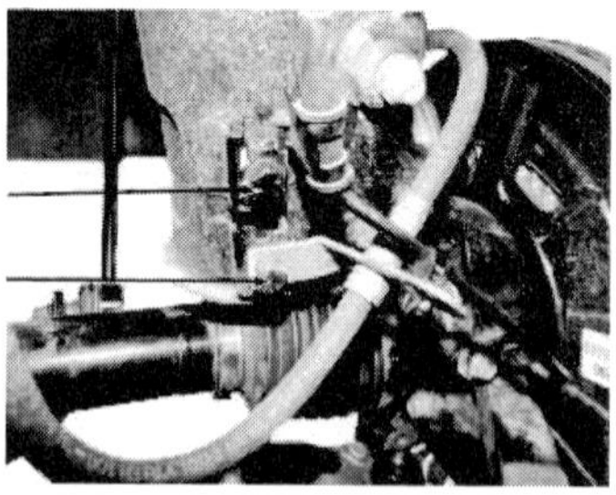

그림 3-201. 휠 스피드 센서 및 브레이크 호스 브래킷 탈거

④ 볼트와 너트를 분리하여 스트럿 어셈블리를 너클과 분리한다.

그림 3-202. 너클에서 분리

⑤ 바퀴 하우징 위쪽에 있는 스트럿 어셈블리 위(upper) 마운팅 고정너트를 풀고 스트럿 어셈블리를 차체에서 떼어낸다.

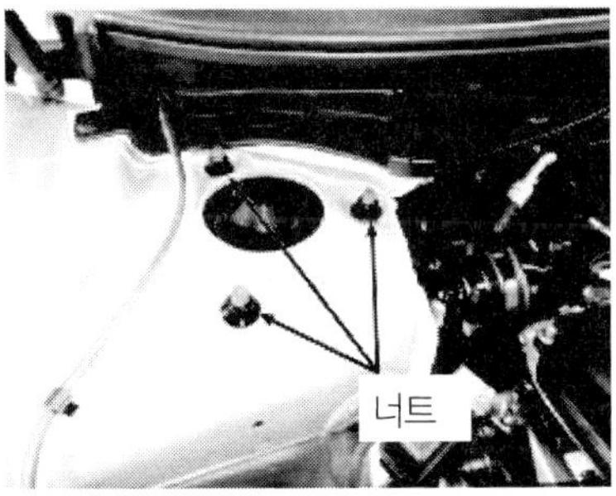

그림 3-203. 고정너트 탈거

2.4.2. 스트럿 어셈블리 분해

① 스트럿 어셈블리를 압축기의 고정 볼트를 이용하여 코일 스프링 압축기에 설치한다.

고정볼트(회전시켜 스트럿을 고정시킨다)

그림 3-204. 스트럿 어셈블리 고정 볼트로 고정

그림 3-205. 코일 스프링 압축기에 장착

② 압축기 핸들을 돌려 코일 스프링에 저항이 생기면 멈춘다.

③ (-)드라이버로 더스트 캡을 떼어낸다.

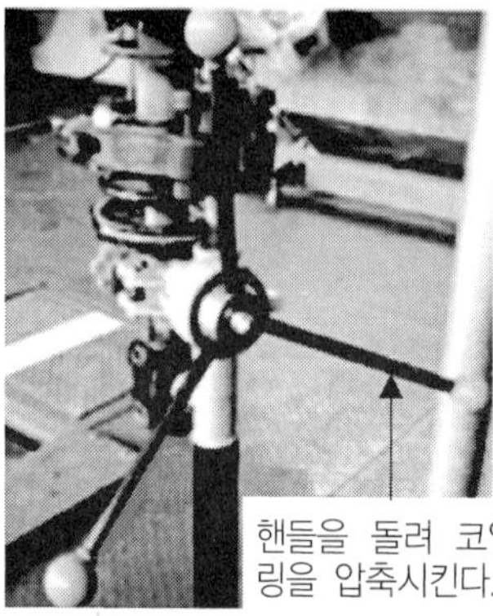

그림 3-206. 코일 스프링 압축하기

그림 3-207. 셀프 로킹 너트 탈거

④ 셀프 로킹 너트를 푼다. 이때 셀프 로킹 너트는 살짝 풀기만 하고 분리하지 않는다.

⑤ 코일 스프링 압축기로 코일 스프링이 스프링 시트 어퍼에서 분리될 때까지 압축시킨다.

⑥ 스트럿 절연 어셈블리에서 셀프 로킹 너트를 분리한다.

그림 3-208. 스트럿 절연 어셈블리 탈거

⑦ 스트럿 절연 어셈블리, 스프링 시트, 범퍼 고무, 더스트 커버 및 코일 스프링을 떼어낸다.

⑧ 코일 스프링 압축기에 압축된 코일 스프링의 압력을 해제 시킨다.

⑨ 코일 스프링을 탈거한다.

그림 3-209. 스프링 시트 어퍼 및 스프링 패드 탈거

2.4.3. 스트럿 어셈블리 점검

① 스트럿 절연 어셈블리의 베어링의 마모 및 손상 여부를 점검한다.

② 고무부품(스트럿 절연 어셈블리, 더스트 커버, 위·아래 스프링 패드, 범퍼 고무)의 손상 및 변형 여부를 점검한다.

③ 코일 스프링의 처짐 및 변형을 점검한다.

④ 피스톤 로드를 반복하여 압축, 팽창시키면서 비정상적인 저항 또는 소음발생 유무를 점검한다.

그림 3-210. 스트럿 절연 어셈블리 점검

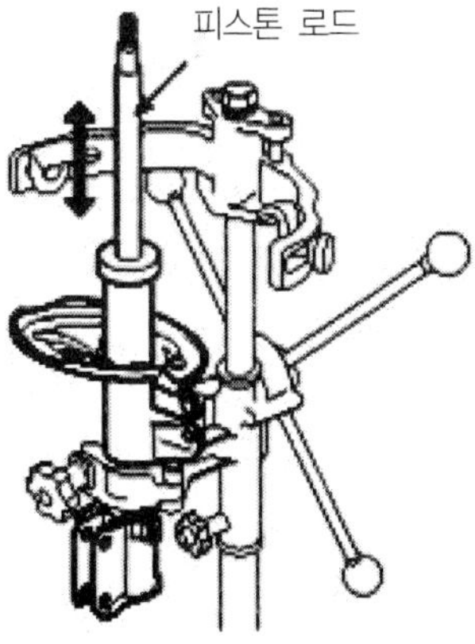

그림 3-211. 피스톤 로드 점검

2.4.4. 스트럿 어셈블리 조립

① 돌출부가 스프링 아래 시트의 구멍에 끼워지도록 아래 스프링 패드를 설치한다.

② 코일 스프링의 아래 끝을 스프링 시트 홈에 일치 시키고 코일 스프링에 스프링 압착기를 끼운 후 스프링을 누른다.

③ 더스트 커버 및 범퍼 고무를 끼운다.

④ 로드의 노치를 위 스프링 시트의 D형 구멍에 끼운 후 스트럿 어셈블리를 끼운다.

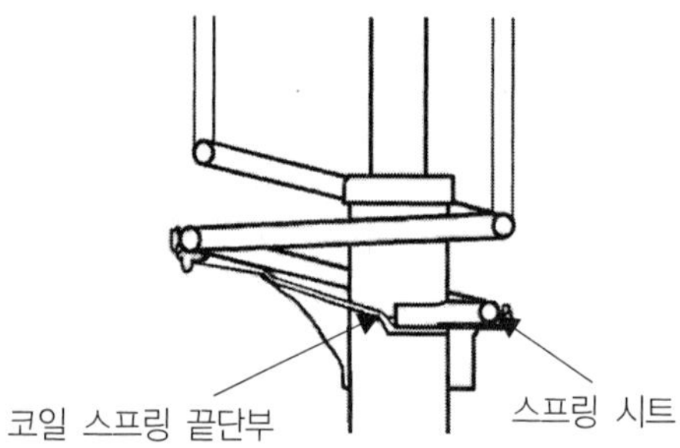

그림 3-212. 코일 스프링 끝단부 조립

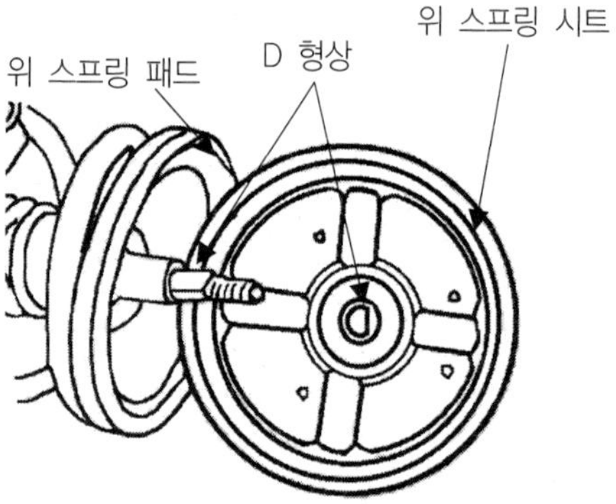

그림 3-213. 위 스프링 시트 조립

⑤ 셀프 로킹 너트를 스트럿 어셈블리에 가체결한다.

⑥ 코일 스프링의 압축을 서서히 해제시키면서 코일 스프링의 끝을 스프링 시트 홈에 일치 시킨 후 코일 스프링의 압축을 완전히 해제 시킨다.

⑦ 셀프 로킹 너트를 규정 토크로 조인다.

⑧ 그리스를 인슐레이터 베어링에 바른 후 더스트 커버를 설치한다.

2.5. 브레이크

2.5.1. 브레이크계통 공기빼기작업

① 차량을 리프트로 상승시킨다.

② 공기빼기작업을 위해 캘리퍼 및 휠 실린더의 에어브리더 스크류에 브레이크액이 외부로 튀는 것을 방지하기 위하여 투명 튜브를 끼고 한쪽 끝은 용기에 담는다.

그림 3-214. 앞바퀴 에어브리더 스크류

그림 3-215. 앞바퀴 투명 튜브 설치

그림 3-216. 뒤 바퀴 투명 튜브 설치

그림 3-217. 오일 보충

③ 브레이크 오일 캡을 열어 브레이크액을 채운다.

④ 차량을 들어 올린 후 1명은 운전석에 앉아 브레이크 페달을 여러 번 나누어 밟아 잔압이 형성되도록 한 후 브레이크를 밟은 상태에서 차량 아래쪽 사람에게 신호한다.

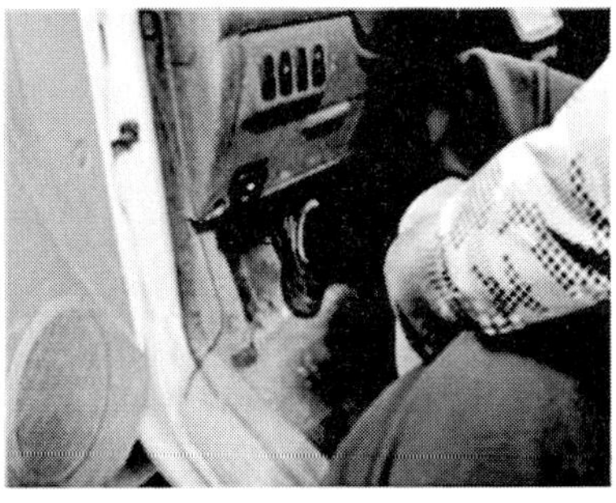

그림 3-218. 브레이크페달 밟기

그림 3-219. 공기빼기 순서

⑤ 신호를 받은 차량 아래쪽 사람은 캘리퍼 또는 휠 실린더의 에어브리더 스크류를 돌려 공기를 배출하고 잠근 후 운전석 사람에게 신호를 준다. 계통내의 공기가 모두 빠질 때 까지 ③번부터 ⑤번 항목을 수차례 반복하여 모든 바퀴의 에어빼기를 한다.

⑥ 공기빼기는 마스터실린더에서 먼 곳 부터 실시한다.

⑦ 공기빼기가 완료 되면 에어빼기 호스를 제거하고 에어브리더 스크류를 고정한 다음 유압계통에 오일누출 유무를 점검한다.

⑧ 브레이크 오일탱크에 규정의 오일량으로 보충한다.

⑨ 리프트를 하강시킨다.

2.5.2. 브레이크 패드(Brake Pad) 탈거 및 조립

① 차량을 리프트에 진입시켜 차량을 들어 올린다.

② 드라이버를 이용하여 차량 바퀴의 휠 커버를 탈거한다.

③ 바퀴의 휠 볼트를 탈거한다.

④ 공구를 이용하여 캘리퍼 피스톤 하부 볼트를 탈거한다.

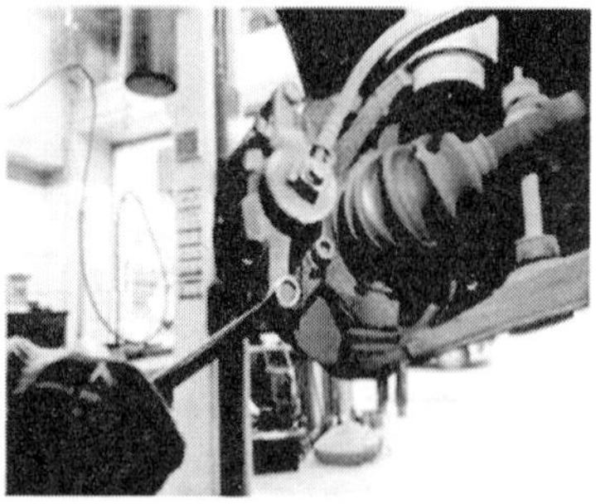

그림 3-220. 피스톤 하부볼트 탈거

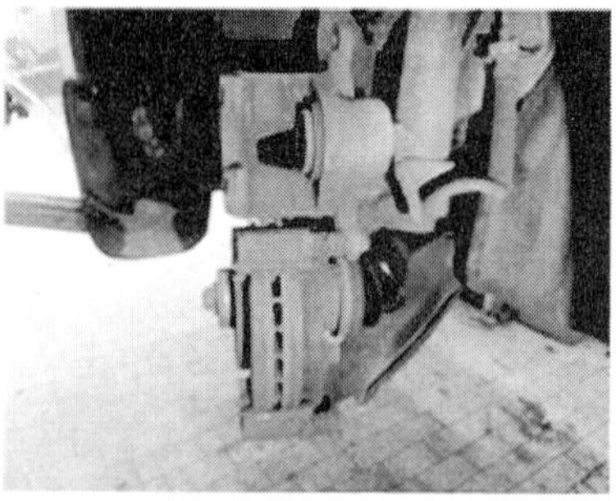

그림 3-221. 피스톤을 위로 올린다.

⑤ 캘리퍼 피스톤을 위로 들어 올린다.

⑥ 드라이버를 이용하여 패드를 탈거한다.

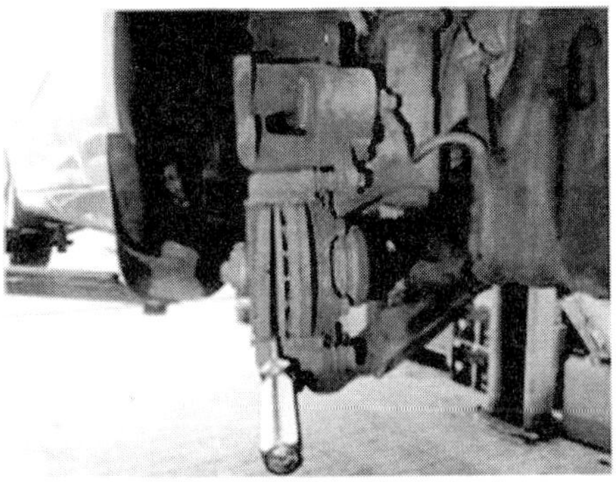

그림 3-222. 패드 탈거

그림 3-223. 피스톤 압착

⑦ 밀려나온 캘리퍼 피스톤을 특수공구를 이용하여 압착시켜 밀어 넣는다.

⑧ 브레이크 패드를 설치한다.

⑨ 패드 교환시 커버심(소음방지를 위하여 패드심을 덮고 있는 얇은 강판)을 탈거 전과 같이 장착하여준다.

⑩ 캘리퍼 피스톤을 내려 볼트를 조립한다.

⑪ 공구를 이용하여 볼트를 고정한다.

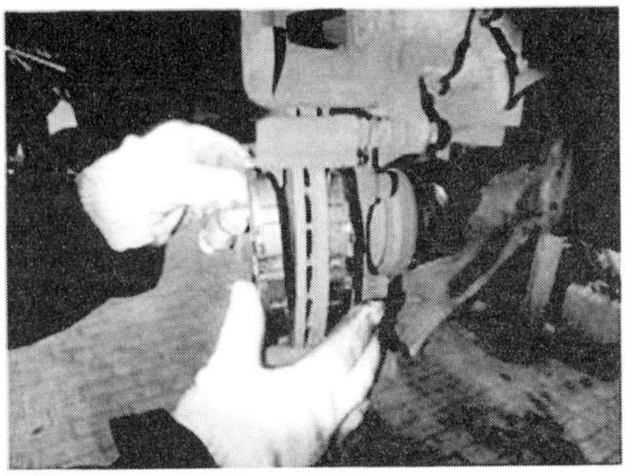

그림 3-224. 패드 설치

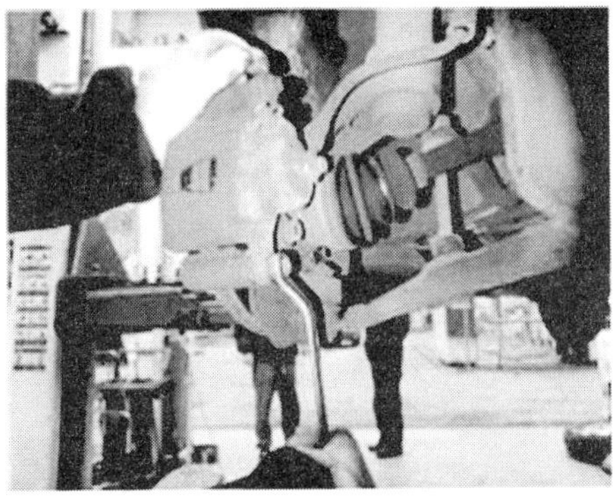

그림 3-225. 볼트 조립

⑫ 페달을 여러 번 밟아 주어 피스톤이 제자리로 가도록 한다.

⑬ 바퀴를 장착한다.

⑭ 차량을 하강시킨다.

2.5.3. ABS 패드 탈거 및 조립

① 차량을 리프트에 진입시켜 차량을 들어 올린다.

② 드라이버를 이용하여 차량 바퀴의 휠 커버를 탈거한다.

③ 휠 볼트를 탈거한다.

④ 공구를 이용하여 캘리퍼 피스톤 하부 볼트를 탈거한다.

⑤ 캘리퍼 피스톤을 위로 들어 올린다.

⑥ 드라이버를 이용하여 패드를 탈거한다.

⑦ 밀려나온 캘리퍼 피스톤을 특수공구를 이용하여 압착시켜 밀어 넣는다(ABS 캘리퍼 피스톤도 일반 캘리퍼 피스톤처럼 대부분 밀어서 압착시키나 ABS 캘리퍼에는 돌려서 압착하는 방식이 있으며 이 방식은 밀어서 넣으면 캘리퍼가 손상이 된다).

그림 3-226. ABS 돌려서 넣는 방식 캘리퍼 피스톤

그림 3-227. ABS 특수공구

⑧ 브레이크 패드를 설치한다.

⑨ 패드 교환시 커버심(소음방지를 위하여 패드심을 덮고 있는 얇은 강판)을 탈거 전과 같이 장착하여준다.

⑩ 캘리퍼 피스톤을 내려 볼트를 조립한다.

⑪ 공구를 이용하여 볼트를 고정한다.

⑫ 페달을 여러 번 밟아 주어 피스톤이 제자리로 가도록 한다.

⑬ 바퀴를 장착한다.

⑭ 차량을 하강시킨다.

2.5.4. 드럼 브레이크(drum brake)

[1] 탈거

① 차량을 리프트에 진입시키고 들어 올린다.

② 휠 및 타이어를 탈거한다.

③ ⊕드라이버(또는 전용 해머 드라이버)를 이용하여 드럼 고정 피스를 탈거한다.

④ 드럼을 해머로 가볍게 두드리며 드럼을 탈거한다.

그림 3-228. 브레이크 슈

⑤ 플라이어를 사용하여 홀드다운스프링 리테이너를 잡고 누른 상태에서 돌려 컵 와셔, 슈 홀드 다운 스프링, 슈 홀드 다운핀을 탈거한다. 이때, 리테이너를 잘못 잡아 튕겨져 나가는 경우가 있으니 주의하며 탈거한다.

그림 3-229. 홀드다운 스프링 탈거

⑥ 상부 리턴스프링을 벌려 탈거한다.

⑦ 자동 조정 스프링 및 간극조절 스톱퍼를 탈거한다.

⑧ 슈 어저스터를 탈거한다.

그림 3-230. 상부 리턴 스프링 탈거

그림 3-231. 슈 어저스터 탈거

⑨ 하부 리턴 스프링을 탈거한다.

⑩ 다른 한쪽 홀드다운 스프링 역시 탈거한다.

⑪ 주차브레이크 레버에서 주차브레이크 케이블을 탈거한다.

그림 3-232. 하부 리턴 스프링 탈거

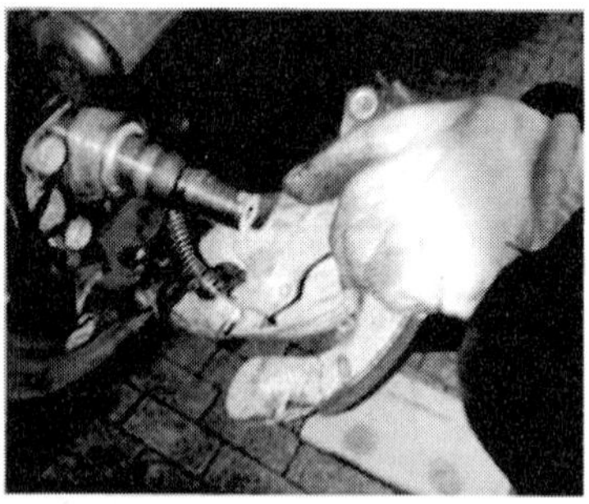

그림 3-233. 주차브레이크 케이블 탈거

[2] 조립

① 라이닝으로 주차브레이크 레버에 주차브레이크 케이블을 연결한다.

② 라이닝 홀드다운 스프링으로 한쪽 라이닝을 고정한다.

③ 하부 리턴스프링을 먼저 걸고 다른 한쪽의 라이닝을 백 플레이트에 안착시킨 후 홀드다운스프링으로 라이닝을 고정시킨다.

④ 슈 어저스터를 끼운다.

⑤ 간극조절 스톱퍼를 끼운다.

⑥ 간극조절 스톱퍼 스프링 및 상부 리턴스프링을 끼운다.

⑦ ⊖드라이버를 사용하여 적절히 간극을 조정한다.

그림 3-234. 간극조절 스톱퍼 조립

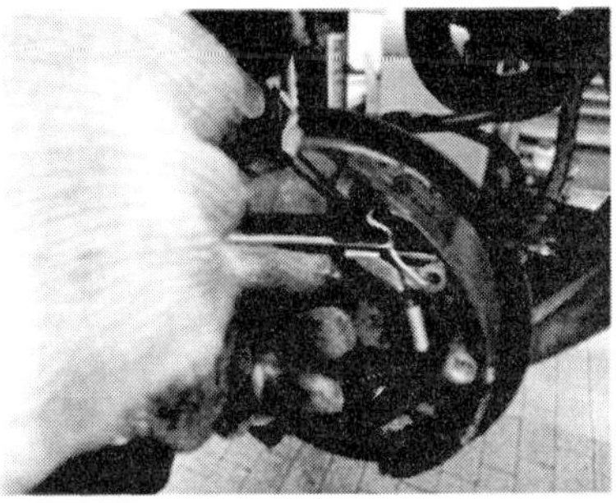

그림 3-235. 간극 조정

⑧ 고정 볼트 홈을 맞춰 브레이크 드럼을 끼운다.

⑨ ⊕드라이버를 사용하여 브레이크 드럼 고정 볼트를 체결한다.

⑩ 바퀴를 끼우고 휠 너트를 손으로 충분히 돌린 후 규정토크로 조인다.

⑪ 리프트를 하강시킨다.

2.6. 타이어

2.6.1. 타이어 위치 교환

① 차량을 리프트로 들어올린다.

그림 3-236. 차량 리프트로 들어올리기

② 모든 바퀴의 휠 커버를 탈거한다.

③ 휠 너트 또는 볼트를 탈거한다.

그림 3-237. 휠 커버 탈거

그림 3-238. 휠 너트 탈거

④ 4바퀴 모두 타이어를 탈거한다.

그림 3-239. 4바퀴 타이어 탈거

⑤ 아래 방법으로 타이어 위치교환을 한다.

㉮ 전륜구동타이어 위치교환 : 앞바퀴(front)는 그대로 뒤로 가고 뒷바퀴(rear)는 대각선으로 교환한다. 하지만 타이어가 로테이션 패턴이거나 앞뒤 휠의 제원이 다를 경우는 이 방법을 사용할 수 없다.

㉯ 후륜구동타이어 위치교환 : 후륜구동은 전륜구동과 반대로 하면 된다. 앞바퀴는 대각선 뒷바퀴는 그대로 차량 앞으로 가면 된다. 하지만 타이어가 로테이션 패턴이거나 앞뒤 휠의 제원이 다를 경우는 이 방법을 사용할 수 없다.

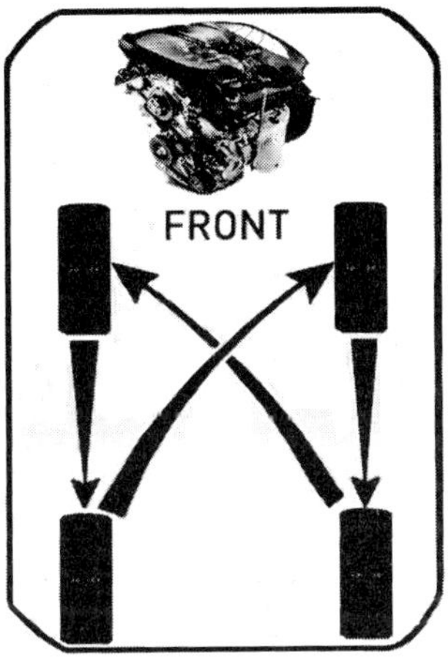

그림 3-240. 전륜구동 타이어 위치교환

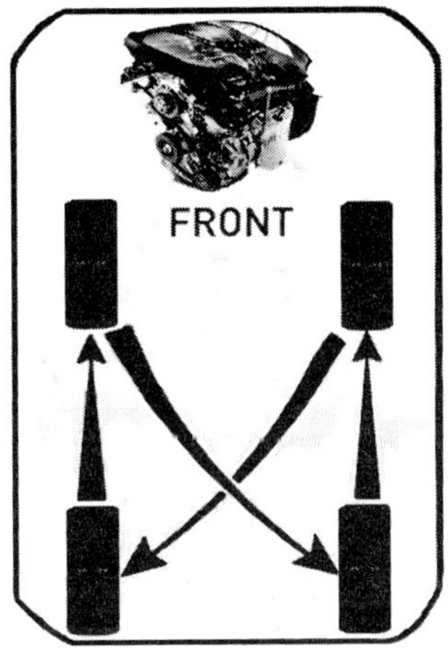

그림 3-241. 후륜구동 타이어 위치교환

㉰ 사륜구동 타이어 위치교환 : 앞바퀴 뒷바퀴 모두 대각선 반대방향으로 위치교환을 한다. 하지만 타이어가 로테이션 패턴이거나 앞뒤 휠의 제원이 다를 경우는 이 방법을 사용할 수 없다.

㉱ 로테이션(Rotation) 타이어 위치교환 : 로테이션(rotation) 즉 방향성이 있는 타이어(왼쪽과 오른쪽 타이어가 각각 방향이 있는 타이어)를 사용하고 있는 차량은 앞바퀴는 그대로 뒤로, 뒷바퀴는 그대로 앞으로 위치 교환한다. 휠의 제원이 다를 경우는 이 방법을 사용할 수 없다.

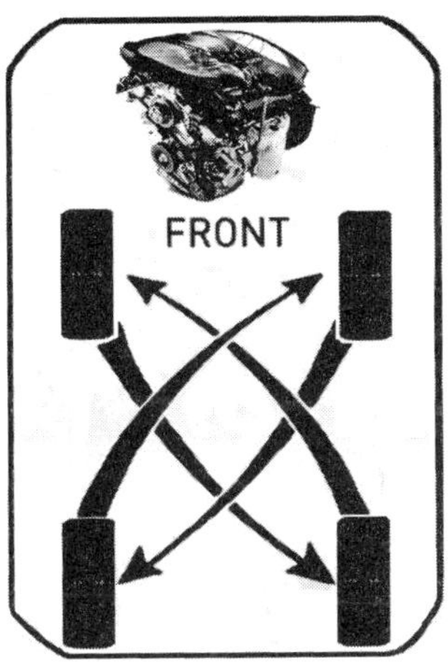

그림 3-242. 사륜구동 타이어 위치교환

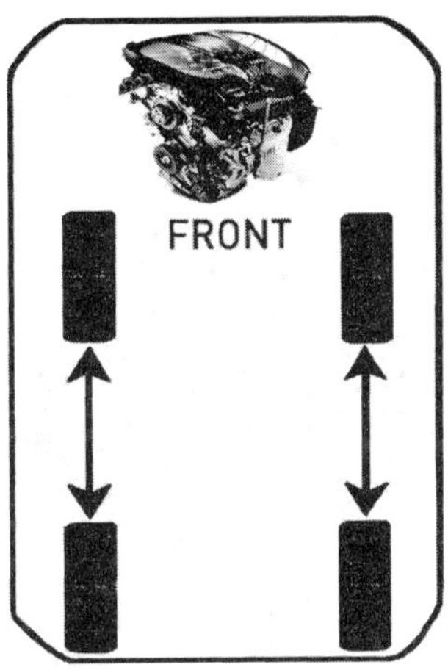

그림 3-243. 로테이션(Rotation) 타이어 위치교환

㉮ 비대칭(asymmetric tire) 타이어 위치교환 : inside와 outside가 있는 비대칭 타이어의 위치교환은 로테이션 타이어와 위치 교환방법과 동일하다.

㉯ 휠 제원과 타이어 사이즈가 다를 때 타이어 위치 교환법 : 사제 휠로 바꾸거나 순정 상태인데도 뒷바퀴가 더 큰 경우가 있다. 휠 제원이 다를 때는 앞바퀴는 좌우로 뒷바퀴도 좌우로 교환을 한다.

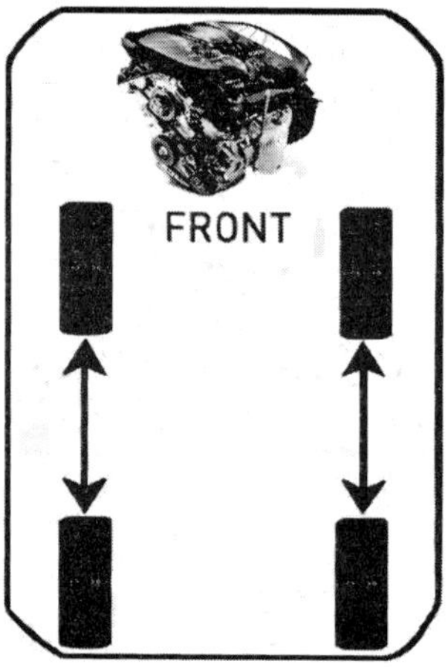

그림 3-244. 비대칭 타이어 위치교환

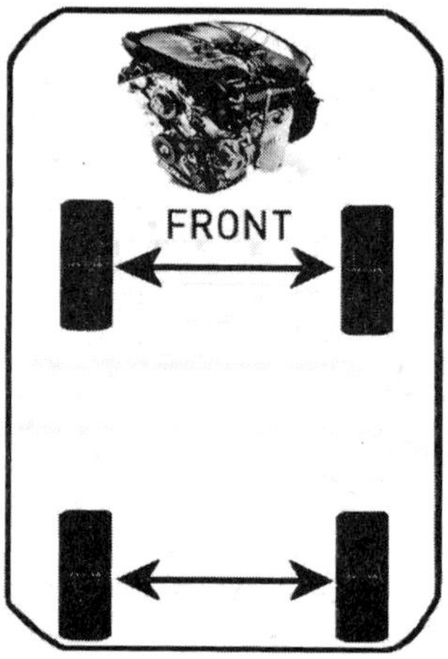

그림 3-245. 휠제원과 타이어사이즈 다를 때 교환

⑥ 휠 너트 또는 볼트는 그림 3-246과 같이 대각선방향으로 조립한다.
⑦ 타이어 위치 교환이 완료되면 각 타이어에 규정 공기를 주입한다.
⑧ 리프트를 하강시킨다.

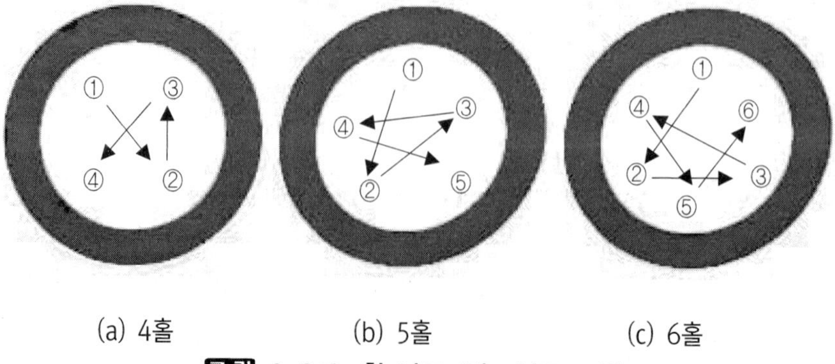

(a) 4홀 (b) 5홀 (c) 6홀

그림 3-246. 휠 너트 또는 볼트 조립

2.6.2. 타이어 펑크 수리

[1] 패치로 수리방법

① 타이어를 차량에서 탈거한다.

② 타이어를 휠에서 분리한다.

③ 타이어에 박힌 이물질을 제거한다.

그림 3-247. 다이어 이물질 제거

그림 3-248. 그라인더로 갈아주기

④ 이물질이 박혔던 안쪽 구멍부위를 그라인더로 갈아준다.

⑤ 접착제를 바른다.

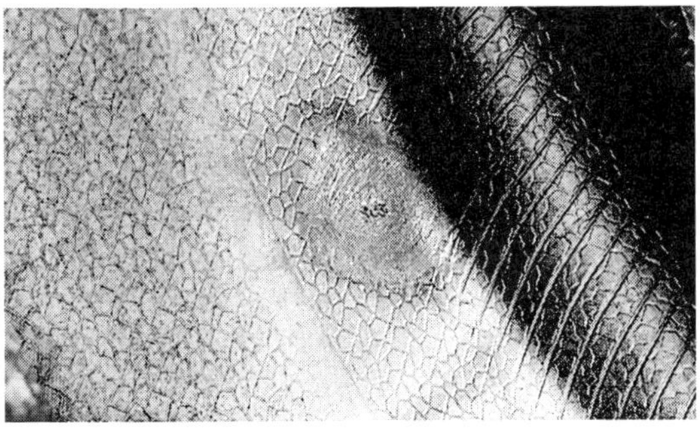

그림 3-249. 접착제 바르기

⑥ 패치를 정확히 안착시키고 타이어 패치 압착 롤러로 공기가 들어가지 않도록 밀어 준다.

⑦ 손상된 인너 코팅을 인너 코팅제로 다시 보강해 준다.

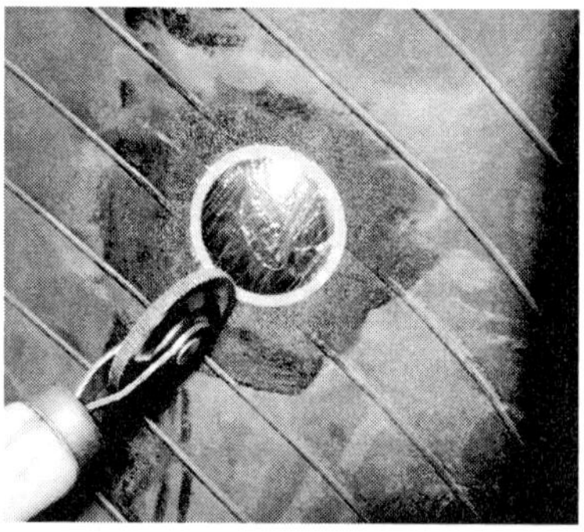

그림 3-250. 패치 설치

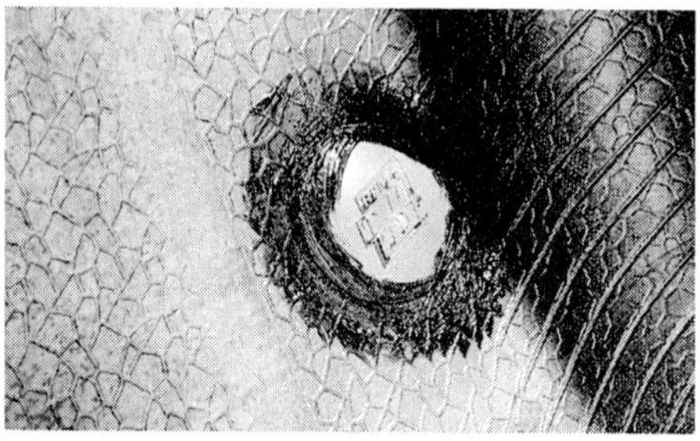

그림 3-251. 접착부위 보강

⑧ 타이어를 휠에 조립한다.

⑨ 휠 밸런스를 맞춘 후 차량에 설치한다.

[2] 타이어 펑크 수리용 실로 수리방법

① 시간적 여유가 없을 때 타이어를 탈착 하지 않고 펑크수리가 가능하나 타이어 변형이 올 수 있고 장시간 사용 시 펑크 수리한 곳이 공기가 새기도 한다.

② 타이어에 규정 공기압을 주입한다.

③ 타이어에 박힌 이물질을 제거한다.

그림 3-252. 공기 주입

그림 3-253. 이물질 제거

④ 펑크수리 세트에서 구멍을 넓히는 송곳을 이용해 이물질 박힌 곳을 넓힌다.

그림 3-254. 구멍 넓히기

⑤ 펑크 수리용 실을 펑크수리 씰 전용공구에 끼운다.

⑥ 펑크 수리용 실을 펑크난 곳에 집어넣는다.

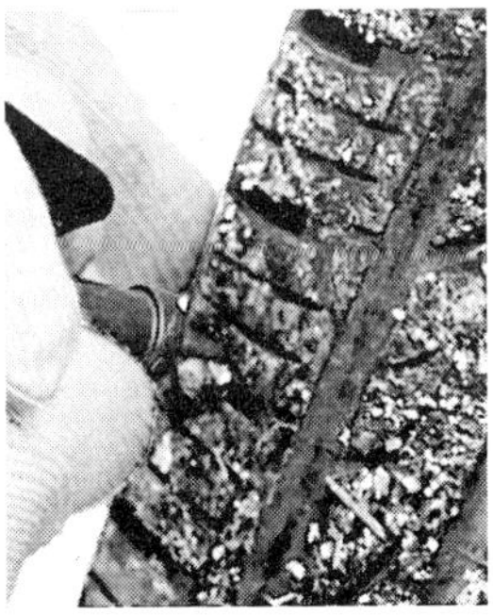

그림 3-255. 실 삽입

⑦ 펑크수리 씰 공구를 잡아당긴 후 나온 실을 잘라낸다.

그림 3-256. 실 절단

⑧ 타이어에 규정 공기압을 주입하고 공기 누출여부를 확인한다.

2.6.3. 타이어 교환

[1] 탈거

① 탈거된 휠에서 밸브 코어 플러그를 제거하여 공기압을 해제한다.

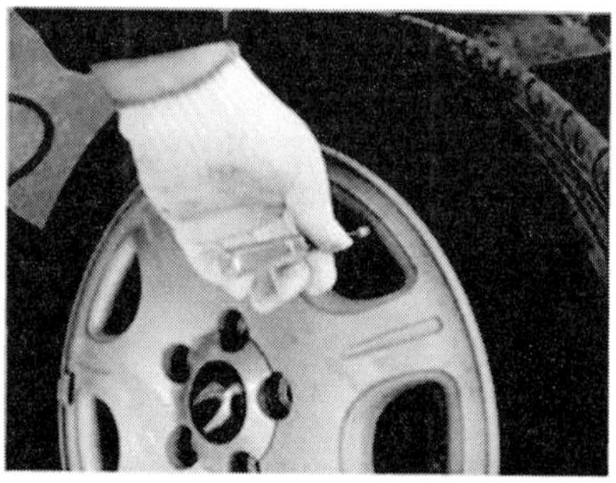

그림 3-257. 공기압 해제

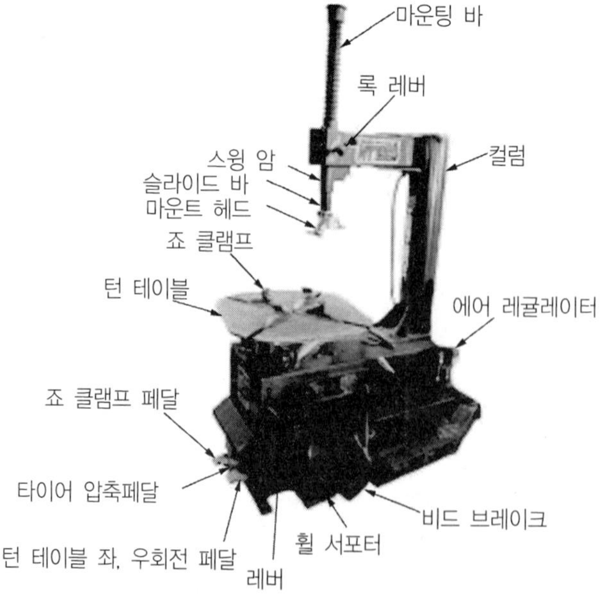

그림 3-258. 타이어 탈착기

② 비드 브레이크를 벌려 타이어를 사이에 끼우고 페달을 밟아 림과 타이어를 분리시킨다. 타이어가 림에서 완전히 분리될 때까지 타이어를 돌려가며 작업을 한다.

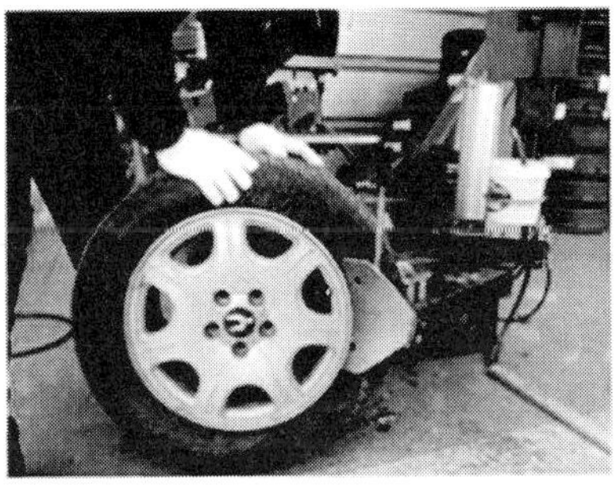

(a) 바깥쪽 분리

(b) 안쪽 분리

그림 3-259. 림과 타이어 분리

③ 반대쪽 부분도 ②번과 같은 방법으로 시행한다.

④ 타이어를 탈착기 위에 올려놓고 휠 고정 척 페달을 밟아 탈착기에 휠을 고정시킨다.

그림 3-260. 휠 고정

(a)

(b)

그림 3-261. 레버를 이용한 비드 들어올리기

⑤ 마운팅 헤드 페달을 밟아 척의 위치를 조정하여 휠에 밀착시키고 레버를 사이에 끼워 반대방향으로 당겨서 타이어의 비드 부위를 척 위로 들어올린다.

⑥ 모터 구동 페달을 밟아 회전시켜 상단 휠과 타이어를 분리시킨다.

그림 3-262. 상단 휠과 타이어 분리

그림 3-263. 하단 휠과 타이어 분리

⑦ 하단의 부분도 ⑥번과 같은 방법으로 휠과 타이어를 분리시키고 타이어를 휠에서 탈거한다.

[2] 조립

① 타이어 비드부에 타이어 크림을 바른다.

그림 3-264. 비드부에 크림 바르기

② 타이어를 끼울 때는 타이어 사이드부에 inside와 outside가 표시되어 있는 타이어는 방향을 확인하여 조립한다.

③ 마운팅 헤드 페달을 밟아 휠과 밀착시키고 타이어를 끼운다.

④ 타이어를 휠에 끼울 때는 모터 구동페달을 밟아 돌려주면서 타이어를 화살표방향으로 눌러주면서 장착한다.

(a) 하단부

(b) 상단부

그림 3-265. 타이어 끼우기

⑤ 타이어에 규정 공기를 주입한다.

그림 3-266. 공기 주입